Linux 创新人才培养系列　微课版

U0191470

Linux
操作系统与云计算

基于华为 openEuler

程和侠 程和生 ◎ 编著

人民邮电出版社

北　京

图书在版编目（ＣＩＰ）数据

Linux操作系统与云计算：基于华为openEuler：微课版 / 程和侠，程和生编著. -- 北京：人民邮电出版社，2024.8
（Linux创新人才培养系列）
ISBN 978-7-115-64325-4

Ⅰ. ①L… Ⅱ. ①程… ②程… Ⅲ. ①Linux操作系统 ②云计算 Ⅳ. ①TP316.85②TP393.027

中国国家版本馆CIP数据核字(2024)第086030号

内 容 提 要

本书明确将云计算系统纳入操作系统范畴，将 Linux 操作系统作为中间通用型操作系统进行介绍，操作系统以及主流应用程序全部使用中国方案，同时接轨国际标准，对于存在中外差异的地方都会加以解释和说明。本书主要介绍华为 openEuler Linux 发行版，该版本兼容 CentOS、RHEL 等发行版。为了兼顾国际标准，本书还综合 Debian、FreeBSD 发行版，全面、详细地介绍 Linux 操作系统的命令和原理，并介绍 Linux 命令的发展和演变，对当前阶段 Linux 命令做基础性整理。

本书知识点涵盖云计算与 Linux 操作系统概述、openEuler 系统安装与配置、Linux 基本操作、Linux 文件操作、用户及用户组管理、软件包管理、Vim 编辑器、系统管理与安全、网络管理与安全、Shell 编程、过滤器、Docker 容器技术等内容，可以作为普通高等院校计算机和信息技术相关专业"Linux 操作系统""云计算系统"课程的教材，也可以作为从事计算机工程与应用工作的科技工作者的参考书。

◆ 编　著　程和侠　程和生
　　责任编辑　刘　博
　　责任印制　陈　犇

◆ 人民邮电出版社出版发行　　北京市丰台区成寿寺路 11 号
　　邮编　100164　　电子邮件　315@ptpress.com.cn
　　网址　https://www.ptpress.com.cn
　　涿州市京南印刷厂印刷

◆ 开本：787×1092　1/16
　　印张：18.25　　　　　　　　2024 年 8 月第 1 版
　　字数：499 千字　　　　　　2024 年 8 月河北第 1 次印刷

定价：69.80 元

读者服务热线：(010)81055256　印装质量热线：(010)81055316
反盗版热线：(010)81055315
广告经营许可证：京东市监广登字 20170147 号

前　言

随着信息技术的不断发展和创新，云计算已经成为当今世界发展的一股强大推动力。云计算不仅改变了企业和组织的运营方式，还为个人用户提供了无限的可能性。云计算的核心理念是资源共享和服务交付，它基于网络构建，将计算、存储、数据库、网络等资源整合在一起，通过虚拟化技术，以服务的方式交付给用户。

云计算是一种以数据和处理为核心，通过网络按需提供服务的计算模式。它具有弹性可扩展、高可用性、安全可靠等特点，被广泛应用于各个领域。很多高等院校都开设了"Linux 操作系统""云计算系统"课程，本书将云计算相关内容整合到 Linux 操作系统课程中，旨在帮助高等院校教师全面、系统地讲授相关知识，使学生能够了解 Linux 操作系统与云计算系统之间的关系，并能够熟练掌握这两个系统的操作和运维方法。

云计算系统的基础技术是容器虚拟化技术，其中 Docker 容器技术是一种轻量级的虚拟化解决方案，是部署云计算系统的基础。容器技术也可以作为 Linux 操作系统原生部署的替代方案，以提高应用程序的部署和运维效率。

本书注重将理论与实践结合，既包含云计算与 Linux 操作系统的理论知识，又涵盖大量的应用案例和实践操作，并且注重知识的应用场景，使学生能够很容易融入教学或实践环境。同时，为了方便学生学习，本书还提供丰富的在线资源，帮助学生深入学习相关知识。

本书的建议教学学时为 68～85 学时，其中授课学时和实训学时最好各为 34～51 学时。本书知识点较基础且易上手，建议在大学低年级开设课程。部分知识点可能比较难，书中以*符号标注的内容，可以选择性讲授。

本书紧密结合企业需求和实际应用，合作单位有：郑州航空工业管理学院大数据科学研究院，共同研究云计算基础架构；国汽大有时空科技（安庆）有限公司，合作打造高精度定位服务平台和高精度地图引擎基础服务。

在编写本书的过程中，编者得到了许多人的帮助，原华为员工陈继德提供了 openEuler 的技术支持，腾讯技术人员李晶晶提供了腾讯 Kona OpenJDK 的技术支持，在此表示衷心的感谢。华东师范大学黄国兴教授对本书的初稿进行了审阅，提出了许多宝贵的意见，为本书的最终定稿做出了非常重要的贡献。黄教授同时也是编者的授业恩师，在此对恩师表示衷心的感谢。

本书所涉及的知识部分来源于网络，再次感谢为全人类共享方案的发展与推进做出贡献的无私奉献者们。

本书提供配套的教学大纲、实验指导书、教学课件等电子资源，读者可以登录人邮教育社区（www.ryjiaoyu.com）下载。

本书由安庆师范大学教材建设与出版基金、安徽省高等学校省级质量工程项目-省级教材建设项目"云计算与 Linux 操作系统"（2022jcjs072）资助。

由于编者水平有限，书中存在不妥之处在所难免，衷心恳请广大读者批评指正。

编　者
2024 年 7 月

目 录

第 7 章
Vim 编辑器

第 8 章
系统管理与安全

第 9 章
网络管理与安全

第 10 章
Shell 编程

第 11 章
过滤器

第 12 章
Docker 容器技术*

第1章 云计算与 Linux 操作系统概述

云计算（cloud computing）是继计算机、互联网之后的一种新技术，也是一种新的概念、模式，它是一种基于网络的超级计算模式，也是一种资源提供方式和资源使用模式。不管是传统单机时代，还是云计算时代，Linux 操作系统都被作为主要标准，从用户的角度看，一旦获取云中资源，使用过程同操作单机几乎没有区别。可以说，在传统计算机系统乃至云计算中，Linux 都发挥着至关重要的中心作用。

1.1 引入

引入

1．解放思想、开拓创新

从以前的单机时代到分布式计算时代，再到云计算时代，Linux 操作系统都扮演着重要的角色，每一次变革都有巨大的创新发展和质的飞跃。

分布式计算是将网络计算机变成集群，分解任务，规约计算，将互联网变成一个"云"。分布式计算的"云计算"能力是各个应用程序自身提供并实现的，而云计算则建立了一个平台，使任何应用程序都具备分布式计算的能力。

云计算平台的创新点在于没有对传统计算机采用取缔、取代的竞争思维，而是采用合作、共生的发展理念，即以嫁接的方式：云计算平台使用了一部分操作系统的特性，也独立自主重新实现了一部分操作系统的特性，在其上部署的应用程序不再需要使用操作系统的概念。

从用户的视角，用户不需要考虑底层机器系统，不需要考虑分布式网络，只需要关注统一的、唯一的一个逻辑型平台。平台依赖操作系统，而且可以随时取代操作系统。这种创新意识，是开创性的，提供了突破操作系统这一核心技术封锁的解决方案。这种创新意识，需要解放思想，不能拘泥于技术的形式，不能拘泥于对抗竞争意识，而是拓展思路，合作创新。

2．人类面临的共同问题

Linux 是开源软件，也是国际化标准，是人类共有的，这与"共商、共建、共享"全球治理理念相吻合，这为破解当今人类社会面临的共同难题提供了新原则、新思路。所以我国的操作系统领域经历了从以前构建竞争关系的国产操作系统发展到今天可以合作共建的国有操作系统，为世界操作系统和云计算领域贡献了中国智慧、中国方案、中国力量。

传统计算机系统

1.2 传统计算机系统

计算机体系结构并未发生太大的改变，计算机体系结构常见的有以存储器为中心的冯·诺依曼体系结构，还有以中央处理器（central processing unit，CPU）为中心的哈佛体系结构。

传统计算机体系结构可以抽象成图 1.1 所示结构。

图 1.1　传统计算机体系结构

其中，硬件基础设施中的 CPU 是核心，由于 CPU 技术的垄断，CPU 微架构一直都是计算机框架的核心。

CPU 微架构是 CPU 厂商给属于同一系列的 CPU 产品制定的一个规范，是区分不同类型 CPU 的重要标识。例如，Intel、AMD 公司的 CPU 采用 x86 架构，而 IBM 公司的 CPU 采用 PowerPC 架构，ARM 公司的 CPU 采用 ARM 架构。

CPU 微架构指令集主要分为两种，一种是以 Intel、AMD 公司为首提出的复杂指令集，另一种是以 IBM、ARM 公司为首提出的精简指令集。

华为的鲲鹏处理器泰山基于 ARM v8 架构进行自主创新，并且获得了 ARM v8 永久授权。这种架构主要应用在华为的泰山服务器系列中，主要面向互联网、金融、通信等行业的在线业务。

华为的麒麟处理器是海思半导体公司针对智能手机市场开发的高端处理器，主要应用于华为旗下的 Mate 系列和 P 系列手机中。麒麟处理器采用 ARM 架构，拥有高性能、低功耗、安全可靠等优点，是华为手机的重要核心竞争力之一。

操作系统是用户管理和使用资源的接口。操作系统管理着计算机系统的所有资源，使计算机系统资源最大限度地发挥作用，为用户提供方便的、有效的、友好的服务界面，避免用户对计算机系统硬件的直接操作。

目前主流操作系统有以下几种。

➢ UNIX：PowerPC 架构。

➢ Windows：x86 架构。

➢ macOS：自研架构，从兼容 x86 向基于 ARM 架构转移。

➢ Linux：几乎适配全部 CPU 架构。

计算机操作系统根据提供商可以分为微软阵营和 Linux 阵营，根据其用途可以分为服务器操作系统和桌面操作系统。桌面操作系统以 Windows 为典型代表，几乎被 Windows 系统垄断；而服务器操作系统几乎被 Linux 操作系统垄断。

Linux 是一种性能稳定的多用户网络操作系统，具有广泛的硬件适配性，除了支持各种不同架构的计算机系统，还是智能手机安卓系统底层系统，也是超级计算机支持系统。这种小到支持片上系统，大到支持超级计算机的特性，使其可以无视硬件基础，无形中让 Linux 成为"中间通用型操作系统"。

Linux 操作系统兼收并进，将包括文件系统在内的各种子模块都开放成为国际标准，只要实现标准定义的接口，任何一个子模块都可以重写替换。Linux 是全人类的财富，不为某一组织独有，Linux 操作系统也是朝着这一目标发展前进的。

对于操作系统的发展，"参与并支持"已经成为国际共识。我们能做的是保证我们能够参与并能提供技术支持，有能力独立对其提供维护，从原本的"取代""国产化"，变成"自主化""自有化"，这两者之间是有本质区别的。

< 2 >

1.3 云计算系统

云计算系统

1.3.1 云计算的概念

云计算是一种基于网络的超级计算模式，基于用户的不同需求提供所需要的资源，包括计算资源、网络资源、存储资源等。云计算服务通常运行在若干台高性能物理服务器之上，具备超 10 万亿次/秒的运算能力。

云计算的定义有狭义和广义之分。

狭义上讲，"云"实质上就是一种网络，云计算就是一种提供资源的网络，包括硬件、软件和平台。使用者可以随时获取云上的资源，按需求使用，并且容易扩展，按使用量付费。"云"就像自来水一样，人们可以随时接水，并且不限量，只要按照自己家的用水量付费给自来水厂即可；在用户看来，水资源是无限的。

可以说，云计算模式的出现是计算资源使用方式的一次巨大变革。

广义上讲，云计算可以将互联网上的各种计算资源聚合起来，通过软件实现自动化管理；还可以通过集群技术，将整个网络资源组合在一起协同工作。从使用者角度看，云计算就像一个独立的逻辑型计算机系统。

云计算的核心思想就是以互联网为中心，在网络上将各种资源聚合起来，形成一个超级计算服务系统，然后提供给用户，使用户可以通过网络获取快速且安全的计算与存储服务。

1.3.2 云计算的服务模式

云计算的服务模式如图 1.2 所示。

传统计算机应用，都必须从底层硬件基础设施开始构建，然后安装操作系统，最后部署应用软件，缺一不可。

云计算是对传统计算机概念的延伸和革新，云计算利用虚拟化等技术将传统计算机体系结构的组成部分全部资源化，使其任何一个模块都可以独立对外提供服务。

云计算的服务模式由 3 部分组成，包括基础设施即服务（infrastructure as a service，IaaS）、平台即服务（platform as a service，PaaS）和软件即服务（software as a service，SaaS）。

1．基础设施即服务

基础设施就相当于一台远程服务器。云计算服务提供商购买服务器、硬盘、网络设施等来搭建基础设施，人们便可以在云平台上根据需求租用或购买相应的计算能力、内存空间、硬盘空间、网络带宽等，

图 1.2　云计算的服务模式

搭建自己的云计算平台。云计算服务器中的计算单元、硬盘空间、网络带宽等都可以通过软件进行定义、管理。提供基础设施服务的典型代表便是阿里云、腾讯云、华为云等。

用户获取基础设施（即远程服务器）之后，就可以与使用传统服务器一样，安装操作系统，部署自己的应用。所以云计算平台中的基础设施并不是一种新的概念，而是将用户的主机资源搬至互联网中，形成一个逻辑服务器，该逻辑服务器几乎与传统服务器没有任何区别。

2．操作系统

操作系统是计算机必须具备的，由于 Linux 操作系统具有开放性，主流的竞争对手如 Windows、

< 3 >

macOS 等系统都已经开始融合 Linux 操作系统，Linux 操作系统已经成为一种事实上的标准，在云计算及未来操作系统中只需要考虑 Linux 操作系统。

3．平台即服务

平台即服务是指可以按照需要直接租用平台，不需要考虑构建底层的硬件或操作系统。平台租用服务基于容器虚拟化技术，该技术是基于 Linux 内核的虚拟化技术。

平台（platform）是一个专业术语，与操作系统一样，非常重要，也非常需要普及。平台的地位等同于操作系统的，平台与操作系统一样具有自己的生态环境。平台具有独立的运行时、编译器、编程语言、编程开发环境等，平台应用依赖平台，而不是依赖操作系统。平台就是为了构建生态环境而存在的，有了平台之后就可以忽略操作系统的概念。

平台一般不直接与硬件打交道，诸如硬件资源的管理等任务都是交给操作系统来完成的。可以说，平台是对操作系统的极致应用，平台使用了一部分操作系统的特性，也独立实现了部分特性，可以依附操作系统也可以随时独立于操作系统，能实现对操作系统的"嫁接"。

平台也可以称为系统，比如 Android 系统严格来说就是在 Linux 操作系统基础上构建的虚拟机平台。早期 Android 系统是在 Linux 操作系统上增加了 Dalvik 虚拟机，这是一个专门为移动设备定制的运行时环境。Dalvik 虚拟机允许多个虚拟机实例在有限的内存中同时运行，并且每个 Android 应用作为一个独立的 Linux 进程执行，这样可以在虚拟机崩溃时防止所有程序都被关闭。从 Android 4.4 开始，引入了 ART（Android runtime）虚拟机，它逐渐取代了 Dalvik 虚拟机。

平台是非常好的取代操作系统的方案，平台是今后计算机技术的主流发展方向。比如最早提出跨系统的 Java 虚拟机就是最早的平台技术之一，目前已经有实验室在考虑制作原生支持 Java 的计算机，不需要依赖任何操作系统。

欧拉系统和鸿蒙系统都是华为推出的操作系统。

欧拉系统（openEuler）主要面向服务器和嵌入式设备，是未来数字基础设施的操作系统和生态底座，承担着支撑与构建领先、可靠、安全的数字基础的历史使命。欧拉系统是 Linux 操作系统的一个发行版，是严格意义上的操作系统。

鸿蒙系统（HarmonyOS）主要应用于智能终端、手持设备、物联网终端及工业终端等。鸿蒙系统就是平台，底层构件仍然是欧拉系统。

华为为什么要推出以上两种操作系统？主要是为了各自的生态环境和应用场景。两者的应用场景有所不同，因此华为努力通过欧拉系统和鸿蒙系统覆盖所有场景。欧拉系统和鸿蒙系统实现了内核技术共享，实现了统一操作系统支持多设备、应用一次开发可覆盖全场景，实现了"万物互联"。

4．软件即服务

软件厂商提供网上软件多租户方案，实现软件即服务。常见的服务模式是提供给用户一组账号和密码。

从云计算架构中看，软件的地位好像并不重要，但是现在信息技术的发展趋势是"应用引导发展"。一个好的软件，可能需要一个专门的平台或操作系统去优化支持。

1.3.3 虚拟化技术

虚拟化技术（virtualization technology）是云计算底层最核心的支撑技术之一。在计算机技术中，虚拟化是一种资源管理技术，它对计算机的各种实体资源（如处理器、内存、磁盘、网络适配器等）予以抽象、转换后呈现，并可分割、组合为一个或多个计算机配置环境，转变为逻辑上可以管理的资源。这种资源管理技术除去了实体结构不可分割的障碍，使资源在虚拟化后不受现有资源的架设方式、地域或物理配置限制，从而让用户可以更好地应用计算机硬件资源，提高资源利用率。

< 4 >

1．硬件虚拟化技术

基于硬件的完全虚拟化技术，是最主流的虚拟化技术之一，需要硬件支持，包括 CPU 的虚拟化技术、磁盘虚拟化技术、网络虚拟化技术等。

CPU 的虚拟化技术需要 Intel VT 技术或 AMD V 技术的支持，实现单 CPU 模拟多 CPU 并行运行，使单机可以同时运行多个操作系统。支持虚拟化技术的 CPU 带有多余的指令集来控制虚拟过程，通过这些指令集，控制软件很容易提高性能。

磁盘虚拟化技术可以将物理磁盘的存储空间抽象成逻辑存储空间，这使得虚拟机可以在不关心底层硬件的情况下使用存储资源。分布式存储是一种将数据分散存储在网络多个节点上的架构，这种架构通过网络通信协议将存储资源池化，并允许数据在多个物理位置之间自动分布和复制。

在云计算系统中主要使用覆盖网络（overlay network）和隧道（tunnel）技术实现虚拟局域网。覆盖网络是在现有的物理网络之上构建的一个或多个逻辑网络。这些逻辑网络通常通过隧道技术进行通信，以实现网络隔离、动态资源配置和跨多个物理网络等特性。隧道技术是一种在网络中传输数据包的技术，它将一种协议的数据包封装在另一种协议的数据包中，这样原始的数据包就可以通过一个逻辑通道（即隧道）从源地址传输到目标地址。

2．容器虚拟化技术

容器虚拟化技术是一种基于内核的轻量级虚拟化技术，它允许在一个操作系统内运行多个独立的应用程序环境。与传统的虚拟机相比，单个容器不需要完整的操作系统，而是共享主机的操作系统内核，并且每个容器都包含一个应用程序及其所有依赖项。

Linux 内核提供了支持容器虚拟化的核心功能。Cgroups（control groups）负责资源限制和优先级分配，Namespaces 实现进程、网络、文件系统和其他资源的隔离。

容器虚拟化技术主要有以下几个优点。

➢ 高效的资源利用：由于容器不需要加载整个操作系统，因此启动速度更快，内存和磁盘空间的占用也更少。

➢ 快速部署：容器镜像可以预先构建并分发到不同的环境中，使得应用程序的部署非常迅速和一致。

➢ 可移植性好：容器包含应用程序的所有依赖项，它们可以在不同的基础设施上运行，而不会受到底层环境差异的影响。

➢ 隔离性好：虽然容器共享操作系统的内核，但它们之间的资源是隔离的，确保了安全性和稳定性。

容器虚拟化技术已经成为现代云原生应用程序开发和部署的标准组成部分，尤其是在微服务架构和持续集成/持续交付（CI/CD）流程中。

1.3.4　集群技术

集群（cluster）是一组相互独立的、通过高速网络互联的计算机，这些计算机构成了一个组，并能被以单一系统的模式加以管理。云计算系统通过集群技术将各种计算机主机（包括物理机和虚拟机）整合在一个网络中，对外提供通用的分布式计算功能。集群技术也是云计算核心的支撑技术之一。

云计算系统通过集群技术可以使分布在网络上的多个主机变成一个逻辑型的操作系统，从使用者角度看，一个云计算系统就是一个唯一的操作系统，所以云计算系统可以视为操作系统的自然延伸和发展。

1.3.5　云计算平台

云计算平台是成熟的云计算系统，依据使用的虚拟机技术可以分为基于基础设施层的云计算平台

< 5 >

和基于平台层的云计算平台。

➤ OpenStack，基于基础设施层的完全虚拟化云计算平台。

➤ Kubernetes，基于平台层、使用容器虚拟化技术的云计算平台。

OpenStack 是一个完整的开源云计算平台，提供包括计算、网络、存储在内的多种服务，旨在帮助用户构建和管理私有云或公有云环境。OpenStack 由 NASA（美国国家航空航天局）和 Rackspace 公司合作研发并发起，由 Apache 许可证授权。OpenStack 包括两个主要模块：Nova 和 Swift。Nova 是 NASA 开发的虚拟服务器部署和业务计算模块，Swift 是 Rackspace 公司开发的分布式云存储模块，两者可以一起使用，也可以分开单独使用。OpenStack 是开源项目，除了有 Rackspace 公司和 NASA 的大力支持外，还有 Dell、Citrix、Cisco、Canonical 等公司的贡献和支持，发展速度非常快。

Kubernetes 是一种开源的容器编排平台，最初由谷歌公司开发，并于 2014 年贡献给了云原生计算基金会（Cloud Native Computing Foundation，CNCF）。Kubernetes 提供用于自动部署、缩放和管理容器化应用的云计算平台，它专注于容器编排和调度，适用于微服务架构和 DevOps 流程，可以轻松地进行版本控制和部署。

Kubernetes 支持在多个公有云提供商之间迁移工作负载，实现跨云兼容性。同时，它也可以与私有数据中心集成，形成混合云架构。

Kubernetes 同样有一个活跃的开发者社区和广泛的生态系统，且受到谷歌公司的大力推动和支持。

1.3.6 云计算相关的概念

云计算相关的概念特别多，这里对概念相关性和差异性进行简单说明。

1．分布式计算

分布式计算是一门计算机科学，它研究如何把一个需要巨大的计算能力才能解决的问题分成许多小的部分，然后把这些部分分配给许多计算机进行处理，最后把计算结果综合起来得到最终结果。通过这项技术，网络服务提供者可以在数秒之内，处理数以千万计甚至亿计的信息，以获得和超级计算机具有同样强大效能的网络服务。

2．网格计算

网格计算首先也是一种分布式计算。

网格计算通过利用大量异构计算机（通常采用桌面系统）CPU 的空闲资源，作为嵌在分布式电信基础设施中的一个虚拟的计算机集群，为解决大规模的计算问题提供一个模型。网格计算的焦点放在支持跨管理域计算的能力方面，这使得它与传统的计算机集群或传统的分布式计算不同。

3．并行计算

并行计算是相对于串行计算来说的，可分为时间上的并行计算和空间上的并行计算。时间上的并行计算就是指流水线技术，空间上的并行计算则是指用多个处理器并发地执行计算。并行计算的目的是提供单处理器无法提供的性能，使用多处理器求解单个问题。

并行计算借助并行算法和并行编程语言能够实现进程级并行和线程级并行。而分布式计算只是将任务分解成小块交由各个计算机分别处理。在粒度方面，并行计算中，处理器间的交互一般很频繁，往往具有细粒度和低开销的特征，并且被认为是可靠的；而在分布式计算中，处理器间的交互不频繁，交互特征是粗粒度的，并且被认为是不可靠的。并行计算注重短的执行时间，分布式计算则注重长的正常运行时间。

并行计算和分布式计算是密切相关的，它们是两种不同层次、不同维度的计算技术。底层计算对计算速度和可靠性要求较高，一般需要并行计算；顶层业务计算如果追求性能，则考虑采用分布式计算。

< 6 >

4．集群

集群将一组松散集成的计算机软件或硬件连接起来，高度紧密地协作完成计算工作。集群系统中的单个计算机通常称为节点，节点通过网络连接在一起。在某种意义上，集群可以被看作一台计算机。

5．云计算

云计算是相对较新的概念，它不只包含计算、计算机等概念，还包含运营服务等概念。它是对分布式计算、并行计算和网格计算的发展，或者说是这些概念的商业实现。

云计算不但包括分布式计算，还包括分布式存储和分布式缓存。分布式存储又包括分布式文件存储和分布式数据存储 。云计算是从集群技术发展而来的，关键技术在于能够对云内的基础设施进行动态按需分配与管理。

从计算任务角度来说，并行计算的任务分解与规约由单个程序计算完成；分布式计算的任务分解与规约由多个主机、多个程序合作完成；云计算是分布式计算的一个通用平台，一个计算任务不需要进行分解，云计算可以借助 Ingress 路由等技术自动实现。

6．边缘计算

边缘计算又称雾计算，是比云计算更轻量级的计算技术。边缘计算可被视为局域网私有化云计算，一般用于自动化控制中，以连接具有更弱计算能力的终端设备。

边缘计算将计算资源部署在靠近用户和数据源的网络边缘侧，通过在更靠近数据源的位置（如路由器、基站）执行计算，为用户提供高带宽、低延迟、低能耗、高安全的计算服务。边缘计算靠近设备端，也为云端数据采集做出贡献，支撑云端应用的大数据分析，云计算也通过大数据分析输出业务规则下发到边缘处，以便执行和优化处理。

物联网打通云和边缘，使得云和边缘之间的同步变得更加简单，云、边、端相互协同，各有分工，三位一体。

1.4 Linux 简介

Linux 简介

在计算机中，操作系统是最基本也是最为重要的基础性系统软件。Linux 操作系统，全称 GNU/Linux，是一种可免费使用和自由传播的类 UNIX 操作系统，其 Logo 是一只企鹅，如图 1.3 所示。

Linux 内核由林纳斯·本纳第克特·托瓦兹（Linus Benedict Torvalds）（后文简称林纳斯）于 1991 年 10 月 5 日首次发布。Linux 是一个基于 POSIX（portable operating system interface，可移植操作系统接口）的多用户、多任务、支持多线程和多 CPU 的操作系统。Linux 能运行主要的 UNIX 工具软件、应用程序和网络协议。Linux 继承了 UNIX 以网络为核心的设计思想，是一个性能稳定的多用户网络操作系统。UNIX 遵守单一 UNIX 规范（Single UNIX Specification），有唯一标准；Linux 继承自 UNIX，但是有扩展和变化，并且有多个版本。例如，基于社区开发的 openEuler、Debian、Arch Linux，以及基于商业开发的 Red Hat Enterprise Linux（RHEL）、SUSE、Oracle Linux 等。

图 1.3 Linux 的 Logo

1.4.1 Linux 的基本思想

Linux 的基本思想主要有两点。

< 7 >

（1）一切资源皆文件

在 Linux 中，所有的设备、硬件、应用程序等都被视为文件。这种思想使得 Linux 操作系统中的所有资源都可被归结为拥有各自特性或类型的文件，包括命令、硬件、软件、进程等。

（2）每个软件都有确定的用途

Linux 遵循模块化设计原则，每个软件都有确定的用途，并且可被其他软件替代。这种思想鼓励用户使用自由软件，并支持开放源代码的软件。

1.4.2　Linux 的特性

Linux 具有以下重要特性。

（1）完全免费、开放源代码

Linux 是一款免费的操作系统，用户可以通过网络或其他途径免费获得，并可以随意修改其源代码。原先林纳斯将 Linux 置于一个禁止任何商业行为的条例之下，但之后改用 GNU 通用公共许可证第 2 版。该协议允许任何人对软件进行修改或发行，包括商业行为，只要遵守该协议，所有基于 Linux 的软件也必须采用该协议发表，并提供源代码。

软件的授权模式有以下几种。

➢ Open Source：开源软件，开放源代码。

➢ Close Source：闭源软件，不对外提供源代码。

➢ Freeware：自由软件，免费但不开源。

➢ Shareware：共享软件，一开始免费试用，经过一段时间后收费。

（2）高可靠性

Linux 的可靠性极高，可以长时间高效地运行，且十分稳定。在管理系统的过程中，Linux 拥有全面的安全机制，从而保护系统和用户免受计算机攻击与恶意攻击，无须担心安全问题。

（3）广泛的硬件适配性

Linux 可以运行在多种硬件架构上，具有广泛的硬件适配性，这无形中让 Linux 成为一种中间通用型操作系统。同时 Linux 支持多处理器技术，可控制多个处理器同时工作，使系统性能大大提高。

（4）可维护性

Linux 服务器的维护工作中，除了要维护硬件、软件之外，还要进行系统内核和软件的更新升级。Linux 内核和发行版的维护周期都非常长，每隔一段时间，Linux 都会发布新的版本，修补系统漏洞和错误。Linux 命令还能够方便地维护多主机系统，而不是局限于一台服务器。

Linux 提供了一种 Shell 脚本语言，能够为使用者提供更方便的维护方法。

（5）完全兼容 POSIX 标准

完全兼容 POSIX 标准，这使得 Linux 同 UNIX、Windows 等其他遵守 POSIX 标准的系统在源代码级别可实现跨平台使用。

（6）多用户、多任务

Linux 支持多用户，各个用户对于自己的文件设备有特殊的权利，可保证各用户之间互不影响。多任务则是现代计算机一个主要的特点，Linux 可以使多个程序同时并独立地运行。

（7）良好的界面

Linux 同时具有字符界面和图形界面。在字符界面，用户可以通过键盘输入相应的指令来进行操作。它同时也提供了类似 Windows 图形界面的 X Window 系统，用户可以使用鼠标对其进行操作。X Window 环境基本和 Windows 的相似，可以说是一个 Linux 版的 Windows。

< 8 >

1.4.3　Linux 的应用领域

随着 Linux 在服务器领域的广泛应用，近几年来，该系统已经渗透到电信、金融、教育等各个行业，同时各大硬件厂商也相继优先支持 Linux 操作系统。

Linux 的应用领域非常广泛，以下是一些主要的应用领域。

（1）服务器领域

Linux 是一种常用的服务器操作系统，由于其具有高效、稳定、安全和低成本等优点，已经成为许多企业和机构的首选服务器操作系统。在 Web 服务器、数据库服务器、文件服务器、邮件服务器等方面，Linux 都有广泛的应用。

（2）科学计算领域

自 2017 年以来，全球 Top500 的超级计算机运行的都是 Linux 操作系统。

（3）云计算领域

随着云计算的兴起，Linux 在该领域也得到了广泛的应用。许多云计算平台，如 Amazon Web Services、Microsoft Azure、Google Cloud Platform 等都基于 Linux 操作系统，它们为企业和个人提供了高效、稳定、安全的云计算服务。

（4）人工智能领域

在人工智能领域，Linux 也是主要的操作系统之一，因为它具有高度的可定制性、可扩展性和可靠性，可以满足人工智能应用对于高性能计算和数据处理的需求。许多人工智能框架，如 TensorFlow、PyTorch、Caffe 等都优先支持 Linux 操作系统。

（5）嵌入式系统领域

由于 Linux 操作系统支持大量的微处理器体系结构、硬件设备和通信协议，因此在嵌入式系统领域里，从互联网设备（路由器、交换机、防火墙、负载均衡器等）到专用的控制系统（智能设备、智能家居等），Linux 操作系统都有很广阔的应用市场。

（6）移动设备领域

移动设备领域主要使用基于 Linux 的 Android 系统和基于类 UNIX 的 iOS。由于具有开放性和可定制性，Android 系统已经成为移动设备市场中的主导操作系统之一。

（7）物联网领域

物联网设备需要一个小型、高效且安全的操作系统，Linux 可以满足这些需求。

（8）个人桌面操作系统领域

虽然 Linux 在个人桌面操作系统领域的市场份额相对较小，但是由于其具有安全性和可定制性等优点，一些用户仍然选择 Linux 作为个人桌面操作系统。

1.5　Linux 的历史和发展

Linux 的历史和发展

1964 年，Bell 实验室、MIT（麻省理工学院）、GE（美国通用电气公司）准备开发 Multics 分时操作系统，期望同时支持 300 个终端访问主机，但是在 1969 年失败了。刚开始并没有鼠标、键盘，输入设备只有卡片机，因此如果要测试某个程序，需要将读卡纸插入卡片机，如果有错误，需要重新来过。

1969 年，肯尼斯·汤普生（Kenneth Thompson）利用汇编语言开发了 File Server System（Unics，即 UNIX 的原型）。由于汇编语言对硬件具有依赖性，因此 Unics 只适用于特定硬件。

1973 年，Bell 实验室的丹尼斯·里奇（Dennis Ritchie，C 语言之父）发明了 C 语言，随后他和肯尼斯·汤普生写出了 UNIX 的内核。UNIX 90%的代码是用 C 语言写的，10%的代码是用汇编语言写的，

< 9 >

因此移植时只要修改那 10% 的代码即可。

1977 年，美国加利福尼亚大学伯克利分校（University of California，Berkeley）的比尔·乔伊（Bill Joy）针对他的机器修改 UNIX 源代码，推出了 BSD（Berkeley Software Distribution）版本的 UNIX。比尔·乔伊是 Sun 公司的创始人。

1979 年，发布 UNIX System V，用于个人计算机。

1981 年，IBM 公司推出微型计算机 IBM PC。

1984 年，因为 UNIX 规定"不能对学生提供源代码"，塔能鲍姆（Tanenbaum）编写了兼容 UNIX 的 Minix 系统用于教学。

1984 年，理查德·斯托曼（Richard Stallman）面对程序开发的封闭模式，发起了一项国际性的源代码开放的"牛羚"（GNU's Not UNIX，GNU）项目，创办了自由软件基金会（Free Software Foundation，FSF）。GNU 项目旨在开发一个类似 UNIX 并且是自由软件的完整操作系统——GNU 系统。今天各种使用 Linux 作为核心的 GNU 系统仍在被广泛使用，虽然这些系统通常被称作 Linux，但严格地说，它们应该被称为 GNU/Linux 操作系统。

1985 年，为了避免 GNU 项目开发的自由软件被其他人用作专利软件，理查德·斯托曼创建了通用公共许可证协议（general public license，GPL）版权声明。GNU 倡导"自由软件"，自由软件指用户可以对软件做任何修改，甚至再发行，但是始终要挂着 GPL 声明；自由软件是可以卖的，但是不能只卖软件，必须提供服务、手册等。GNU 项目比较著名的产品有 GCC、Emacs、Bash Shell、glibc 等。

1987 年 6 月，理查德·斯托曼完成了 11 万行开放源代码的 GNU C 编译器 GCC，它是 GNU 系统的一项重大突破。

1988 年，MIT 为了开发图形用户界面（graphical user interface，GUI），成立了 XFree86 组织。

1991 年 10 月 5 日（这是第一次正式向外公布的时间），芬兰赫尔辛基大学研究生林纳斯根据 Minix 系统编写并发布了称为 Linux 的操作系统内核。Minix 是基于 PowerPC 架构的，Linux 是将 Minix 移植到 x86 架构的版本。

同时，POSIX 标准正在制定和投票过程中，这个 UNIX 标准为开发 Linux 提供了极为重要的信息，使得 Linux 能够在标准的指导下进行开发，并能够与绝大多数 UNIX 操作系统兼容。在最初的 Linux 内核源代码中（0.01 版、0.11 版）就已经为 Linux 操作系统与 POSIX 标准的兼容做好了准备工作。

POSIX 是由 IEEE（Institute of Electrical and Electronics Engineers，电气电子工程师学会）和 ISO（International Organization for Standardization，国际标准化组织）/IEC（International Electrotechnical Commision，国际电工委员会）开发的一个标准族。该标准族基于当时现有的 UNIX 实践和经验，描述了操作系统的调用服务接口，是对应用程序和系统调用之间接口的规范，用于保证编制的应用程序可以在源代码一级在多种操作系统上移植和运行。

1992 年，根据理查德·斯托曼的建议，将 Linux 与不是很完善的 GNU 系统相结合产生了一个完整的开源、免费的操作系统，称为 GNU/Linux，以 GNU GPL 发布。后来，GNU/Linux 简称 Linux。

1994 年，林纳斯发布 Linux Kernel 1.0，代码约有 17 万行，当时是按照完全自由、免费的协议发布的，随后正式采用 GPL 协议。

1995 年，Red Hat 公司成立，发布了商业发行版 Red Hat Linux，并成为 Linux 商业领域的领先者之一。

1996 年，林纳斯发布了 Linux Kernel 2.0，确定了 Linux 的吉祥物：企鹅。此内核大约有 40 万行代码，并可以支持多个处理器。此时的 Linux 已经进入了实用阶段，全球大约有 350 万人在使用。

1998 年 2 月，以埃里克·雷蒙德（Eric Raymond）为首的一批年轻的"老牛羚骨干分子"认识到 GNU Linux 体系产业化道路的本质：GNU 不是自由哲学，而是市场竞争的驱动，于是创办了开放源代码促进会（Open Source Initiative，OSI），在互联网世界里展开了一场历史性的 Linux 产业化运动。

2000 年初，Linux 快速发展，特别是在服务器领域。越来越多的公司采用 Linux 作为其服务器操作系统，因为它具有高度的安全性、稳定性和可靠性。

< 10 >

2001 年 1 月，Linux Kernel 2.4 发布，为企业级应用程序提供更好的性能和稳定性，引入了许多新特性，包括防火墙和 IPv6 支持。

2003 年 12 月，Linux Kernel 2.6 发布，引入了更多的文件系统支持、性能优化和对各种硬件的支持。这个版本的内核维护比以往任何时候都更加正规。

2006 年 11 月，微软公司和 Novell 公司达成协议，以改善 Linux 同 Windows 操作系统的兼容问题。

2007 年 11 月，谷歌公司发布了 Android 操作系统，这是基于 Linux 内核的移动操作系统，成为移动领域的重要操作系统之一。此外，其他的 Linux 发行版也开始在移动领域崭露头角，如 Ubuntu Touch、Firefox OS 等。

2008 年 9 月，谷歌公司联合 T-Mobile、HTC 等公司，正式发布了首款基于 Android 平台的手机 G1。谷歌公司还发布了开源浏览器 Chrome，发布仅几小时，总体占有率就达到了 2%。

2011 年 7 月 21 日，林纳斯正式发布了 Linux Kernel 3.0。该版本引入了能源管理和自动调整调度等功能，提升了系统性能。Linux Kernel 3.0 没有具有重要意义的新特性或者是与之前的版本存在不兼容的地方，只是在 Linux 20 周年之际放弃了不方便的版本编号系统。

2015 年 4 月 13 日，林纳斯正式发布了 Linux Kernel 4.0。该版本支持更多的文件系统（如 Btrfs 和 F2FS），引入了新的显卡驱动模型（DRM）和内核模块签名等。Linux 新的补丁更新机制叫作实时补丁（live patching），可以对系统内核进行更新而不用重启。该功能由 SUSE Enterprise Linux kGraft、Red Hat kpatch 合并升级而来。

2019 年 3 月 4 日，Linux Kernel 5.0 正式发布。该版本引入了实时预测性能调度器和扩展性改进，支持更多的架构（如 ARM）。

2019 年 12 月 31 日，华为公司宣布将服务器操作系统正式开源，并命名为 openEuler。同时，openEuler 开源社区正式上线。openEuler 是一个开源的 Linux 操作系统，旨在为计算产业提供一种新型的、可演进的、全数字化的基础设施。它是华为公司的一个重要战略性判断，以"硬件开放、软件开源"为原则，全面赋能合作伙伴，激活计算产业生态。同时 openEuler 社区也吸引了越来越多的全球开发者，社区整体朝"共建、共享、共治"的目标稳健发展。

2020 年 6 月，开放原子开源基金会在工信部的指导下，由阿里巴巴、百度、华为、浪潮、360、腾讯、招商银行等企业联合发起，是国内首个也是目前唯一一个开源基金会。

2020 年 9 月，华为向开放原子开源基金会捐赠 OpenHarmony 1.0 并开放下载。

2022 年 10 月 2 日，林纳斯发布了 Linux Kernel 6.0 正式版本。该版本支持 NVMe 带内认证，支持 OpenRISC 和 LoongArch 架构的 PCI（protocol control information，协议控制信息）总线。Linux Kernel 6.0 还带来了对 RISC-V 硬件架构的"Zicbom"扩展的支持，以及实现第二代 Btrfs"发送"协议，支持发送大型数据和原始压缩扩展文件。

可以看出，Linux 操作系统的诞生、发展和成长过程始终依赖着 5 个重要支柱：UNIX 操作系统、Minix 操作系统、GNU 项目、POSIX 标准和 Internet。

Linux 的发展历史可以看作开放、自由和协作的历史。Linux 的成功得益于一个开放、自由和协作的社区，这个社区由志愿者、商业公司和政府机构组成，其共同推动了 Linux 的快速发展和广泛应用。如今，Linux 已经成为世界上最流行的操作系统之一，它在服务器、移动、云计算和人工智能等领域都发挥着重要作用。

1.6　Linux 内核

Linux 内核

严格意义上，Linux 是一个内核。内核指的是一个提供硬件抽象层、磁盘及文件系统控制、多任务

< 11 >

等功能的系统软件。一个内核不是一套完整的操作系统；一套基于 Linux 内核的完整操作系统叫作 Linux 操作系统，或是 GNU/Linux。

Linux 是一个宏内核系统，设备驱动程序可以完全访问硬件。Linux 内的设备驱动程序可以方便地以模块化的形式设置，并在系统运行期间可直接装载或卸载。

Linux 内核的主要模块分以下几个部分：存储管理、CPU 和进程管理、文件系统、设备管理和驱动、网络通信，以及系统的初始化（引导）、系统调用等。

Linux 内核版本指的是 Linux 操作系统的核心程序的版本。Linux 内核是一种开源的操作系统内核，由林纳斯领导的 Linux 开源社区贡献、开发。每个 Linux 内核版本都有独特的标识号，包括主版本号、次版本号和修订号。

Linux 内核的版本号遵循一定的命名规则。通常，主版本号的变动代表基本的架构和功能的重大改变，次版本号的变动代表一些较小的变化，修订号的变动则代表修复错误和增加小功能。例如，Linux 内核的版本号可以是 4.18.10，其中主版本号为 4，次版本号为 18，修订号为 10。

Linux 内核的版本号在发布时会标明在操作系统的唯一标识中。这个版本号在 Linux 操作系统中非常重要，因为它代表了不同的内核版本所带来的新功能、性能优化和安全性修复。用户可以根据 Linux 内核的版本号来判断是否需要及时更新内核，以便获得更好的使用体验和修复已知的安全漏洞。

每个 Linux 内核版本都由一个发布计划和发布周期来管理，以确保及时地更新和修复该 Linux 内核。Linux 内核的版本更新通常会在几个月到一年之间进行一次，这取决于开发者对新功能的开发进度和对错误的修复速度。

Linux 内核的版本更新是一个持续不断的过程，社区中的许多开发者和贡献者会不断提交代码、修复错误和改进功能，以提高内核的性能和稳定性。这种开源的开发模式确保了 Linux 内核的持续演进和改进。

除了正式的 Linux 内核版本之外，还存在一些分支版本，如长期支持（long term support release，LTS）版本和即时发布（rolling release）版本。LTS 版本通常会提供长时间的支持和维护，而即时发布版本通常会更频繁地发布新功能和更新。用户可以根据自己的需求选择不同的版本来满足实际需求。

总之，Linux 内核版本是指 Linux 操作系统核心程序的版本号。了解和选择满足自己需要的 Linux 内核版本是非常重要的，它将直接影响到系统的性能、稳定性和安全性。

1.7 Linux 发行版

Linux 发行版

20 世纪 90 年代初期，Linux 开始出现的时候，仅以源代码形式出现，用户需要在其他操作系统下进行编译才能使用。后来一些组织或厂家将 Linux 操作系统的内核与外围实用程序和文档包装起来，并提供一些系统安装界面和系统配置、设定与管理工具，就构成了一种发行版本。

相对于 Linux 操作系统内核版本，Linux 发行版的版本号随发布者的不同而不同，与 Linux 操作系统内核的版本号是相对独立的。因此把 SUSE、RHEL、Ubuntu、Slackware 等直接说成是 Linux 是不确切的，它们是 Linux 发行版，更确切地说，应该叫作"以 Linux 为核心的操作系统软件包"。根据 GPL 协议，这些发行版本虽然都源自一个内核，并且都有各自的贡献，但都没有自己的版权。Linux 的各个发行版本都使用林纳斯主导开发并发布的同一个 Linux 内核，因此在内核层不存在兼容性问题。Linux 发行版的每个版本都有不一样的感觉，但只是在发行版本的最外层才有所体现，绝不是 Linux 本身或内核不统一、不兼容。

如今人们已经习惯了用 Linux 来称呼 Linux 发行版，但是严格来讲，Linux 这个词本身只表示 Linux 内核。

< 12 >

Linux 发行版有近百种，目前市面上较知名的发行版本有 openEuler、RHEL、CentOS、Fedora、Debain、Ubuntu、SUSE、openSUSE、Gentoo、TurboLinux、BluePoint、RedFlag、Slackware 等。从性质上划分，大体分为由商业公司维护的商业版本和由开源社区维护的免费发行版本。商业版本以 RHEL 为代表，免费发行版本则以 Debian 为代表。Linux 发行版大同小异，内核是兼容、一致的，只是提供的服务有差异。学会一种再掌握其他发行版本就比较容易，用户可根据自己的经验和喜好选用合适的 Linux 发行版。

下面详细介绍几种常见的 Linux 发行版。

1.7.1 openEuler/CentOS 系列

1．openEuler

华为欧拉操作系统（EulerOS）是运行在华为公司通用服务器上的操作系统。

2019 年 12 月 31 日，EulerOS 被正式推送至开源社区，更名为 openEuler。openEuler 也升级成为数字基础设施的开源操作系统，可广泛部署于服务器、云计算设备、边缘计算设备、嵌入式设备等各种形态设备上，并支持多样性计算，应用场景覆盖信息技术（information technology，IT）、通信技术（communication technology，CT）和操作技术（operational technology，OT），其 Logo 如图 1.4 所示。

openEuler 作为国有 Linux 操作系统，由国内企业自主研发，拥有完整的自主知识产权，实现了国家信息化建设从根本上的自主可控。openEuler 可靠性和稳定性强，同时 openEuler 致力于与主流的 Linux 标准兼容，尤其是与 RHEL 和 CentOS 兼容，采用了 RPM（Red Hat Package Manager）作为其包管理系统，这使得它具有良好的兼容性和广泛的生态环境，非常适合企业级应用和部署，是国内企业优先考虑的版本之一。

麒麟系统是由麒麟软件有限公司基于 openEuler 操作系统自主研发的。麒麟软件有限公司是 openEuler 首批理事会单位，并率先推出基于 openEuler 的首个商业发行版本并持续演进。

国产的几款麒麟系统，分别是中标麒麟、银河麒麟和优麒麟。

中标麒麟可以追溯到 1989 年中软发布的类 UNIX 操作系统 COSIX，2010 年，中标软件与国防科技大学联合推出"中标麒麟"操作系统，该系统是由民用的"中标 Linux"操作系统和军用"银河麒麟"操作系统合并而来，最终以"中标麒麟"统一出现在市场。中标麒麟操作系统系列产品主要以操作系统技术为核心，重点打造自主可控、安全可靠等差异化特性。其 Logo 如图 1.5 所示。

 OpenEuler

图 1.4 openEuler 的 Logo

图 1.5 中标麒麟的 Logo

银河麒麟是国防科技大学在军用操作系统"银河"的基础上进行操作系统技术研发的，先后经历了"银河"Linux 操作系统 V10、"银河"Linux 操作系统 V20、"银河"Linux 操作系统 V30、"银河"Linux 操作系统 V40 等几个重要的版本。2006 年，"银河麒麟"操作系统正式发布。银河麒麟的社区版就是优麒麟。其 Logo 如图 1.6 所示。

优麒麟（Ubuntu Kylin）是面向中文用户的 Ubuntu 衍生版本。优麒麟是由中国 CCN 联合实验室支持和主导的开源项目，其宗旨是采用平台国际化与应用本地化融合的设计理念，通过定制本地化的桌

< 13 >

面环境以及开发环境满足广大中文用户特定需求的应用软件来提供优质的中文用户体验，做有中国特色的 Linux 操作系统。其 Logo 如图 1.7 所示。

图 1.6　银河麒麟 Logo

图 1.7　优麒麟 Logo

2．Red Hat Enterprise Linux

Red Hat 企业版，简称 RHEL，是 Red Hat 公司发布的商业 Linux 版本，Red Hat 系列都是基于该版本进行发布的。RHEL 可以说是 Linux 的领军发行版，有较广泛的商业基础，也具有强大的社区影响力。RHEL 是很多大型企业采用的操作系统，可以免费使用，但商用需要向 Red Hat 公司购买商用许可证，有偿享受技术支持、版本升级等服务。其 Logo 如图 1.8 所示。

3．CentOS

CentOS 是一个由社区支持的发行版，它由 Red Hat 企业版源代码所衍生。因此，CentOS 以兼容 RHEL 的功能为目标。CentOS 对组件的修改主要是去除上游提供者的商标及美工图。从某种程度看，CentOS 可以看作免费版的 RHEL，任何人都可以自由使用，不需要向 Red Hat 支付任何费用。同时有强大的社区提供技术支持，也有很多公开源提供免费升级服务。其 Logo 如图 1.9 所示。

4．Fedora

Fedora 是 Red Hat 公司使用了前沿技术的实验版本，测试稳定后才考虑加入企业版本中，交由社区维护。Fedora 非常适合作为桌面操作系统，不适合作为服务器系统，对于想了解未来技术走向，学习新技术的用户可以尝试该发行版。其 Logo 如图 1.10 所示。

图 1.8　Red Hat Logo　　　　　图 1.9　CentOS Logo　　　　　图 1.10　Fedora Logo

1.7.2　Debian/Ubuntu 系列

1．Debian

Debian 于 1993 年首次发布，是最为古老的 GNU/Linux 发行版之一，也是许多其他基于 Linux 的操作系统的基础。Debian 系统以稳定性为重，不追求高速迭代。Debian 遵循固定的发布周期，大约每两年发布一次新版本。这些发行版用一个数字指定，例如"Debian 11"或"Debian 12"。每个版本的支持期至少为 5 年，在此期间将提供安全更新和错误修复。其 Logo 如图 1.11 所示。

Debian 社区是一个致力于自由软件开发并宣扬自由软件基金会理念的志愿者组织。Debian 系统完全基于 GNU 发行，完全由社区维护，是对自由非商用软件有偏好者首选的服务器操作系统。

2．Ubuntu

Ubuntu（乌班图）是一个以桌面应用为主的 Linux 操作系统，其 Logo 如图 1.12 所示。

Ubuntu 由开源厂商 Canonical 公司开发和维护，是基于 Debian 再发行的桌面系统，Ubuntu 的目标在于为一般用户提供一个最新的、同时又相当稳定的、主要由自由软件构建而成的操作系统。很多 Linux 桌面系统都是基于 Ubuntu 再发行的，如 Linux Mint、ChaletOS、elementary OS，还有中文版的优麒麟。

< 14 >

3．Linux Mint

Linux Mint 由 Linux Mint Team 于 2006 年开始发行，是一个基于 Debian 和 Ubuntu 的 Linux 发行版。Linux Mint 是一个为个人计算机（包括 x86 计算机）设计的操作系统，可以使用 Linux Mint 来代替 Windows，其目标是提供一种更完整的即刻可用体验，包括提供浏览器插件、多媒体编解码器、DVD 播放支持等。Linux Mint 是对用户友好且功能强大的操作系统，其目标是为家庭用户和企业客户提供免费、高效、易用、高雅的桌面操作系统，是 Distrowatch 排行榜上长期位居第一名的 Linux 发行版。其 Logo 如图 1.13 所示。

图 1.11 Debian Logo

图 1.12 Ubuntu Logo

图 1.13 Linux Mint Logo

4．Kali Linux

Kali Linux 是基于 Debian 的 Linux 发行版，设计用于数字取证和渗透测试，由 Offensive Security 公司维护和资助。Kali Linux 由 Offensive Security 公司的马蒂·阿哈罗尼（Mati Aharoni）和德文·基恩斯（Devon Kearns）通过重写 BackTrack 实现，BackTrack 是他们之前写的用于取证的 Linux 发行版。其 Logo 如图 1.14 所示。

Kali Linux 预装了许多渗透测试软件，包括 Nmap（端口扫描器）、Wireshark （数据包分析器）、John the Ripper （密码破解器），以及 Aircrack-ng（一种用于对无线局域网进行渗透测试的软件）。用户可通过硬盘、Live CD 或 Live USB 运行 Kali Linux。Metasploit 的 Metasploit Framework 支持 Kali Linux，Metasploit 是一套针对远程主机进行开发和执行 Exploit 代码的工具。所以，Kali Linux 也是黑客常用的操作系统。

图 1.14 Kali Linux Logo

1.7.3 FreeBSD

严格来说 FreeBSD 不属于 Linux 类，FreeBSD 是一种类 UNIX 操作系统，是由 BSD、386BSD 和 4.4BSD 发展而来的 UNIX 的一个重要分支。FreeBSD 为不同架构的计算机系统提供了不同程度的支持。并且一些原来进行 BSD UNIX 开发的开发者后来转到 FreeBSD 的开发团队，使得 FreeBSD 在内部结构和系统 API（application program interface，应用程序接口）上和 UNIX 有很强的兼容性。由于 FreeBSD 法律条款宽松，其代码被很多其他系统借鉴，如苹果公司的 macOS。其 Logo 如图 1.15 所示。

图 1.15 FreeBSD Logo

FreeBSD 的使用手册非常齐全，是目前学习 FreeBSD 的主要资料。

1.8 开源协议

现今存在的开源协议有很多，目前经过 OSI 批准的开源协议就有近百种。我们经常见到的开源协议如 GPL 协议、LGPL 协议、BSD 协议、MIT 协议、木兰协议等都是 OSI 批准的协议。

< 15 >

1.8.1　GPL 协议

为了避免 GNU 开发的自由软件被其他人用作专利软件，理查德·斯托曼创建了 GPL 协议版权声明。GPL 协议是 Linux 技术的代表，也是开放源代码软件的基础。

GPL 协议遵循自由软件和共享发布原则。该协议共有 16 条，总体上确保了开放源代码软件的发展，要求其开发者或发布者在使用过程中要遵守 GPL 协议。

GPL 协议的规定包括：修改和发布，可以复制、传播、展示、表演和改编；向开放源代码核心结构和接口技术增加专有代码；对这些代码和适用程序的所有运行结果享有权利，但不得限制修改的代码的运行结果。根据这些原则，GPL 协议确保了使用 Linux 技术的开放性和安全性，保障了受 GPL 协议保护的代码和其他代码之间的平等交流和共享，为更多的开发者和使用者提供了有力的保护。

GPL 协议对各种开放源代码软件（OSS）开发者以及负责处理开源代码软件许可协议的企业有着重要的意义。GPL 协议的实施为企业提供了更多的权利和使之承担更多责任，可以在规范的框架内进行技术的创新、修改和发布。其次，GPL 协议的实施可以使企业更加高效、安全地使用 Linux 技术。如果企业发布的软件不遵守该协议，那么该软件会被拒绝共享，企业将无权使用该软件，也不能将其发布到社交媒体和其他网站上。

1.8.2　LGPL 协议

1990 年，人们普遍认为限制性弱的许可证对于自由软件的发展是有战略意义的，因此，当 GPL 的第二个版本（GPLv2）在 1991 年 6 月发布时，第二个许可证程序库 GNU 通用公共许可证（the lesser general public license，LGPL）也被同时发布，并且一开始就将其定为第 2 版本以表示其和 GPLv2 的互补性。这个版本一直延续到 1999 年，并分支出一个派生的 LGPL，版本号为 2.1，并将其重命名为轻量级通用公共许可证（又称宽通用公共许可证，lesser general public license），以反映其在整个 GNU 理念中的地位。

LGPL 是 GPL 的一个主要为类库使用而设计的开源协议。与 GPL 要求任何使用、修改、衍生自 GPL 类库的软件必须采用 GPL 协议不同，LGPL 允许商业软件通过类库引用（link）方式使用 LGPL 类库而不需要开源商业软件的代码。这使得采用 LGPL 协议的开源代码可以被商业软件作为类库引用并发布和销售。

但是如果修改或者衍生 LGPL 协议的代码，则所有修改的代码，涉及修改部分的额外代码和衍生的代码都必须采用 LGPL 协议。因此 LGPL 协议的开源代码很适合作为第三方类库被商业软件引用，但不适合希望以 LGPL 协议代码为基础，通过修改和衍生的方式做二次开发的商业软件采用。

GPL 与 LGPL 都保障了原作者的知识产权，避免有人利用开源代码复制并开发类似的产品。

1.8.3　Apache Licence 协议

Apache Licence 是著名的非营利开源组织 Apache 采用的协议。该协议鼓励代码共享和尊重原作者的著作权，允许代码修改与再发布（作为开源或商业软件）。

Apache Licence 是对商业应用友好的许可证协议。使用者可以在需要的时候修改代码来满足需要并作为开源或商业产品发布/销售。

1.8.4　BSD 协议

BSD 协议是一个给予使用者很大自由的协议，使用者可以自由地使用、修改源代码，也可以将修改后的代码作为开源或者专有软件再发布。

< 16 >

但发布使用了 BSD 协议的代码，或以 BSD 协议代码为基础二次开发自己的产品时，需要满足 3 个条件。

> 如果再发布的产品中包含源代码，则在源代码中必须带有原来代码中的 BSD 协议。
> 如果再发布的只是二进制类库/软件，则需要在类库/软件的文档和版权声明中包含原来代码中的 BSD 协议。
> 不可以用开源代码的作者/机构名字和原来产品的名字做市场推广。

BSD 协议鼓励代码共享，但需要尊重代码作者的著作权。由于 BSD 协议允许使用者修改和重新发布代码，也允许使用或在 BSD 协议代码上开发商业软件发布和销售，因此对商业集成是很友好的协议。很多公司或企业在选用开源产品的时候都首要考虑 BSD 协议，因为可以完全控制这些第三方的代码，在必要的时候可以修改或者进行二次开发。

1.8.5　MIT 协议

MIT 协议源于 MIT，又称"X 条款"（X License）或"X11 条款"（X11 License）。

MIT 是和 BSD 一样宽松的许可协议，作者只想保留版权而无任何其他的限制。也就是说，使用者必须在自己的发行版里包含原许可协议的声明，无论是以二进制发布还是以源代码发布，这是最宽松的许可协议。

1.8.6　木兰协议

木兰协议第一个版本于 2019 年 8 月 5 日发布，第二个版本于 2020 年 1 月发布。

2020 年 2 月 14 日，OSI 批准了来自我国的木兰开源许可证协议第二版（MulanPSL v2），木兰协议正式成为一个国际化开源软件许可证协议。这意味着我国拥有了具有国际通用性、可被任意一个国际开源基金会或开源社区支持、采用，并可以为任意一个开源项目提供服务的开源许可证。

目前木兰许可证族已研制发布了 4 个许可证：木兰宽松许可证（MulanPSL v1；MulanPSL v2）、木兰公共许可证（MulanPubL v1；MulanPubL v2）、木兰-白玉兰开放数据许可协议（MBODL v1）、木兰开放作品许可证（Mulan Open Works License，Mulan OWL），后续可能会推出更多的协议来满足特定的使用场景。

1.9　小结

本章介绍了传统计算机系统和云计算系统，以及 Linux 的历史和发展。Linux 是一种可自由使用和自由传播的类 UNIX 操作系统，其内核由林纳斯于 1991 年首次发布。Linux 具有许多独特的特性，包括开源性、灵活性、稳定性、安全性、高效性等，这些特性使得 Linux 成为许多企业和机构的首选操作系统。

1.10　习题

一、填空题

1. _____ 是继计算机、互联网之后的一种新技术，也是一种资源提供方式和资源使用模式。

< 17 >

2. 硬件基础设施中_____是绝对的核心。

3. CPU 微架构指令集主要分为两种，一种是 Intel、AMD 为首的复杂指令集_____，另一种是以 IBM、ARM 为首的精简指令集_____。

4. _____是提供用户管理和使用资源的接口。

5. 计算机操作系统根据提供商可以分为 Microsoft 阵营和 Linux 类阵营，根据用途划分为_____和_____。

6. Linux 操作系统是一个性能稳定的_____网络操作系统。

7. 云计算的服务模式由三部分组成，包括基础设施即服务_____、平台即服务_____和软件即服务_____。

8. 云计算底层最核心的支撑技术是_____和集群技术。

9. 云计算平台是成熟的云计算系统，目前主要包括：_____、_____。

10. _____是一门计算机科学，它研究如何把一个需要巨大的计算能力才能解决的问题分成许多小的部分，最后把这些计算结果综合起来得到最终结果。

11. Linux 操作系统，全称_____，是一种免费使用和自由传播的类 UNIX 操作系统。

二、判断题

1. 云计算系统是一种集中式计算系统，所有数据和应用程序都存储在本地计算机上。（　　）

2. Linux 是一种闭源操作系统，其源代码不对外公开。（　　）

3. Linux 内核是 Linux 操作系统的核心组件，负责管理系统的硬件和软件资源。（　　）

4. Linux 发行版是基于 Linux 内核构建的，但每个发行版都包含独特的软件包管理系统和附加软件。（　　）

5. 开源协议由于开源精神，对 Linux 及其相关软件的使用、修改和分发没有任何限制。（　　）

三、选择题

1. Linux 最早是由谁开发的？（　　）
A. Robert Koretsky   B. Linus Torvalds
C. Bill Ball   D. Linus Duff

2. 下列哪个软件是自由软件？（　　）
A. Windows   B. AIX   C. Linux   D. Solaris

3. Linux 内核主要负责什么功能？（　　）
A. 图形用户界面管理   B. 应用程序开发
C. 系统软硬件资源管理   D. 网络通信协议设计

4. 以下哪个选项不是 Linux 发行版的组成部分？（　　）
A. Linux 内核   B. 软件包管理系统
C. 附加软件和应用   D. 专有的硬件设备

5. 开源协议如 GPL 对使用其许可的软件有哪些要求？（　　）
A. 软件必须免费分发   B. 软件的任何修改都必须保持开源
C. 软件不得用于商业用途   D. 软件必须定期更新

< 18 >

第 **2** 章 openEuler 系统安装与配置

本章主要介绍如何利用虚拟机安装 openEuler 系统，安装完成后，根据生产需求进行配置，打造更安全的系统。另外，本章还详细介绍如何熟练使用 Linux 客户端远程控制系统，以及如何进行系统更新。

2.1 引入

引入

1．自主创新精神

在当前全球科技竞争日益激烈的背景下，拥有自主研发的操作系统对一个国家的信息安全和产业发展具有重要的战略意义。

华为 EulerOS 是运行在华为公司通用服务器上的操作系统。

openEuler 的研发过程充分体现了我国在科技创新方面的实力和决心。它不仅吸收了国际上先进的技术，还结合了国内的实际需求，具有高性能、高可靠性和易管理等特点，特别适合企业级的应用场景。

2．国际化视野，操作系统的国际标准和兼容性

openEuler 致力于与主流的 Linux 兼容，尤其是与 RHEL 和 CentOS 兼容，采用 RPM 作为其包管理系统，这使得它具有良好的兼容性和广泛的生态环境。

3．操作系统的信息安全问题与国家安全

操作系统作为计算机系统的核心，其自身安全是国家安全的重要组成部分。为了保障操作系统的安全性，我们需要采取一系列措施，包括技术防范、法律法规建设、国际合作等。同时，我们也需要加强公众的网络安全意识教育，提高整个社会的网络安全水平。

2.2 安装虚拟工作站

安装虚拟工作站

2.2.1 虚拟机的概念

虚拟化使得在一台物理服务器上可以运行多台虚拟机，虚拟机共享物理机的处理器、内存、输入输出（I/O）资源等，但逻辑上虚拟机之间是互相隔离的。在虚拟化技术中，通常将这台物理服务器称为宿主机，宿主机上运行的虚拟机也叫客户机，虚拟机内部运行的操作系统称为客户机操作系统。

虚拟机具备物理机所有的功能，拥有对一个独立操作系统的完全控制权限。在功能和使用上，虚拟机完全等价于一台真实的物理机。

虚拟化平台将应用程序和操作系统从底层硬件分离出来，将计算机作为资源池进行管理。虚拟化平台可将数据中心转换为包括计算、存储和网络资源的聚合型计算基础架构。

依据构建方式不同，虚拟化平台可以简单地划分为以下几种模型。

原生型虚拟化平台（hypervisor）又称为裸机型虚拟服务器。在这种模型中，虚拟服务器被看作一个完备的操作系统，同时还具备虚拟化功能，虚拟服务器直接管理所有的物理资源，包括处理器、内存和 I/O 设备等。例如 VMware 公司的 vSphere 解决方案。

宿主型虚拟化平台又称为托管型虚拟工作站。在这种模型中，物理资源由宿主机操作系统管理。宿主机操作系统是传统的操作系统，如 Linux、Windows 等，宿主机操作系统不提供虚拟化能力，提供虚拟化能力的平台作为系统的一个驱动或者软件运行在宿主机操作系统上。虚拟化平台通过调用宿主机操作系统的服务获得资源，实现处理器、内存和 I/O 设备的模拟，这种模型的虚拟化实现技术有 KVM、VMware Workstation、IBM VirtualBox 等。

云服务器特指运营商租赁给互联网用户的虚拟服务器平台。这类平台整合了传统意义上的互联网应用三大核心要素，即计算、存储、网络，面向用户提供公用化的互联网基础设施服务，这类平台如下。

> 阿里云。
> 华为云。
> 腾讯云。
> AWS。
> Microsoft Azure。
> 谷歌云平台。

本书的解决方案主要采用 VMware Workstation 虚拟工作站。

2.2.2 安装 VMware Workstation

VMware Workstation 可以看成"虚拟的实验室平台"，可以构建由多个虚拟机组成的虚拟实验室网络。

VMware Workstation 是非常出色的虚拟工作站。VMware Workstation 可创建完全隔离、安全的虚拟机来封装操作系统及应用。VMware 虚拟化层将物理硬件资源与虚拟机资源一一对应，这样每个虚拟机都有了自己的 CPU、内存、硬盘和 I/O 设备，完全等同于一台标准 x86 计算机。VMware Workstation 安装于主机操作系统之上，继承了主机的设备支持功能，提供全面的硬件支持。VMware Workstation 非常适合学习和搭建测试环境，它应该是每个计算机学习者的常备软件。

VMware Workstation 的安装比较简单，按照提示操作就可以顺利完成安装。

安装后的平台，可以创建多台虚拟机，其布局如图 2.1 所示，在①区显示已经创建好的 5 台安装有不同操作系统的虚拟机，它们可以组建成一个或多个网络环境，甚至还可以同物理机一起构建网络环境。选中一台虚拟机，在②区单击通电开关，可以对虚拟

图 2.1　VMware Workstation 布局

< 20 >

机进行通电等操作。

创建新的虚拟机

2.3　创建新的虚拟机

创建新的虚拟机等价于购买一台实体的计算机设备。

本节先介绍如何创建一台新的虚拟机裸机，不安装任何操作系统，预定义准备安装 openEuler 系统。

（1）运行 VMware Workstation，在图 2.2 所示的主页界面选择"创建新的虚拟机"。

（2）在"您希望使用什么类型的配置"页面，选择"自定义（高级）"，如图 2.3 所示，方便对虚拟机进行自定义控制。

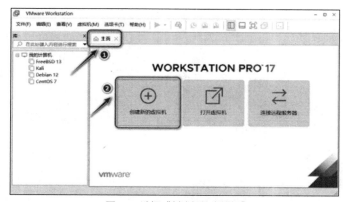

图 2.2　选择"创建新的虚拟机"

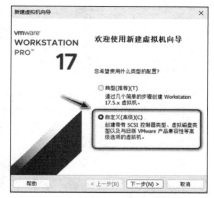

图 2.3　选择"自定义（高级）"

（3）在"选择虚拟机硬件兼容性"页面，考虑到系统的兼容性，选择默认选项，如图 2.4 所示，对于一般用户来说，可以选择最新的版本。

（4）在"安装客户机操作系统"页面，选择"稍后安装操作系统"，如图 2.5 所示，如果提前选择操作系统的光盘或者光盘镜像，系统会默认进行一些处理，不方便理解，这里配置安装 Linux 操作系统的裸机，故暂不考虑安装系统。

图 2.4　选择默认选项

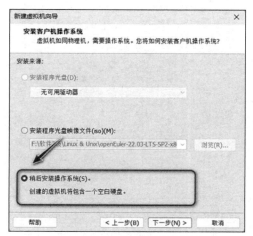

图 2.5　选择"稍后安装操作系统"

< 21 >

（5）在"选择客户机操作系统"页面，选择"Linux"➡ "CentOS 8 64 位"，如图 2.6 所示。需要注意的是，应根据待安装系统选择 Linux 发行版。

注 意

openEuler 在 VMware Workstation 中还没有得到正式支持，由于 openEuler 兼容 CentOS，因此可以选择最近或任意支持的 CentOS 版本。

CentOS 8 是 32 位版本；若需要 64 位版本需要选择"CentOS 8 64 位"。

（6）在"命名虚拟机"页面，将虚拟机名称改为"openEuler"，"位置"务必选择合适的安装路径，并知晓，如图 2.7 所示。

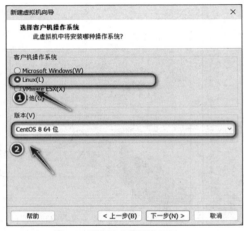

图 2.6　选择客户机操作系统

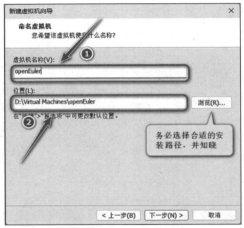

图 2.7　命名虚拟机

（7）在"此虚拟机的内存"页面中，如图 2.8 所示，尽量选用推荐以上的配置，以便满足虚拟机系统要求。

（8）在"网络类型"页面，选择默认选项"使用网络地址转换（NAT）"，如图 2.9 所示。

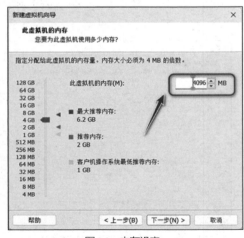

图 2.8　内存设定

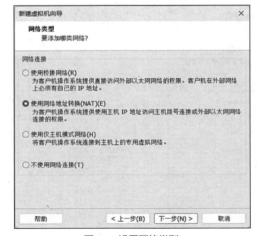

图 2.9　设置网络类型

网络连接的 3 种模式的简要说明如下。

➢ 桥接模式（bridged 模式）：虚拟机与物理机处于网络对等地位，如同网络中真实存在这台虚拟

< 22 >

计算机，网络配置与物理机完全一致。

➢ 网络地址转换模式（NAT 模式）：对于网络来说，虚拟机共享物理机的 IP 地址。物理机充当虚拟机的路由器角色，虚拟机通过物理机路由访问外部网络。默认外部物理机不能访问虚拟机，如果要访问，必须配置映射端口。一般情况下，默认使用该模式是最佳方案。

➢ 主机模式（host-only 模式）：在主机模式下，虚拟机与外部网络相互隔绝；只有虚拟机和物理机是可以相互通信的。

（9）在"选择 I/O 控制器类型"页面，选择默认选项。

（10）在"选择磁盘"页面，选择默认选项"创建新虚拟磁盘"。

（11）"指定磁盘容量"页面中建议设定"最大磁盘大小"为 20.0GB，可以根据实际情况进行调整，后期还可以以添加磁盘的方式增加硬盘容量，此处设为 600GB，如图 2.10 所示。

注意

不要勾选"立即分配所有磁盘空间"，如果勾选，会占用宿主机较多空间，但性能并没有多大提升。

（12）在图 2.11 所示界面中单击"完成"。

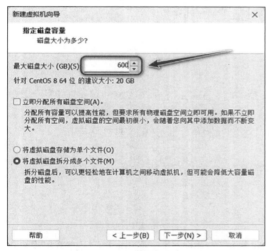

图 2.10　指定磁盘容量

图 2.11　已准备好创建虚拟机

至此，安装 Linux 的虚拟机已经完全配置完成。

创建完成后等于拥有了一台没有安装操作系统的裸机，后续还需要在虚拟机/物理机中安装操作系统。

2.4　安装 Linux 之前的准备

安装 Linux 之前的准备

安装 Linux 之前一般需要做以下准备。

（1）创建待安装操作系统的虚拟机。2.3 节创建新的虚拟机相当于购买了一台物理机裸机。

（2）下载并准备 Linux 操作系统 ISO 镜像文件。

（3）将刻录的 U 盘或光驱插入物理光驱或 USB 接口，或配置虚拟机直接使用 ISO 镜像文件。

（4）打开电源开关，通电，准备安装操作系统。

< 23 >

2.4.1　下载 openEuler 发行版

在物理机或虚拟机中安装 Linux 操作系统，需要下载待安装系统的 ISO 镜像文件，然后将其刻录到 U 盘或光盘中进行安装。

openEuler 社区版本发布时间与生命周期管理如图 2.12 所示。

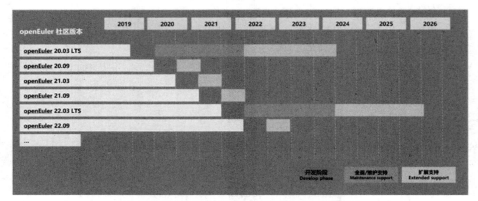

图 2.12　openEuler 社区版本发布时间与生命周期管理

openEuler 社区版本按照交付年份和月份进行版本命名。例如：openEuler 20.09 于 2020 年 09 月发布。

openEuler 社区版本分为 LTS 版本和社区创新版本。

LTS 版本：发布间隔周期定为 2 年，提供 4 年社区支持。社区首个 LTS 版本 openEuler 20.03 于 2020 年 3 月正式发布。

社区创新版本：每隔 6 个月 openEuler 会发布一个社区创新版本，提供 6 个月社区支持。

一般建议选择 LTS 版本。

openEuler 系统支持主流架构全覆盖，常见的 CPU 芯片架构有以下几种。

➢　x86-64。

➢　AArch64：64 位 ARM 架构。

➢　ARM32：32 位 ARM 架构。

x86 架构（the x86 architecture）是微处理器执行的计算机语言指令集，是 Intel 通用计算机系列的标准编号缩写。x86 架构采用复杂指令集，因为复杂指令集的每条小指令都可以执行一些较低阶的硬件操作，指令数目多且复杂，每条指令的长度并不相同，所以每条指令花费的时间较长。

x86 架构 32 位微处理器架构简称 i386。x86-64 有时会简称为 x64，是 64 位微处理器架构及其相应指令集的一种，也是 Intel x86 架构的延伸产品。x86-64 是 1999 年由 AMD 公司设计的，由于 AMD64 和 Intel64 基本上一致，许多操作系统及产品，尤其是那些在 Intel 公司进入这块市场之前就引入 x86-64 支持的，可使用"AMD64"或"amd64"同时指代 AMD64 和 Intel64。

鲲鹏处理器是华为公司在 2019 年 1 月向业界发布的高性能数据中心处理器。目的在于满足数据中心的多样性计算和绿色计算需求，具有高性能、高带宽、高集成度、高效能四大特点。

鲲鹏处理器基于 ARM 架构，采用精简指令集（RISC-V）。精简指令集是一种执行较少类型计算机指令的微处理器，它能够以更快的速度执行操作，使计算机的结构更加简单、合理，以提高运行速度。相对于 x86 架构，ARM 架构具有更加均衡的性能功耗比。鲲鹏 CPU 架构的优势是高密度、低功耗，可以提供更高的性价比，满足重载业务场景。

RISC-V 是一个新崛起的开源指令集架构，主要用于性能较低的低功耗嵌入式设备中。RISC-V 指令集可以"自由地用于任何目的"，任何人都可以自由设计、制造和销售 RISC-V 芯片和软件。

< 24 >

本书推荐下载以下版本。

1　LTS 版本 ➜ x86-64 ➜ 服务器 ➜ Offline Standard ISO

安装 x86-64 架构的基础 ISO 镜像文件，包含运行最小系统的核心组件。

2.4.2　配置虚拟机 CD/DVD

默认虚拟机的 CD/DVD 光驱设备使用宿主机的物理光驱，可以将刻录的光盘插入物理光驱，通过物理光驱安装虚拟机系统。也可以通过配置虚拟机直接使用 ISO 镜像文件，相当于将刻录的光盘插入虚拟光驱，操作顺序如图 2.13 所示。

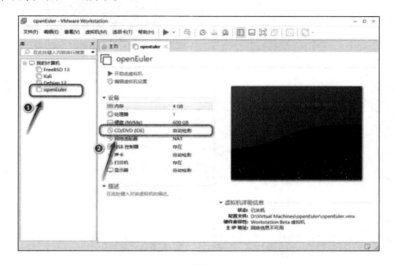

（a）

（b）

图 2.13　配置虚拟机使用 ISO 镜像文件的操作顺序

< 25 >

在打开的对话框中选择已下载的 ISO 镜像文件，开启虚拟机，如图 2.14 所示，准备安装操作系统。

图 2.14　开启虚拟机

2.5　安装 openEuler 发行版

安装 openEuler 发行版

经过前文的配置，不管是物理机还是虚拟机，通电后，后续安装操作系统的方式完全一致，下面详细介绍 Linux 操作系统 openEuler 发行版的安装。

（1）安装菜单

通电后，进入安装的待机画面，安装菜单如图 2.15 所示。

默认选中第一项，按回车键，进入带图形界面的安装模式。

（2）选择语言

在图 2.16 所示界面中选择"中文" ➡ "简体中文"。

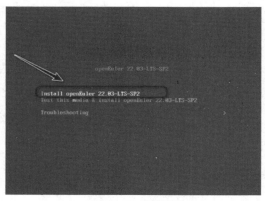

图 2.15　安装菜单

图 2.16　选择语言

（3）安装信息摘要

如图 2.17 所示，"安装信息摘要"界面是安装配置的主界面，选项下的文字若为红色，对应选项则需要选择或确认。

< 26 >

图 2.17　"安装信息摘要"界面

（4）安装目的地

如图 2.18（a）所示，"安装目的地"选项下的文字是红色，需要配置。

如图 2.18（b）所示，由于安装的设备只有唯一的一个磁盘，默认已经选择，所以只要单击"完成"按钮确认即可。

如图 2.18（c）所示，此时，"安装目的地"选项下的文字已经变成黑色，说明该选项已经配置完成。

（a）

（b）

（c）

图 2.18　安装目的地

（5）软件选择

在图 2.19（a）所示界面中，"软件选择"选项下的文字为黑色，但还是建议修改，默认的"最小安装"可能缺少必要的驱动，例如缺少网络固件等。

< 27 >

建议在图 2.19（b）所示界面中选择"服务器"，已选环境的附加软件可以根据实际情况选择，一般可以不选，后续可根据需要再安装。

图 2.19（c）所示界面中显示此时的"软件选择"选项下的文字已经变更为"服务器"。

（a）

（b）

（c）

图 2.19　软件选择

 提示

如果安装的是 CentOS，建议选择"带 GUI 的服务器"，不建议选择"最小安装"，选择建议如图 2.20 所示。

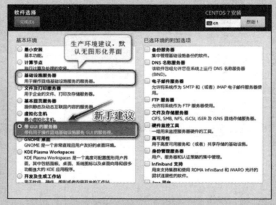

图 2.20　CentOS 选择建议

< 28 >

（6）配置网络和主机名

安装系统之前应该保证网络是畅通的，如果不通，需要联系网络管理员。在网络不通的情况下，系统是可以正常安装的，但是后期需要重新配置网络，相对比较复杂。

如图 2.21（a）所示，虽然"网络和主机名"选项下的文字是黑色的，但是一定要配置，因为默认网络服务未启用。配置如图 2.21（b）所示。

如图 2.21（c）所示，此时网络已连接。

(a)

(b)

(c)

图 2.21　配置网络和主机名

（7）时间和日期

如图 2.22 所示，"时间和日期"选项默认是"亚洲/上海 时区"，也可以根据实际时区修改。

图 2.22　时间和日期

< 29 >

（8）root 账户

如图 2.23（a）所示，root 账户默认被禁用了，建议开启。

如图 2.23（b）所示，这里关于 root 账户权限的注意事项，安装界面已给予足够的提醒，但很多用户并不关注，建议新手安装时，仔细阅读。

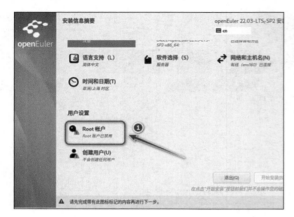
（a）

（b）

图 2.23　root 账户

openEuler 默认对密码强度有要求，密码不能是简单的组合或常见词汇。

这里设置 root 账户密码为 Mima1234%。

（9）创建用户

创建一个普通用户，如图 2.24 所示，并将其加入 wheel 管理组。

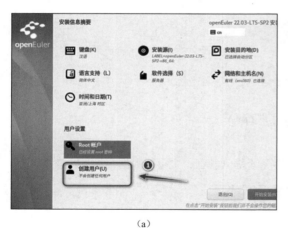
（a）

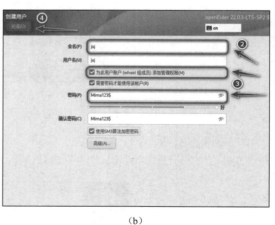
（b）

图 2.24　创建用户

创建用户账号，用户名为 jsj，密码为 Mima123$。

（10）开始安装

如图 2.25（a）所示，此时已经完成全部选项的设置。

单击"开始安装"按钮，开始安装。

如图 2.25（b）所示，安装时间较长，大概需要 10 分钟，请耐心等待。

（11）等待安装

安装进度条到底后，如图 2.26 所示，重启系统。

< 30 >

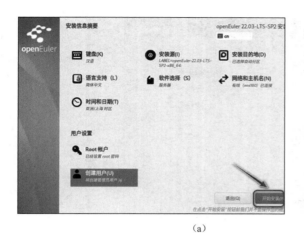
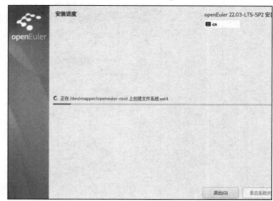

（a）　　　　　　　　　　　　　　（b）

图 2.25　开始安装

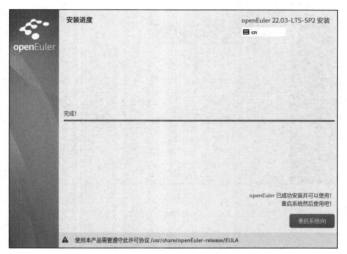

图 2.26　安装进度条到底

（12）接受许可证*

如果是 CentOS，首次进入系统时，还需要接受许可证，如图 2.27 所示。

（a）

图 2.27　CentOS 需接受许可证

< 31 >

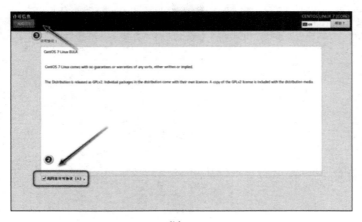

（b）

（c）

图 2.27　CentOS 需接受许可证（续）

openEuler 系统没有该选项。

（13）重启系统

重启后，服务器开始进行 BIOS（basic input/output system，基本输入输出系统）自检，然后进入图 2.28 所示的 GRUB 引导界面。

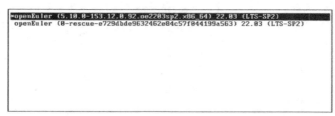

图 2.28　GRUB 引导界面

选择第一项，开始引导 Linux 操作系统启动。

启动成功后，进入系统登录待机界面。至此，系统安装完成，可以输入本地用户名（localhost login）及密码（password）开始登录系统。

< 32 >

openEuler 系统没有 GUI，默认是字符用户界面（CUI）。如果需要 GUI，需要再安装。

（14）安装后回顾

安装完成后，openEuler 系统经过优化，已经做到开箱即用。

开箱即用的系统，必须具备以下条件。

- ➢ 系统性能可靠、稳定、优秀。
- ➢ 成功安装好系统，可以登录并使用。
- ➢ 系统可以访问网络。
- ➢ 系统可以访问国内软件源。
- ➢ 开启 OpenSSH server，允许远程登录。
- ➢ 限制 root 账户登录。
- ➢ 初始普通账号可以使用 sudo 提升权限。
- ➢ 访问时，没有明显的错误或不符合国内习惯的设定。

经过设置，openEuler 默认使用国内华为软件源，不需要再访问国外软件源，同时 openEuler 兼容国外软件源。

在安装过程中，我们启用了默认被禁用的 root 账号，但没有限制登录，允许远程登录，另外还有其他一些不安全的服务器设定。安装后，还可以针对这些细节进行进一步的配置。

2.6　Linux 客户端

Linux 客户端

Linux 的操作方式同 Windows 的不同，Windows 以直接操作物理机的方式控制系统，而 Linux 是以终端方式控制系统。Windows 只支持单用户登录，Linux 允许多终端本地/远程登录，属于网络操作系统。

如图 2.29 所示，Linux 都是通过虚拟终端远程访问服务器的，以远程连接的方式登录系统，尽量不使用实体终端访问系统。

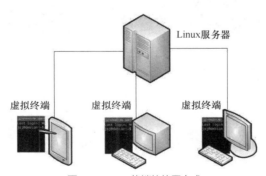

图 2.29　Linux 终端的使用方式

传统的网络服务程序，例如文件传输协议（FTP）、邮局协议（post-office protocol，POP）、Telnet 等，在本质上都是不安全的，因为它们在网络上使用明文传输口令和数据，这些口令和数据非常容易被别有用心的人截获。

使用 SSH（secure shell），可以对所有传输的数据进行加密，还可以对传输的数据进行压缩，实现又快又安全的传输。利用 SSH 协议可以有效防止远程管理过程中的信息泄露问题。

SSH 最初是 UNIX 系统上的一个程序，后来又迅速扩展到其他操作平台。SSH 客户端适用于多种平台。几乎所有 UNIX 类平台，包括 Linux、Windows，都可运行 SSH。

< 33 >

常见的 SSH 客户端软件有以下几种。

➢ Linux Terminal：Linux 本地终端。

➢ PuTTY：跨平台客户端软件。

➢ Bitvise SSH Client：Windows 平台使用，推荐。

➢ JuiceSSH：免费的 Android 客户端。

➢ Windows Terminal：Windows 10 自带的终端。

➢ Git Bash：Git for Windows 提供的 SSH 工具。

➢ XManager：不推荐。

➢ MobaXterm：免费的多窗口终端工具。

2.6.1　开启 Linux 本地终端

Linux 有两种启动模式（运行级别）：图形界面、字符界面。

openEuler 默认直接进入字符界面，字符界面又称为终端模式。

在系统登录待机界面，输入用户名和密码登录进入系统，如图 2.30 所示。

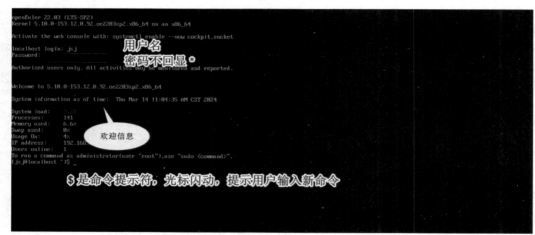

图 2.30　进入系统

身份验证通过后，登录成功。$提示符后光标闪动，表示等待输入用户命令。

如果需要远程登录，还需要向外提供 Linux 服务器的网络 IP 地址。

```
1  # 查看本机 IP 地址，Linux 命令
2  $ ip a
3  $ ip addr
4  $ ip address
5  $ ifconfig
6
7  # 查看本机 IP 地址，Windows 命令
8  $ ipconfig
```

输出结果如下：

```
1  1: lo: <LOOPBACK,UP,LOWER_UP> mtu 65536 qdisc noqueue state UNKNOWN group default
   qlen 1000
2      link/loopback 00:00:00:00:00:00 brd 00:00:00:00:00:00
3      inet 127.0.0.1/8 scope host lo
4         valid_lft forever preferred_lft forever
5      inet6 ::1/128 scope host
```

< 34 >

```
6            valid_lft forever preferred_lft forever
7    2: ens160: <BROADCAST,MULTICAST,UP,LOWER_UP> mtu 1500 qdisc fq_codel state UP
group default qlen 1000
8        link/ether 00:0c:29:be:10:22 brd ff:ff:ff:ff:ff:ff
9        inet 192.168.241.140/24 brd 192.168.241.255 scope global dynamic noprefixroute ens160
10          valid_lft 1668sec preferred_lft 1668sec
11       inet6 fe80::20c:29ff:febe:1022/64 scope link noprefixroute
12          valid_lft forever preferred_lft forever
```

记录服务器 IP 地址：192.168.241.140。注意，每台服务器的 IP 地址是不同的。

至此，服务器的安装、配置基本完成，可以封闭服务器，为了安全，非必要禁止任何人接触物理服务器。管理员只需要向其他用户提供以下信息，即可使之能够远程访问服务器。

➢ 服务器 IP 地址。
➢ 用户名、密码。

本服务器信息如下。

```
1    服务器 IP 地址：192.168.241.140。
2    root 账户：root。
3    密码：Mima1234%。
4    普通账户：jsj。
5    密码：Mima123$。
6    注意：后续为了简化操作，会修改密码。
```

封闭服务器之后，不再以管理员身份直接操作物理机，而是以新的普通用户的身份使用远程登录的方式进入系统。

2.6.2　PuTTY 客户端

PuTTY 是自由的跨平台 Telnet/SSH 客户端，同时在 Win32 和 UNIX 系统下模拟 xterm 终端。此项目目前处于有限维护状态，官方推荐使用 Bitvise SSH Client 等工具代替。

打开 PuTTY，按照界面提示输入远程服务器 IP 地址，如图 2.31 所示，开始远程登录。

首次连接服务器，还需要接受服务端提供的通信密钥，选择"接受"，如图 2.32 所示。

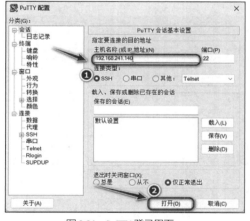

图 2.31　PuTTY 登录界面

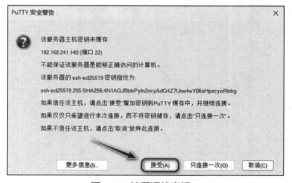

图 2.32　接受通信密钥

连接成功后，在图 2.33 所示界面中，输入用户名（login as）和密码（password），输入密码时不回显 Windows 中的*符号，但是已经成功输入。

< 35 >

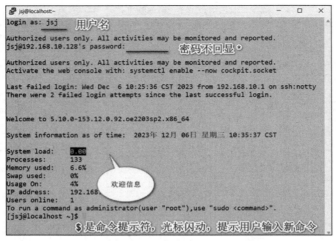

图 2.33　登录验证

身份验证通过后，登录成功。以 SSH 方式联机以后，所有的通信内容都是以加密的方式传输。

2.6.3　Bitvise SSH Client 客户端

Bitvise SSH Client 是一款功能丰富的 SSH 客户端，用来远程管理 Linux 操作系统，除了支持比较重要的动态端口转发外，还支持多账号登录、图形界面的安全文件传输协议（SFTP）、远程桌面等。特别是图形化的 SFTP 省去了安装 FTP 客户端的步骤，方便在服务器与主机之间传递数据。

启用 Bitvise SSH Client 之后，初次使用，连接不同的服务器需要建立一个新的配置文件（Profile）。
Bitvise SSH Client 集连接、验证一体，除了要输入服务器名称或 IP 地址，还需提供登录用户名及密码，如图 2.34 所示。

单击"Log in"，登录后，连接服务器和验证一次性完成。

同样，首次连接，也需要接受并下载密钥进行加密通信，如图 2.35 所示。

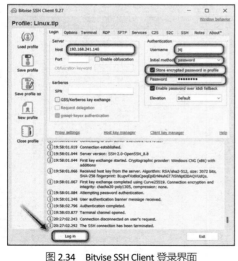

图 2.34　Bitvise SSH Client 登录界面

图 2.35　接受密钥

登录成功后的 Bitvise SSH Client 客户端，可以打开多个终端控制台或 SFTP 窗口。成功登录后的 Bitvise SSH Client 界面如图 2.36 所示。

< 36 >

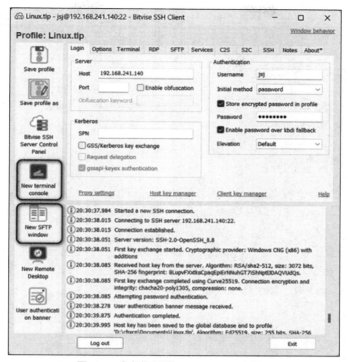

图 2.36　成功登录后的 Bitvise SSH Client 界面

登录成功后，左侧工具栏按钮功能如下。

➢ New terminal console：重新打开一个终端控制台。

➢ New SFTP window：重新打开一个 SFTP 窗口。

单击"New SFTP window"，打开 SFTP 窗口后的界面如图 2.37 所示。

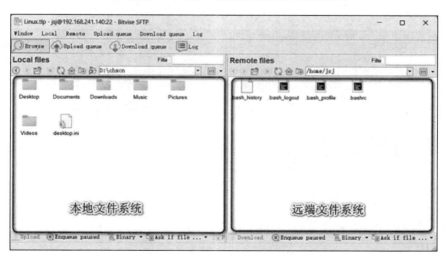

图 2.37　打开 SFTP 窗口后的界面

SFTP 是轻量级文件传输协议，支持远端文件系统，支持本地或远端上传、下载文件资源。

远端文件系统支持单击、双击、拖曳等操作，以本地操作的方式管理远程文件资源。双击打开的文件可以直接在本地编辑，保存后，自动同步到远端。

本地文件系统与远端文件系统，可以通过拖曳的方式相互上传和下载文件资源。

< 37 >

熟悉 Linux 之后，使用 Bitvise SSH Client 作为客户端工具远程管理系统就足够满足基本的日常工作所需，非常推荐，该软件也是本书用于远程连接的主要客户端工具。

2.6.4 JuiceSSH 客户端 *

JuiceSSH 是一款功能强大的手机 Android 平台的 SSH 客户端，软件功能非常全面，支持 SSH、Local Shell、Mosh 和 Telnet 等连接管理。

2.6.5 Git Bash *

Git 是林纳斯为了帮助管理 Linux 内核而开发的一款开放源代码的版本控制软件。Git 本身是一个开源的分布式版本控制系统，但是 Git for Windows 下的 Git Bash 提供了一个 SSH 工具，内置有基于 PuTTY 改造的 Mintty 终端，并且提供完整的 Linux/UNIX 环境。

虽然 Windows 内置了 Windows Terminal，它可以作为 SSH 工具远程连接远程服务器，但是管理本地资源仍然使用 DOS 命令，而非 Linux 命令。Git Bash 却可以使用 Linux 命令管理 Windows 本地资源。所以，可以借助 Git Bash 利用 Linux 命令管理 Windows 系统。

1. 下载 Git

Git 的版本非常多，常见的有以下几种。
➢ Git 官方版本：必须安装。
➢ TortoiseGit：在官方版本的基础上提供了图形化操作界面，需要预安装 Git 官方版本。
➢ Git Extensions：Git 图形界面的扩展，是 Git 官方版本的替代品，不需要预安装 Git 官方版本。
登录官网，如图 2.38 所示，选择下载 Windows 版本 Git。

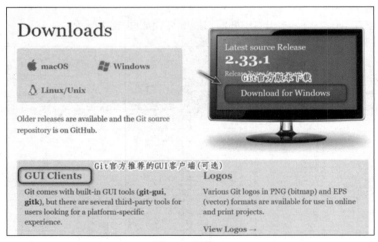

图 2.38　下载 Git

2. Git 的安装

双击 Git 安装包，开始安装。
安装路径应为纯英文，中间无空格。
按照默认配置完成安装。

3. Git Bash 的使用

在 Windows 系统资源管理器中的任意文件夹位置，右击，然后选择 “Git Bash Here”，打开 Mintty

< 38 >

终端，如图 2.39 所示。

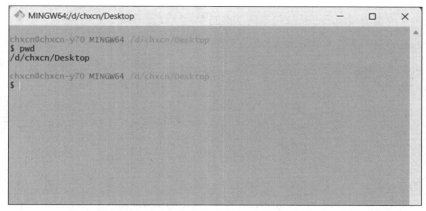

图 2.39　打开 Mintty 终端

2.6.6 终端模式访问远程服务器*

终端模式远程访问其他服务器，需要使用 ssh 命令。这里，终端包括 Linux 终端和 Windows 终端。ssh 命令是 OpenSSH 套件中的客户端连接工具，可以用 SSH 加密协议实现安全登录服务器。命令格式如下。

```
1  # ssh 用户名@远程服务器 IP 地址
2  ssh jsj@192.168.241.140
3  # 或
4  ssh -l jsj 192.168.241.140
```

上述命令实现以 jsj 的身份登录服务器 192.168.241.140，默认端口为 22。

2.7　openEuler 安装后的配置

openEuler 安装后的配置

Linux 操作系统安装后需进行一定的配置，使其可以更好地使用。

2.7.1 更改国内软件源 *

软件源是 Linux 操作系统的软件仓库，为用户提供系统更新维护和软件下载安装的基本服务。一般软件源默认部署在国外，为了减少中心服务器的压力，系统允许将软件源的镜像发布到各地。也支持非官方软件源，选择非官方软件源需要慎重考虑。

网络和软件源服务是使用 Linux 操作系统必须具备的基础条件。所有的 Linux 发行版安装后都必须更改本地软件源，openEuler 默认使用华为提供的软件源，本步可跳过。openEuler 可以兼容使用 RHEL 源，但是在非必要的情况下不建议修改。

　注意

虽然可跳过此操作，但是各个 Linux 发行版设计得并不一样，其他 Linux 发行版还是必须按照提示进行该步操作。

< 39 >

2.7.2 查看及更新 Linux 操作系统版本

Linux 操作系统安装完成后，系统版本信息不同则后续设置不同。

1. 查看 Linux 操作系统内核版本

```
1  # 显示内核的详细版本信息
2  $ uname -a
```

```
1  Linux localhost.localdomain 5.10.0-153.12.0.92.oe2203sp2.x86_64 #1 SMP Wed Jun
   28 23:04:48 CST 2023 x86_64 x86_64 x86_64 GNU/Linux
```

```
1  # 仅显示内核版本信息
2  $ uname -r
```

```
1  5.10.0-153.12.0.92.oe2203sp2.x86_64
```

```
1  # 从内存中直接查看版本信息
2  $ cat /proc/version
```

```
1  Linux version 5.10.0-153.12.0.92.oe2203sp2.x86_64 (root@dc-64g.compass-ci) (gcc_old
   (GCC) 10.3.1, GNU ld (GNU Binutils) 2.37) #1 SMP Wed Jun 28 23:04:48 CST 2023
```

2. 查看 Linux 发行版本信息

```
1  # 显示发行版本信息
2  $ cat /etc/issue
```

```
1  Authorized users only. All activities may be monitored and reported.
```

/etc/issue 文件用于存储用户登录的欢迎信息，一般系统都包含版本信息，但 openEuler 删除了该文件的版本信息。

```
1  # 显示完整发行版本信息
2  $ cat /etc/os-release
```

```
1  NAME="openEuler"
2  VERSION="22.03 (LTS-SP2)"
3  ID="openEuler"
4  VERSION_ID="22.03"
5  PRETTY_NAME="openEuler 22.03 (LTS-SP2)"
6  ANSI_COLOR="0;31"
```

```
1  # Linux 标准化组织制定的查询版本信息命令
2  $ lsb_release -a
```

```
1
```

lsb_release 是 Linux 标准化组织制定的查询版本信息命令，建议所有的 Linux 发行版本都应该支持。但是很多情况下默认都没有安装该命令，这条命令需要的依赖包特别多。

3. 查看 Linux 完整环境信息

如果在生产环境中需要提供 Linux 操作系统的完整版本信息，则应提供 Linux 发行版本信息、Linux 内核版本信息，以及 GCC 版本信息等。

本书环境的完整信息如下。

➤ Linux 发行版本：openEuler。

➤ Linux 内核版本：Linux version 5.10.0-153.12.0.92.oe2203sp2.x86_64。

➤ GCC 版本：gcc (GCC) 10.3.1。

针对特殊的应用环境，可能还需要提供 Java 开发环境（JDK）、Python 版本等信息。

< 40 >

```
1  # 查看 GCC 版本信息
2  $ gcc --version
```

```
1  gcc (GCC) 10.3.1
2  Copyright © 2020 Free Software Foundation, Inc.
3  本程序是自由软件；请参看源代码的版权声明。本软件没有任何担保；
4  包括没有适销性和某一专用目的下的适用性担保。
```

4. 更新系统缓存和系统升级

如果系统软件的下载或更新等操作直接访问软件源服务器，会给软件源服务器造成巨大的压力，为了减轻服务器的查询压力，系统先将软件源的服务器软件列表/索引复制到本地，称为本地缓存，部分查询、访问服务器的行为就可以通过本地缓存实现，不需要访问服务器，从而减轻服务器的负担。

一般用户可以根据需要，定期更新系统的本地缓存，保证本地索引信息的实时性。

操作系统的维护和升级服务，是操作系统提供商必须提供的基础服务。Windows 系统的策略几乎是半强制性的实时更新，但是 Linux 操作系统为了保证系统的稳定性，一般会选择一个稳定的发行版本，不会轻易升级系统，以防止系统环境的不兼容。还有一种比较好的建议是，在安装系统后进行一次系统升级，后续无必要不要随意升级系统。

openEuler/CentOS 系列更新缓存和升级系统的代码如下。

```
1  # 更新缓存
2  $ sudo yum makecache
3  # 更新缓存，并检查软件更新
4  $ sudo yum check-update
5
6  # 升级系统
7  $ sudo yum upgrade
```

Debian/Ubuntu 系列更新缓存和升级系统的代码如下。

```
1  # 更新缓存
2  $ sudo apt update
3
4  # 升级系统
5  $ sudo apt upgrade
6  说明：Debian 系统稳定版没有实现滚动升级。
```

FreeBSD 系列更新缓存和升级系统的代码如下。

```
1  # 更新缓存
2  $ sudo pkg update
3
4  # 升级系统
5  $ sudo pkg upgrade
```

2.7.3　建议修改的一些设置

以下主要是针对 openEuler 系统进行的一些必要设置，可以使用外部终端访问服务器，方便操作。

1. 重新设置密码

密码是保护系统和用户数据的第一道防线，一个强密码策略能够有效防止未经授权的访问和潜在的入侵。强密码可以降低黑客猜对密码的成功率，从而提高系统的整体安全性。Linux 操作系统管理员和用户都应该始终使用强密码、定期更改密码。

< 41 >

```
1   # 强制修改 root 密码为 123456
2   $ echo '123456' | sudo passwd --stdin root
```

```
1   更改用户 root 的密码。
2   passwd: 所有的身份验证令牌已经成功更新。
```

```
1   # 强制修改用户 jsj 的密码为 123
2   $ echo '123' | sudo passwd --stdin jsj
```

```
1   更改用户 jsj 的密码。
2   passwd: 所有的身份验证令牌已经成功更新。
```

修改后，本服务器信息如下。

```
1   服务器 IP 地址:192.168.241.140。
2   root 账户: root。
3   密码: 123456。
4   普通账户: jsj。
5   密码: 123。
```

注 意

这里为了操作方便，将密码修改为简单的密码，类似这种简单密码不可用于实际生产环境。

2. 限制 root 账户远程登录

root 账户不应该作为登录账户直接使用，openEuler 默认是禁用 root 账户的，这里建议开启，同时关闭 root 账户的远程登录功能。

修改/etc/ssh/sshd_config 文件，将

```
1   PermitRootLogin yes
```

修改为:

```
1   PermitRootLogin no
```

禁止以后，可以使用普通用户身份登录，登录后若需要 root 权限，可以使用 su 命令切换到 root 用户，这样可以在一定程度上增加系统的安全性。

也可以使用以下命令完成上述操作。

```
1   # 关闭 root 账户的远程登录功能
2   $ sudo sed -i '/PermitRootLogin/c\PermitRootLogin no' /etc/ssh/sshd_config
3
4   # 重启 sshd 服务，使配置生效
5   $ sudo systemctl restart sshd
```

3. 禁用 SELinux

SELinux 是美国国家安全局和安全计算公司（secure computing corporation，SCC）开发的一个 Linux 扩张强制访问控制安全模块。一般服务器很少要求这么高的安全级别，否则很容易带来兼容性问题，Linux 中只有 Red Hat 系列才默认开启，建议关闭。

修改/etc/seLinux/config 文件，将

```
1   SELINUX=enforcing
```

修改为:

```
1   SELINUX=disabled
```

< 42 >

也可以使用以下命令完成该操作。

```
1   # 关闭 SELinux
2   $ sudo sed -i '/SELINUX=/c\SELINUX=disabled' /etc/selinux/config
3
4   # 重启系统，使配置生效
5   $ sudo shutdown -r now
```

4．关闭防火墙

防火墙（firewall）是通过结合各类用于安全管理与筛选的软件和硬件设备，可帮助计算机网络于其内、外网之间构建一道相对隔绝的保护屏障，以保护用户资料与信息安全性。

一般情况下，不需要启用软件防火墙，在特定情况下，才考虑安装并启用防火墙。

```
1   # 关闭防火墙，取消开机自启动
2   $ sudo systemctl stop firewalld
3   $ sudo systemctl disable firewalld
```

2.7.4　安装一些必备软件

安装一些必备软件，包括 7z 等软件。

```
1   # 安装一些必备软件
2   $ sudo yum install -y p7zip
3   $ sudo ln -s /usr/bin/7za /usr/bin/7z
```

2.7.5　安装开发环境

这里安装开发人员常用的一些软件，如 GCC、JDK 等。

```
1   # 安装 C/C++的整个编译环境，包括 GCC、g++、make、cmake 等
2   $ sudo yum install -y gcc gcc-c++ kernel-devel make cmake
3
4   # 安装 OpenJDK 17
5   $ sudo yum install -y java-17-openjdk-devel
```

2.7.6　安装图形界面*

初学者可能不适应直接使用字符界面，可以考虑安装图形界面。图形界面只需要安装一个，不需要安装多个。

GNOME 是一种让使用者容易操作和设定计算机环境的工具，目标是基于自由软件，为 UNIX 或者类 UNIX 操作系统构造一个功能完善、操作简单以及界面友好的桌面环境，是 GNU 项目的正式桌面。

```
1   # 安装 GNOME 桌面环境
2   $ sudo yum groupinstall -y GNOME
3
4   # 设置通过图形界面启动
5   $ sudo systemctl set-default graphical.target
```

DDE（Deepin Desktop Enviroment）是 Deepin Linux 所搭载的我国自主研发的桌面环境。系统设置模块全部进行了代码重写，不再使用 GNOME 控制中心（GNOME control center），系统设置中心采用

< 43 >

Deepin UI 库作为界面库。深度音乐播放器、影音播放器最初的版本也是基于此界面库进行外观设计的，最新版本的深度截图工具也采用了 Deepin UI 库。

```
1    # 安装 DDE
2    $ sudo yum install -y dde
3
4    # 设置通过图形界面启动
5    $ sudo systemctl set-default graphical.target
```

2.8　小结

首先，本章介绍了如何安装虚拟工作站，为后续的操作做好准备。接着，本章详细讲解了如何创建新的虚拟机，确保配置正确。在安装 Linux 之前，本章还介绍了一些必要的准备，以确保一切工作顺利进行。然后，本章逐步指导了如何安装 openEuler 发行版，以获取一个全新的 Linux 环境。安装完成后，本章提供了一些关于如何获取 Linux 客户端信息的方法，以便可以开始使用它。最后，本章强调了在安装 openEuler 后的配置步骤，以确保系统按照需求运行。

2.9　习题

一、填空题

1. openEuler 致力于与主流的 Linux 标准兼容，尤其是与 Red Hat Enterprise Linux 和 CentOS 兼容，采用＿＿＿＿＿＿＿＿作为其包管理系统。

2. 在虚拟化技术中，通常将物理服务器称为＿＿＿＿＿＿＿＿，宿主机上运行的虚拟机也叫＿＿＿＿＿＿＿＿，虚拟机内部运行的操作系统称为＿＿＿＿＿＿＿＿。

3. ＿＿＿＿＿＿＿＿特指运营商租赁给互联网用户的虚拟服务器平台。平台整合了传统意义上的互联网应用三大核心要素：＿＿＿＿＿＿＿＿、＿＿＿＿＿＿＿＿、＿＿＿＿＿＿＿＿，面向用户提供公用化的互联网基础设施服务。

4. 通过使用＿＿＿＿＿＿＿＿，可以把所有传输的数据进行加密、压缩，实现又快又安全的传输。

5. ＿＿＿＿＿＿＿＿和软件源服务是 Linux 系统使用必须具备的基础条件。

二、判断题

1. 在安装 Linux 系统之前，不需要对硬件和系统要求进行检查。　　　　　　　　　　（　　）

2. openEuler 是一个商业化的 Linux 发行版，需要付费购买才能使用。　　　　　　　（　　）

3. 虚拟机是一种模拟真实计算机硬件的软件，可以在其上运行操作系统。　　　　　　（　　）

4. 安装 openEuler 时，必须选择所有的软件包以确保系统的完整性。　　　　　　　　（　　）

5. 使用 Linux 客户端可以远程管理已经安装好的 Linux 系统。　　　　　　　　　　　（　　）

三、选择题

1. openEuler 系统的配置文件主要存放在哪个目录下？（　　　　）

A. /home　　　　　　　B. /var　　　　　　　C. /etc　　　　　　　D. /usr

< 44 >

2. 当需要远程管理 Linux 系统时，以下哪种协议是最常用的？（　　）

A. FTP　　　　　　　B. SSH　　　　　　　C. HTTP　　　　　　D. SMTP

3. 在虚拟机中安装 openEuler 的主要好处是什么？（　　）

A. 可以同时运行多个操作系统　　　　B. 需要更强大的硬件配置

C. 无法进行系统备份　　　　　　　　D. 增加实体计算机的系统崩溃风险

4. 安装 openEuler 过程中，以下哪项不是必需的安装步骤？（　　）

A. 选择安装的语言和键盘布局　　　　B. 设置 root 用户的密码

C. 下载并安装所有的电子游戏　　　　D. 选择安装的软件包和桌面环境

5. 如果希望在一个隔离的环境中测试操作系统的新功能而不影响主系统，应该使用什么技术？（　　）

A. 双启动系统　　　　　　　　　　　B. 虚拟机

C. 容器技术　　　　　　　　　　　　D. RAID 阵列

< 45 >

第 3 章 Linux 基本操作

本章开始尝试使用 Linux 的各种基本命令进行操作，需要读者记录学习笔记，熟练使用常用的快捷键，能够检查错误信息，能够查询网络及联机帮助，能够正确地关机或重启 Linux 操作系统，对 Linux 操作有比较完整的认知。

3.1 引入

引入

1. 学习型组织

在知识经济时代，企业的竞争越来越依赖于创新能力和快速适应环境变化的能力。传统的管理模式已经无法满足这种需求，因此一种新的组织形态——学习型组织应运而生。学习型组织倡导持续学习、知识共享和团队协作，旨在提升组织的创新能力，增强竞争力。这种组织形式通过培养整个组织的学习气氛，充分发挥员工的创造性思维，以实现有机的、高度柔性的、扁平化的和符合人性的发展。

Linux 作为一个操作系统，各种不同的应用场景导致 Linux 操作系统内在的逻辑并不紧密，需要大量的实践操作和记忆，记录学习笔记是快速掌握知识的最好方法。

2. 反馈机制

信息是决策的基础，决策的过程就是信息的收集、传输、加工、处理等。高质量的反馈机制是科学地制定决策和有效地实施决策的前提条件。

Linux 操作系统命令输出的信息是操作系统的重要反馈机制。这些命令通常会返回一些信息作为反馈，以表明命令是否成功执行、操作的结果是什么以及可能存在的错误或警告。还可以使用 Linux 操作系统命令进行实时反馈和诊断，通过这些命令能够获取到关于 CPU 利用率、内存使用情况、磁盘 I/O 情况、网络流量等关键指标的信息。还可以利用这些系统命令进行故障排查、性能优化以及预防性维护，以确保服务器的正常运行。

3. 政务公开透明，为人民服务

学习 Linux 命令时获取帮助的最好办法就是通过网络搜索引擎搜索查找，这也是最快、最直接的方式。但是获取最新的、最正确的、最官方的第一手资料是通过查看命令的联机帮助，联机帮助能够解决大部分问题。

联机帮助将命令手册公开，是为用户服务的具体表现，同政务公开透明、为人民服务的理念是一致的。推行政务公开，是政府服务人民、依靠人民，对人民负责、接受人民监督的重要制度安排。

登录系统

3.2　登录系统

　　默认情况下，操作 Linux 操作系统不采用图形界面，而采用字符界面。使用命令行的方式操作 Linux 操作系统是最常用的方式，使用熟练了，操作 Linux 操作系统的速度要远胜于使用图形界面的。

　　首先，从网络管理员处获取服务器 IP 地址，或者通过命令查询。

```
1  # 查询本机 IP 地址
2  $ ip a
```

　　一般情况下，服务器 IP 地址是固定不变的，作为常用信息，是需要系统管理员记录的。

　　其次，登录系统，可以使用 Bitvise 等客户端远程登录 Linux 操作系统。

　　客户端登录过程如下所示。

```
1   # 输入用户名，并按回车键
2   login as: jsj↵
3   # 输入密码，密码不回显
4   jsj@172.16.10.128's password:
5   # 欢迎信息
6   Welcome to 5.10.0-153.12.0.92.oe2203sp2.x86_64
7   ...
8   # 登录成功，$是命令提示符
9   [jsj@localhost ~]$
10  # jsj：当前登录的用户名信息。@localhost：当前主机的域名或主机。~：当前用户的主文件夹。该段
    信息是可选的，其他发行版本的信息与之不一定相同
```

　　这里以普通用户 jsj 身份登录，输入密码时不会出现回显符号*，初次接触时感觉好像没有输入，其实已经输入。

　　命令提示符有两种。

　　➢　$ ：表明当前是以普通用户身份登录。

　　➢　#：表明当前是以系统管理员身份登录。

　　如图 3.1 所示，用户可以使用 su 命令切换身份。

```
1  # 切换到系统管理员 root 身份，需要输入 root 用户密码
2  $ su
3  # 或
4  $ su root
```

图 3.1　用 su 命令切换用户

< 47 >

从图 3.1 中可以看到，用 su 命令切换为 root 身份，需要使用 root 密码。登录成功后，光标闪烁处提示符已经变成#，说明已经切换到 root 系统管理员身份。

3.3 注销登录

Linux 同 Windows 不一样的地方是，与登录系统对应的是注销登录，而不是关机操作。因为 Linux 是多用户的网络操作系统，使用 Linux 操作系统的一般都不会是单个用户，更多的情况是多个用户一起使用 Linux 操作系统，只有系统管理员根据实际需要才考虑关机，否则一般用户，登录操作对应的都是注销操作。

```
1   # 注销登录常用的 3 种方式
2   $ logout
3   # 或
4   $ exit
5   # 或
6   $ [Ctrl + d]
```

以上 3 种方法都可以实现注销操作，推荐通过快捷键[Ctrl + d] 实现快速注销，在日常的 Linux 操作中，快捷键[Ctrl + d]的使用频率非常高，具有"正常退出""关闭"的含义。按[Ctrl + d]快捷键，就等价于输入 exit。

【例 3.1】按[Ctrl + d]快捷键的演示过程如图 3.2 所示。

图 3.2 按[Ctrl + d]快捷键的演示过程

图 3.2 中：①处按的是[Ctrl + d]快捷键，自动变成 exit 命令，注销当前用户 root 的登录；②处提示符已经变成$，说明已经切换回普通用户；③处再次按[Ctrl + d]快捷键，注销当前用户 jsj 的登录。

3.4 开始执行命令

重新登录系统后，可以练习一些简单的常用命令，熟悉 Linux 命令行操作的特点。
查询当前用户名以及当前用户信息使用 whoami 和 id 命令。

```
1   # 查询当前用户名
2   $ whoami
```

< 48 >

```
3
4   # 查询当前用户信息
5   $ id
```

whoami 和 id 命令的输出如图 3.3 所示。

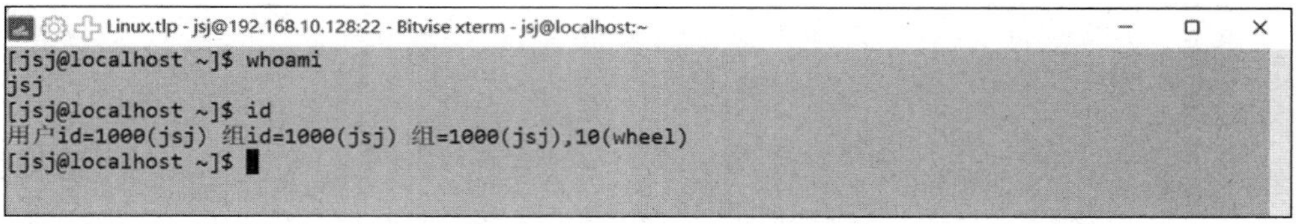

图 3.3　whoami 和 id 命令的输出

查询正在登录用户信息使用 who 或 w 命令。

```
1   # 查询正在登录用户信息
2   $ who
3   # 或
4   $ w
```

who 和 w 命令的输出如图 3.4 所示。

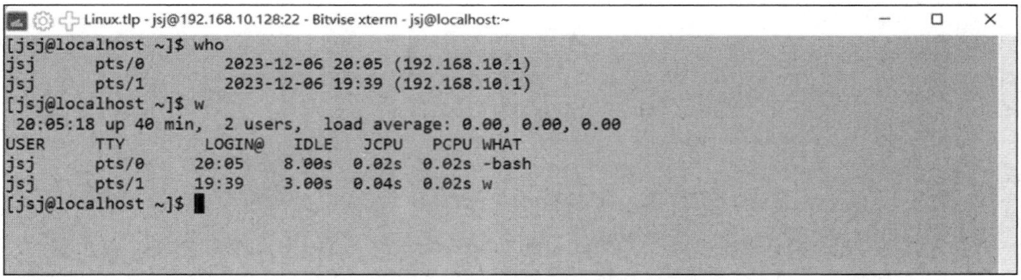

图 3.4　who 和 w 命令的输出

作为系统管理员要经常查看曾经有哪些用户登录过系统，可以通过 last 命令查看。

```
1   # 查询用户登录历史记录，倒序显示
2   $ last
3   # 查询指定用户 jsj 的登录记录
4   $ last jsj
5   # 查询最近 5 条登录记录
6   $ last -5
7   # 查询用户 jsj 最近 5 条的登录记录
8   $ last jsj -5
```

last jsj -5 命令的输出如图 3.5 所示。

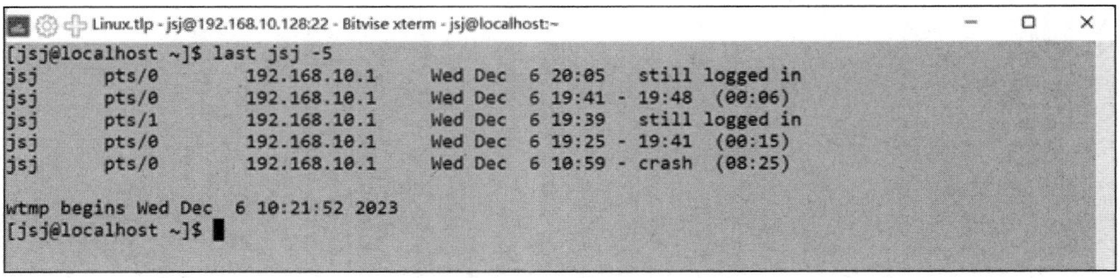

图 3.5　last jsj -5 命令的输出

< 49 >

Linux 中查看系统日期和时间，要借助 date 等命令。

```
1   # 查看系统日期和时间
2   $ date
3   2023 年 12 月 06 日 星期三 20:17:06 CST
```

```
1    # 查看系统日历
2    $ cal
3            十二月 2023
4    一 二 三 四 五 六 日
5                    1  2  3
6     4  5  6  7  8  9 10
7    11 12 13 14 15 16 17
8    18 19 20 21 22 23 24
9    25 26 27 28 29 30 31
10
11   # 选择月份输出日历，年份参数不能缺少
12   $ cal 9 2022
13
14   # 选择年份输出日历
15   $ cal 2022
```

Linux 自带的计算器也要用命令行形式打开。

```
1   # 简单计算器
2   $ bc
```

bc 计算器可以用常用的数学表达式计算。

```
1   # bc 计算器的输入
2   输入：3+4↵
3   7
4   输入：3+4*5↵
5   23
```

bc 计算器的操作如图 3.6 所示。

图 3.6　bc 计算器的操作

 注 意

退出 bc 计算器，必须使用快捷键[Ctrl + d]，使用命令 exit 是不能退出的。

还可以尝试修改密码，练习 passwd 命令的使用，学习 Linux 密码的输入，如图 3.7 所示。

```
1   # 修改密码
2   $ passwd
3
4   # 用管理员身份修改他人密码
5   $ sudo passwd jsj
```

< 50 >

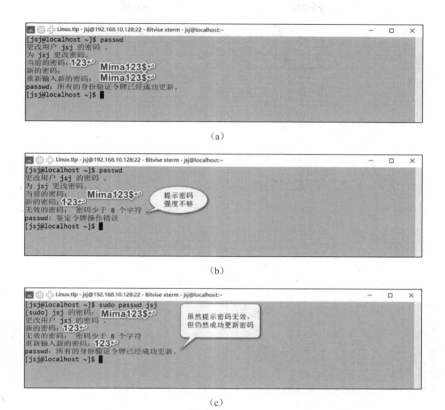

（a）

（b）

（c）

图 3.7　修改密码

如图 3.7（a）所示，将 jsj 用户的密码改为 Mima123$，原密码为 123。

输入密码的时候是看不到字符的，这里为了演示，将密码单独显示。

Linux 对修改后的密码的强度要求比较高，如图 3.7（b）所示，尝试将密码改回 123，提示密码强度不够，修改失败。

如果坚持修改为低强度密码，可以借助管理员权限，如图 3.7（c）所示。不过一般不建议使用低强度密码。

```
# 利用管理员权限修改用户 jsj 的密码
$ sudo passwd jsj
```

图 3.7（c）中，虽然提示输入的新密码无效，但仍然成功更新密码。

 注 意

　　sudo passwd 命令一般都要带待修改的用户名，否则修改的是 root 用户的密码，而非修改用户自己的密码。

3.5　看不见的窗口

看不见的窗口

在 Linux Shell 环境中，也具有类似 Windows 窗口的概念，只不过这个窗口是看不见的，需要用户自己去想象和体会。Shell 环境对应的 Windows 窗口想象如图 3.8 所示。

< 51 >

图 3.8 对应的窗口想象

Linux 操作系统窗口常见的操作有以下几种。

```
1    # 打开一个看不见的窗口
2    $ bash
3
4    # 输出当前工作路径
5    $ pwd
6
7    # 显示文件列表
8    $ ls -lh
9    # 或
10   $ ls
11
12   # 输出树状目录结构
13   $ tree
14
15   # 切换工作目录
16   $ cd
17
18   # 关闭当前窗口
19   利用快捷键[Ctrl + d]
```

【例 3.2】如图 3.9 所示，对比 Windows 窗口，Linux 中看不见的窗口，也是可以被感知的。

图 3.9 看不见的窗口

< 52 >

图 3.9 中先用 3 个 bash 打开 3 个窗口，但共有 4 个窗口堆叠在一起。按 3 次[Ctrl + d]快捷键关闭顶层窗口，最后按一次[Ctrl + d]快捷键注销登录。

3.6　笔记与脚本

笔记与脚本

Linux 笔记同脚本的格式非常接近，建议读者要养成记学习笔记的习惯。

3.6.1　笔记格式

笔记格式比较随意，但是为了阅读方便，可以做简单的约定。

注释使用#标识，但在 Linux 操作系统中，管理员的命令提示符也是#，在有歧义的时候进行特别说明，无歧义时不做额外说明。

在笔记中建议使用#作为注释号，不作为管理员命令提示符。如果需要普通用户权限则使用$表示；如果需要管理员权限则使用$ sudo 表示。

命令提示符$，在用户输入命令时不用输入。在脚本中，命令提示符不应该被标识，在笔记中，标识是为了区别后续的命令输出。

若命令后续无任何标识行，即上一命令的输出，而不是新的命令。

如果需要对结果或者命令再加说明，会加 "说明:" 等标识。

【例 3.3】笔记样例。

```
1   # 简单的文本回显
2   $ echo 'Hello,World'
3   Hello,World
4   说明：上一行是 echo 命令的输出内容；本行是额外说明。
5
6   # C 语言风格的文本输出
7   $ printf 'Hello,World\n'
8   Hello,World
9
10  # 简单的文本输出
11  $ cat /etc/passwd
12
13  # 本行命令需要管理员权限才能执行
14  $ sudo cat /etc/shadow
```

3.6.2　脚本格式

笔记格式比较随意，但是脚本格式有严格的要求。

Linux 脚本文件格式要求如下。

➢ 文件的编码必须采用 UTF-8。

➢ 换行符必须是 UNIX 换行符（LF）。

【例 3.4】将例 3.3 中的笔记改为脚本。

首先，创建脚本文件 hello.sh。

```
1   # 创建一个文件
2   $ touch hello.sh
```

< 53 >

hello.sh 文件内容如下。

```
1   # 简单的文本回显
2   echo 'Hello,World'
3
4   # C语言风格的文本输出
5   printf 'Hello,World\n'
6   # 输出: Hello,World
7
8   # 简单的文本输出
9   cat /etc/passwd
10
11  # 本行命令需要管理员权限才能执行
12  sudo cat /etc/shadow
```

对比笔记和脚本的格式，脚本中的注释都必须加#标识，不允许出现标识外的说明。所有非注释行都为脚本命令，脚本不能包含输出。输出内容可以以注释的形式出现。

执行脚本使用命令。

```
1   # 执行脚本
2   $ bash hello.sh
```

3.7 几个重要的快捷键

几个重要的快捷键

Linux 的便捷性体现在设计的快捷键非常合理和实用，快捷键是对命令的重要辅助和补充。这里列出 Linux 中重要的几个快捷键，如表 3.1 所示，建议读者多加练习，熟练使用。

表 3.1   重要的快捷键

快捷键	说明
[Tab]	命令或者文件补全
[Tab] , [Tab]	命令提示，按两次[Tab]键，中间有停顿，不要按太快
↑	向上查找历史命令
↓	向下查找历史命令
[Ctrl + d]	作用同 exit；正常结束输入；正常关闭；注销
[Ctrl + c]	强制关闭当前进程
[Ctrl + l]	清屏；作用同 clear the screen 命令
\	续行
[Ctrl + u]	清空至行首，从当前光标位置清空至行首
[Ctrl + k]	清空至行尾

 注 意

在输入时，按[Ctrl + d]快捷键表示正常输入结束，按[Ctrl + c]快捷键表示强制结束，在执行命令或者输入文本时如果不能退出，优先使用[Ctrl + d]快捷键，在无效的情况下，经过思考确认，才考虑使用[Ctrl + c]快捷键。

【例 3.5】快捷键操作实例。

```
1   $ whe↵
```

< 54 >

```
2   $ whereis
3   说明：输入 whe 后再按一次[Tab]键，命令自动补全为 whereis。
4
5   $ wh↹↹
6   whatis    whereis    which    while    whiptail    who    whoami
7   $ wh
8   说明：输入 wh 后连续按两次[Tab]键，Shell 就会把以 wh 开头的命令全部都列出来，提示用户输入。
9
10  $ ls /etc/sysc↹↹
11  sysconfig/   sysctl.conf
12  $ ls /etc/sysc
13  说明：按两次[Tab]键还可以补全文件路径。
```

3.8　检查错误信息

检查错误信息

在判断 Linux 命令的执行是否正确时，可以按照以下顺序判断并找出错误原因。

（1）如果无回应或不报错就表示命令执行正确。这一点同 Windows 的处理方式是相反的，Windows 系统必须明确告知操作正确或完成，才能表示命令的执行正确或完成。Linux 采用没有消息就是好消息机制。

（2）如果报错，请根据输出信息查找错误原因。

（3）如果通过输出信息无法定位错误原因，很有可能是命令权限不足导致。

【例 3.6】检查错误信息。

```
1   $ mkdir folder1
2   说明：执行命令后，没有任何输出，说明命令执行成功。
3
4   $ Date
5   -bash: Date: 未找到命令
6   说明：Linux 对大小写敏感；提示未找到命令，说明命令输入错误。
7
8   $ cal 2022 4
9   cal: illegal month value: use 1-12
10  说明：报错，正确提示错误原因。
11
12  $ shutdown -k
13  -bash: shutdown: 未找到命令
14  说明：这里报错，但没有正确定位错误原因，其实是命令权限不足导致出错。
15
16  $ gpasswd -a jsj sudo
17  gpasswd: 没有权限。
18  说明：正确提示权限原因。
```

　练习

认真、耐心地查看 10 条错误提示信息，并查明原因。

3.9　Linux 命令通用格式

Linux 命令通用
格式

Linux 命令具有一定的通用性，本节总结了 4 种不同风格类型的命令格式。

< 55 >

3.9.1　传统 UNIX/Linux 风格

传统的 UNIX 系统命令格式，非常简单，只有短选项，古板、不好记忆。Linux 操作系统在兼容短选项的基础上，发展出了长选项，让命令的可阅读性大大增强。

传统 UNIX/Linux 风格：

命令字　[-短选项]|[--长选项]　[参数]

Linux 命令除了命令字之外，还有选项和参数。

选项：用于调节命令的功能，基本都是"是或否"的二项开关，表示开启或关闭。

选项又分短选项和长选项，可以混用。

➤ 以--引导长选项（多个字符），例如--long。

➤ 以-引导短选项（单个字符），例如-l，短选项是长选项的简写形式。

多个短选项可以写在一起，只用一个-引导，例如-a -l 可以简写为-al，表示长选项--all --long。

参数：命令操作的对象，一般为文件名、目录或文本数据。

【例 3.7】命令字、选项、参数的识别。

```
1  $ ls -l /home/jsj
2  说明：ls 是命令字；-l 是选项；/home/jsj 是参数。
3
4  $ ls -lh /home/jsj
5  说明：-lh 是两个选项，拆开是-l -h，表示长选项--long --human。
6  # 等价于
7  $ ls --long --human /home/jsj
```

参数在 UNIX 风格中，必须紧挨着命令字。

参数在 Linux 风格中，可以紧挨着命令字，也可以在命令的最后。

【例 3.8】参数的位置。

```
1  # 以下两条命令等价
2  $ sudo gpasswd -a jsj wheel
3  $ sudo gpasswd wheel -a jsj
```

上面两条命令的作用完全一样，都是将 jsj 用户加入 wheel 组。gpasswd 主要用于操作组，其参数 wheel 表示组，可以紧挨着 gpasswd，也可以放在最后；选项控制的参数必须紧挨着选项，其参数 jsj 表示用户，必须紧挨在-a 选项后。

 讨论

参数可以紧挨命令字，也可以放置在命令最后，但哪种风格更佳？

一般情况下，一条命令只有一个参数，如果有多个参数，表示多个参数性质一样，分别对多个参数执行相同的命令，可以理解为多条命令的合并。

【例 3.9】多条命令合并。

```
1  # 创建 4 个目录
2  $ mkdir 1 2 3 4
3  说明：1 2 3 4 是 4 个参数，该命令的作用是在当前目录创建 4 个目录，目录名分别为 1、2、3、4。
4
5  # 等价于
6  $ mkdir 1
7  $ mkdir 2
8  $ mkdir 3
```

< 56 >

```
9 mkdir 4
```

【例 3.10】如果命令本身就带多个参数，不建议将多条命令合并。

```
1   # 复制 3 个目录到目录 4
2   $ cp -rf 1 2 3 4
3   说明：1 2 3 4 是 4 个参数，其中 1 2 3 是输入对象，4 是输出对象，该命令将 3 个目录 1、2、3，复制
    到目录 4 中。
4
5   # 等价于
6   $ cp -rf 1 4
7   $ cp -rf 2 4
8   $ cp -rf 3 4
```

cp 命令本身需要两个参数，所以一般不建议将多条命令合并，但是此处不会产生歧义，只有一种解释，所以可以合并。

3.9.2　FreeBSD 风格

FreeBSD 是 UNIX 的一个分支，它的命令大部分来自 UNIX。FreeBSD 具有健壮、稳定的优点，也引导着 Linux 的发展方向。Linux 操作系统比较开放，也引入了很多 FreeBSD 命令，所以在某些命令中，也支持 FreeBSD 风格。

FreeBSD 风格：

命令字　[选项]　[参数]

FreeBSD 风格命令的特点是认为选项的 - 是多余的，一般也不会出现歧义。

```
1   # 以下两条命令等价
2   $ tar cvf
3   $ tar -cvf
```

只有在极少数情况下，有无选项的 - 是有区别的。ps 命令融合了 Linux 和 FreeBSD 风格部分源代码，所以为了区别，严格控制 -，以下两条命令不等价。

```
1   # 以下两条命令不等价
2   $ ps aux
3   $ ps -aux
```

3.9.3　新的通用格式

传统的 UNIX 选项是不可以带参数的，但是如果支持选项带参数，可以表达更丰富的语义。在新的通用格式中，允许选项带参数，选项的参数必须紧挨着选项。

新的通用格式：

命令字　[命令参数] [-选项]　[选项参数]

【例 3.11】新的通用格式实例。

```
1   # 以下 4 条命令语义相同
2   $ mysql abc -u root -p 123
3   $ mysql -u root -p 123 abc
4   $ mysql -uroot -p123 abc
5   # 长选项自带参数的命令格式
6   $ mysql --user=root --password=123 abc
```

以上 4 条命令的语义是相同的，在登录 MySQL 数据库时，-u 指定登录用户名为 root，-p 指定登

< 57 >

录密码是 123，登录成功后，进入数据库 abc。

其中，root 是选项-u 控制的参数，必须紧挨着-u；123 是选项-p 控制的参数，必须紧挨着-p；abc 是命令字 mysql 的参数，可以紧挨着 mysql，也可以放在最后。

需要注意的是，选项的参数，可以更进一步紧挨着选项，即中间的空格可以省略。

对于选项和选项参数中间的空格有 3 种处置方式。

➢ 必须有空格。
➢ 不能有空格。
➢ 可以有空格，也可以没有空格。

 讨论

选项和选项参数中间的空格的 3 种处置方式中，哪种更通用？

其实，这 3 种处置方式，没有孰优孰劣的说法，依据命令程序代码的规定不同而不同。有的规定必须有空格，有的规定不能有空格，有的规定空格可有可无。一般情况下，不包含空格更通用，更合适，无歧义，尤其是在设定密码参数的时候，因为空格也可以被设定为密码字符。

3.9.4 命令组子命令格式

在创造新命令名称的时候，如果命令字过多，是非常不方便记忆和使用的。命令组机制可以让多个功能相近的命令组成一组，这样就不需要记忆烦琐的命令，只需要记住命令组名称，然后就可以通过帮助文档，找出相关的子命令。

其实，在新的通用格式中，带参数的选项，基本也具备子命令的语义。

命令组子命令格式：

命令组　　子命令　　[选项]　　[参数]

命令组只起收纳子命令的作用，所以核心还是子命令，只有子命令才可以带选项和参数。子命令的风格可以是前面的任意一种风格。

最常见的命令组就是系统软件包管理工具。

```
1   # openEuler/CentOS 的软件包管理工具 yum，其中 install、remove 等是子命令
2   $ yum install
3   $ yum remove
4
5   # Debian/Ubuntu 的软件包管理工具 apt，其中 install、remove 等是子命令
6   $ apt install
7   $ apt remove
```

命令格式不是这几种风格也是正常现象，但是采用这几种风格，会让命令的使用更加方便、简单。

3.10 Linux 联机帮助系统

Linux 联机帮助系统

学习 Linux 命令或获取帮助最好的办法就是通过网络搜索引擎搜索查找，这也是学习最快最直接的方式。但是获取最新的、最正确的、最官方的第一手资料是通过查看命令的联机帮助，联机帮助能够解决大部分问题。

以下是 3 种常用的联机帮助。

< 58 >

```
1  # Linux 独有的联机帮助
2  $ <命令字> --help
3
4  # 传统 UNIX 联机帮助
5  $ man <命令字>
6
7  # 更详细的带超链接功能的联机帮助
8  $ info <命令字>
```

在部分发行版本中，帮助文档只能使用 more 阅读器打开，不能往回翻页查看帮助文档，必须借助 less 阅读器，才可以来回翻页阅读帮助文档。

所以，更通用的查看帮助文档的命令如下。

```
1  # Linux 独有的联机帮助
2  $ <命令字> --help | less
3
4  # 传统 UNIX 联机帮助
5  $ man <命令字> | less
6
7  # 更详细的带超链接功能的联机帮助
8  $ info <命令字> | less
```

其中，|是管道符，表示前一条命令的输出作为后一条命令的输入参数，这在 Linux 命令或脚本中是非常常用的技巧。

【例 3.12】查看 who 命令的帮助文档。

```
1  $ who --help | less
2  用法: who [选项]... [ 文件 | 参数 1 参数 2 ]
3  显示当前已登录的用户信息
4
5    -a, --all               等于-b、-d、--login、-p、-r、-t、-T、-u 选项的组合
6    -b, --boot              上次系统启动时间
7    -d, --dead              显示已被关闭的进程
8    -H, --heading  输出头部的标题列
9       --ips                print ips instead of hostnames. with --lookup,
10                           canonicalizes based on stored IP, if available,
11                           ather than stored hostname
12   -l, --login             显示系统登录进程
13      --lookup             尝试通过 DNS 查验主机名
14   -m                      只面对和标准输入有直接交互的主机和用户
15   -p, --process  显示由 init 进程衍生的活动进程
16   -q, --count             列出所有已登录用户的登录名与用户数量
17   -r, --runlevel          显示当前的运行级别
18   -s, --short             只显示名称、线路和时间（默认）
19   -T/-w/--mesg            用+、- 或 ? 标注用户消息状态
20   -u, --users             列出已登录的用户
21      --message  作用等同于-T
22      --writable           作用等同于-T
23      --help               显示帮助信息并退出
24      --version            显示版本信息并退出
```

< 59 >

```
25
26  如果文件未被指定，则使用/var/run/utmp。/var/log/wtmp 是通用的相关文件。
27  如果给定了参数1和参数2，则假定同时启用了 -m 参数，常见的参数例子如
28  "am i" 或 "mom likes"。
29
30  GNU coreutils 在线帮助: <https://www.gnu.org/software/coreutils/>
31  请向 <http://translationproject.org/team/zh_CN.html> 报告任何翻译错误
32  完整文档 <https://www.gnu.org/software/coreutils/who>
33  或者在本地使用: info '(coreutils) who invocation'
```

阅读 Linux 帮助文档是学习 Linux 遇到的第一个比较大的难点。

Linux 的帮助文档功能必须借助快捷键才能实现，这也是学习 Linux 需要先掌握的技能，如果不能阅读帮助文档，后面的知识点就没有办法继续学习。

Linux 阅读命令快捷键如表 3.2 所示。

表 3.2　Linux 阅读命令快捷键

快捷键	说明
h	打开 help，可以帮助查看操作手册
[Space]	后翻一屏
b	前翻一屏，b 位于空格的上方
[Enter]	后翻一行
gg	回到文章开头
G	直接跳到文章结尾，即[Shift + g]
q	退出
ZZ	退出，有"保存"之意，按[Shift]键的同时按两下[z]键
/	向后查找某个字符串，如/date 表示向后查找 date
n	查找下一个
N	查找上一个
?	向前查找某个字符串，如 ?date 表示向前查找 date

提示

Linux 选项中，大写一般表示"相反""慎重"之意。

练习

请仔细阅读以下命令的帮助文档，掌握帮助文档的结构。

```
1  $ man ls | less
2  $ man date | less
3  $ man man | less
```

Linux 命令搜索引擎是企业给订阅用户提供的在线帮助服务，是很重要的一项有偿服务。

练习

利用 Linux 命令搜索引擎，查询以下命令的帮助文档，并进行记录。

< 60 >

```
1   $ man
2   $ su
3   $ sudo
4
5   $ pwd
6   $ ls
7   $ cd
8
9   $ echo
10  $ ip
11  $ shutdown
```

3.11　正确的关机或重启方法

正确的关机或
重启方法

　　Linux 操作系统主要提供使用服务，一般不会关机，但是如果是单机或者是维护需要，就必须谨慎关机，在关机前我们要明白：这是多用户操作系统，可能还有其他用户在线，必须通知他们尽快注销退出，并保存操作。

　　Linux 为了提高性能，大部分数据都在内存中处理，如果直接关机，内存中的数据还没有保存到磁盘，强制关机会导致数据丢失。

```
1   # 同步内存数据到磁盘，同步 3 次
2   $ sudo sync;sync;sync
3   说明：同步 3 次，关机前建议必须执行动作！
```

　　同步后，才可以执行关机或重启命令，并且对在线用户发出警告信息。

　　shutdown 命令是安全的关机或重启命令，主要选项有以下几种。

> ➢ -h：halt，关机。
> ➢ -r：reboot，重启。
> ➢ +15：以分钟为单位，表示 15 分钟后进行操作。
> ➢ -t：以秒为单位。
> ➢ -k：演习，只发出警告信息，并不执行命令。警告信息是可选参数，通知所有在线的用户即将关机或重启，提醒他们及时保存并注销登录。

　　【例 3.13】shutdown 命令实例。

```
1   # 关机或重启服务器
2   $ sudo shutdown -h +15 '警告：系统将于 15 分钟后关机！'
3   $ sudo shutdown -r +15 '警告：系统将于 15 分钟后重启！'
4   $ sudo shutdown -r -t 30 '警告：系统将于 30 秒后重启！'
5   $ sudo shutdown -k +15 '警告：系统将于 15 分钟后关机！'
```

　　如果单机没有重要数据要保存，可以使用 now 参数，表示立即执行。

```
1   # 立即关机，不建议使用，仅限单机用户
2   $ sudo shutdown -h now
3
4   # 立即重启，不建议使用，仅限单机用户
5   $ sudo shutdown -r now
```

　　若希望取消执行关机或重启操作，可以使用选项-c。

```
1   # 取消本次关机或重启操作
```

< 61 >

```
2  $ sudo shutdown -c
```

UNIX 没有关机的概念，halt 状态都不会断电，强制断电必须使用-p 选项。

```
1  # UNIX 关机方式, -p: poweroff, 断电
2  $ sudo shutdown -p +15
```

 提示

关机或重启还可以使用其他命令，如 reboot、halt、poweroff、init 0、init 6 等，但都已经被 shutdown 命令取代，建议不要使用这些命令。

3.12 小结

本章主要介绍了字符模式系统的登录、注销，以及正确的关机和重启方法；字符命令行操作具有同图形界面操作不一样的特点，从简单的命令入手，可以快速适应 Linux 命令操作的特点；几个重要的快捷键让命令的执行变得简单、高效。

Linux 对错误的处理，遵循一个简单原则：如果不报错就表示正确；如果报错，请查找错误原因；也有可能是命令权限不足导致。这一点同 Windows 的处理方式是相反的。Linux 的错误提示并不智能，需要一定的理解才能掌握。

Linux 命令的通用格式总结了大部分命令的特点，也是字符命令的规律。在对命令不熟悉的情况下，第一手资料就是联机帮助文档，Linux 的联机帮助文档能解决大部分问题。

3.13 习题

一、填空题

1. 查看 IP 地址，最简单的命令是 ip _____。
2. 查看本机 IP 地址，Windows 系统下的命令是_____。
3. 临时提升一次权限的命令是_____。
4. 查询当前用户名的命令是_____。
5. 查询当前用户身份信息的命令是_____。
6. 查询正在登录用户信息的命令是_____。
7. 查询用户登录历史记录的命令是_____。
8. 查看系统日期和时间的命令是_____。
9. 查看系统日历的命令是_____。
10. 简单计算器的命令是_____。
11. 修改自己密码的命令是_____。

二、判断题

1. Linux 同其他计算机系统一样可以直接关闭电源。   （   ）
2. 在 Linux 系统中，Linux 命令语法格式如下:命令[选项][参数]。   （   ）

< 62 >

3. Tab 键的自动补齐功能可以将部分命令名或者文件名快速补充完整。　　　　（　　）
4. Linux 的超级用户 root 登录时不需要口令。　　　　　　　　　　　　　　（　　）

三、选择题

1. 如果用户想对某一命令进行详细的了解，可用命令（　　　　）。
A. ls　　　　　　　　B. help　　　　　　　C. man　　　　　　　D. dir
2. 以下哪个组合键能强制终止当前运行的命令？（　　　　）
A. Ctrl-C　　　　　　B. Ctrl-F　　　　　　C. Ctrl-B　　　　　　D. Ctrl-D
3. 以下哪个组合键能正常结束当前运行的命令？（　　　　）
A. Ctrl-C　　　　　　B. Ctrl-F　　　　　　C. Ctrl-B　　　　　　D. Ctrl-D
4. 下列哪个命令可以显示当前目录？（　　　　）
A. pwd　　　　　　　B. cd　　　　　　　　C. who　　　　　　　D. ls
5. 变更用户身份的命令是（　　　　）。
A. who　　　　　　　B. where　　　　　　C. whoami　　　　　D. su
6. 用于终止某一进程执行的命令是（　　　　）。
A. end　　　　　　　B. stop　　　　　　　C. kill　　　　　　　D. free
7. 不能用来关机的命令是（　　　　）。
A. shutdown　　　　B. halt　　　　　　　C. init　　　　　　　D. logout

< 63 >

第 **4** 章 Linux 文件操作

本章将深入探讨 Linux 文件操作的核心主题，帮助读者学习必要的技能和知识，以便利用 Linux 操作系统高效地管理和维护文件与目录。本章全面介绍目录的查看，文件系统结构，空目录的创建与删除，文件的创建、查看和查找，文件的复制、删除、移动与重命名，符号链接和硬链接，以及文件的归档、压缩与解压缩等。

4.1 引入

引入

1．标准化发展

Linux 操作系统的发展过程中，标准化是非常重要的一个环节。其中，文件系统层次结构标准就是一个很好的例子。制定文件系统层次结构标准是为了解决不同 Linux 发行版之间文件系统混乱的问题，使得开发者和用户可以在合理的位置找到需要的东西。这个标准定义了 Linux 操作系统中的主要目录及目录内容。这样无论是在哪个 Linux 发行版上，只要遵循该标准，就可以知道文件在哪里。这对于维护和管理大型的、复杂的系统来说尤其重要。

Linux 操作系统通过标准化来提高效率和便利性，这也是 Linux 社区的一种格物致知的精神：通过不断的实践和改进，逐渐形成了一套完整的标准，使得 Linux 可以被更广泛地应用和接受。

加强标准化工作，实施标准化战略，是我国一项重要和紧迫的任务。我国积极实施标准化战略，以标准助力创新发展、协调发展、绿色发展、开放发展、共享发展。

2．格物致知

在学习计算机科学知识的过程中，格物致知是一种通过观察、实验和实践来理解和掌握知识的方法。在 Linux 文件操作中，通过操作进行实验和实践，就是格物的过程；理解并掌握其原理就是致知。

格物致知是我国儒家思想中的一个重要概念，一般是指推究事物原理，从而获得知识。从现在的角度看，将事物归纳分类（格物）的过程，是一种很好的学习方法。

4.2 目录查看操作

目录查看操作

文件资源管理是系统提供的基本功能，Linux 对文件/目录的操作集成到 Shell 环境中，有一个看不见的窗口（bash）。

4.2.1　pwd

pwd（print working directory）：输出当前工作目录的完整路径。

```
1   # 输出当前工作目录的完整路径
2   $ pwd
```

```
1   /home/jsj
```

Linux 操作系统中单独的文件系统并不是由驱动器号或驱动器名称来标识的，Linux 操作系统只有一个根目录，记为/，并且使用/字符来分隔路径，与 Windows 操作系统使用\不同。

```
1   # Windows 操作系统有多个根目录
2   C:\
3   D:\
4   E:\
5
6   # Linux 操作系统只有一个根目录
7   /
```

Windows 文件系统由多个树状目录组成，Linux 只有一个树状目录。Windows 操作系统基于物理磁盘组建文件系统；Linux 操作系统将独立的文件系统组合成了一个层次化的树形结构，基于逻辑构建。

4.2.2　tree

tree：以树状图的形式列出目录（可指定目录）下的所有内容。

```
1   # 以树状图的形式列出指定目录的内容
2   $ tree /home/jsj
```

```
1   /home/jsj
2   ├── 公共
3   ├── 模板
4   ├── 视频
5   ├── 图片
6   ├── 文档
7   ├── 下载
8   ├── 音乐
9   └── 桌面
```

tree 命令不带参数表示默认查看当前工作目录的内容。

```
1   # 以树状图的形式列出当前工作目录的内容
2   $ tree
```

tree 命令会列出指定目录下的所有文件，包括子目录里的文件。有时候目录内容太多，可以指定查看子目录的层级。

```
1   # 查看二级主目录, -L: level, 用于指定子目录显示层级
2   $ tree -L 2 /home
```

```
1   /home
2   ├── jsj
3   │   ├── 公共
4   │   ├── 模板
5   │   ├── 视频
6   │   ├── 图片
```

< 65 >

```
7  |      ├── 文档
8  |      ├── 下载
9  |      ├── 音乐
10 |      └── 桌面
11 ├── ls002
12 └── zs001
```

用户主目录，即 Home 目录，Linux 为每个用户单独建立一个子目录供该用户使用。一般是用户名同名目录，例如：jsj 用户的主目录名为/home/jsj，也可以另外指定。用户登录后，直接进入用户自己的主目录。

每个用户的主目录不互通，普通用户无法访问其他用户的主目录。

4.2.3 ls

ls（list）：显示目录内容列表。ls 命令在 Linux 中是使用率较高的命令。ls 命令的输出信息可以进行彩色加亮显示，以区分不同类型的文件。

1. 常用命令

```
1  # 仅列出当前目录可见文件
2  $ ls
3
4  # 列出当前目录可见文件详细信息
5  $ ls -l
6
7  # 列出详细信息并以可读格式显示文件大小
8  $ ls -lh
9
10 # 列出所有文件（包括隐藏文件）的详细信息
11 $ ls -al
```

【例 4.1】列出目录。

ls 命令仅列出当前目录可见文件。

```
1  # 仅列出当前目录可见文件
2  $ ls
```

```
1  公共  模板  视频  图片  文档  下载  音乐  桌面
```

-a 选项用于显示当前目录下包括隐藏文件在内的所有文件列表。

```
1  # -a: all，列出所有文件（包括隐藏文件）
2  $ ls -a
```

```
1  .    图片   .bash_history  .face            .profile
2  ..   文档   .bash_logout   .face.icon       .sudo_as_admin_successful
```

Linux 中的隐藏文件不是指文件的属性为隐藏，而是指文件名前缀有个.，例如：.bashrc 文件就是隐藏文件，执行 ls 命令默认不显示隐藏文件。

-m 选项用于水平输出文件列表，所有项目以逗号分隔，并填满整行。

```
1  # -m: 水平输出文件列表
1  $ ls -m -a
```

```
1  ., .., 公共, 模板, 视频, 图片, 文档, 下载, 音乐, 桌面, .bash_history,
2  .bash_logout, .bashrc, .cache, .config, .face, .face.icon, .local
```

< 66 >

-lh 选项用于输出长格式列表。

```
1   # -lh: 列出详细信息并以可读格式显示文件大小
2   $ ls -lh
```

```
1   总计 32K
2   drwxr-xr-x 2 jsj jsj 4.0K  9 月 1 日 20:00 公共
3   drwxr-xr-x 2 jsj jsj 4.0K  9 月 1 日 20:00 模板
4   drwxr-xr-x 2 jsj jsj 4.0K  9 月 1 日 20:00 视频
5   drwxr-xr-x 3 jsj jsj 4.0K  9 月 1 日 20:03 图片
6   drwxr-xr-x 2 jsj jsj 4.0K  9 月 1 日 20:00 文档
7   drwxr-xr-x 2 jsj jsj 4.0K  9 月 1 日 20:00 下载
8   drwxr-xr-x 2 jsj jsj 4.0K  9 月 1 日 20:00 音乐
9   drwxr-xr-x 2 jsj jsj 4.0K  9 月 1 日 20:00 桌面
```

-t 选项用于将最近修改的文件显示在最上面。

```
1   # -t: time, 指定最近修改的文件显示在最上面
2   $ ls -lh -t
```

```
1   总计 32K
2   drwxr-xr-x 3 jsj jsj 4.0K  9 月 1 日 20:03 图片
3   drwxr-xr-x 2 jsj jsj 4.0K  9 月 1 日 20:00 公共
4   drwxr-xr-x 2 jsj jsj 4.0K  9 月 1 日 20:00 模板
5   drwxr-xr-x 2 jsj jsj 4.0K  9 月 1 日 20:00 视频
6   drwxr-xr-x 2 jsj jsj 4.0K  9 月 1 日 20:00 文档
7   drwxr-xr-x 2 jsj jsj 4.0K  9 月 1 日 20:00 下载
8   drwxr-xr-x 2 jsj jsj 4.0K  9 月 1 日 20:00 音乐
9   drwxr-xr-x 2 jsj jsj 4.0K  9 月 1 日 20:00 桌面
```

-r 选项用于指定排序规则的反向。

```
1   # -r: reverse, 指定排序规则的反向
2   $ ls -lh -tr
```

```
1   总计 32K
2   drwxr-xr-x 2 jsj jsj 4.0K  9 月 1 日 20:00 桌面
3   drwxr-xr-x 2 jsj jsj 4.0K  9 月 1 日 20:00 音乐
4   drwxr-xr-x 2 jsj jsj 4.0K  9 月 1 日 20:00 下载
5   drwxr-xr-x 2 jsj jsj 4.0K  9 月 1 日 20:00 文档
6   drwxr-xr-x 2 jsj jsj 4.0K  9 月 1 日 20:00 视频
7   drwxr-xr-x 2 jsj jsj 4.0K  9 月 1 日 20:00 模板
8   drwxr-xr-x 2 jsj jsj 4.0K  9 月 1 日 20:00 公共
9   drwxr-xr-x 3 jsj jsj 4.0K  9 月 1 日 20:03 图片
```

-R 选项用于显示递归文件，即显示子目录内容。

```
1   # -R: recursive, 显示递归文件
2   $ ls -R
```

-d 选项用于仅显示目录本身信息，不显示目录内部文件信息。

```
1   # -d: directory, 仅显示目录本身信息
2   $ ls -ld /etc/
```

```
1   drwxr-xr-x 136 root root 12288  9 月 15 日 18:16 /etc/
```

< 67 >

2．显示文件的节点信息

索引节点（index inode，简称为 inode）是 Linux 中的一个特殊概念，具有相同索引节点号的两个文本文件从物理存储上看，本质上是同一个文件。

```
1  # -i: inode, 显示文件的索引节点信息
2  $ ls -lh -i
```

```
1  总计 32K
2  37486624 drwxr-xr-x 2 jsj jsj 4.0K  9月 1日 20:00 公共
3  37486623 drwxr-xr-x 2 jsj jsj 4.0K  9月 1日 20:00 模板
4  37486628 drwxr-xr-x 2 jsj jsj 4.0K  9月 1日 20:00 视频
5  37486627 drwxr-xr-x 3 jsj jsj 4.0K  9月 1日 20:03 图片
6  37486625 drwxr-xr-x 2 jsj jsj 4.0K  9月 1日 20:00 文档
7  37486622 drwxr-xr-x 2 jsj jsj 4.0K  9月 1日 20:00 下载
8  37486626 drwxr-xr-x 2 jsj jsj 4.0K  9月 1日 20:00 音乐
9  37486612 drwxr-xr-x 2 jsj jsj 4.0K  9月 1日 20:00 桌面
```

最左边的 8 位数字就是该文件的节点信息。

4.2.4 cd

cd（change directory）：切换用户工作目录。

Linux 中目录的路径有相对路径和绝对路径两种。

在 Linux 中，绝对路径是从根目录开始的，比如/usr、/etc/X11。如果一个路径是从/开始的，那它一定是绝对路径。

相对路径是以.或..开始的，.表示用户当前操作所处的目录，而..表示上级目录。要习惯把.和..当作目录来看。

常见地址符号有以下几种。

➢ /：根目录。

➢ .：当前目录。

➢ ..：上级目录。

➢ ~：当前用户主目录。

➢ -：上次所在目录。

1．参数

dir（可选）：指定要切换到的目录。

2．选项

```
1  -L（默认值）: 如果要切换到的目标目录是一个符号链接, 那么切换到符号链接的目录。
2  -P: 如果要切换到的目标目录是一个符号链接, 那么切换到它指向的物理位置目录。
3  -: 当前工作目录将被切换到环境变量 OLDPWD 所表示的目录, 也就是前一个工作目录。
```

3．示例

【例 4.2】切换目录。

```
1  # 切换工作目录到绝对路径/etc/
2  $ cd /etc/
3
```

< 68 >

```
 4    # 进入根目录
 5    $ cd /
 6
 7    # cd 命令一般都配合 ls 命令使用，方便切换工作目录
 8    $ ls
 9
10    # 切换到当前目录的 etc 子目录
11    $ cd etc
12
13    # 返回到上级目录，注意，cd 同 .. 之间必须有一个空格
14    $ cd ..
15
16    # 切换到当前目录的 etc 子目录，./ 表示当前目录，一般可以省去
17    $ cd ./etc
18
19    # 切换到自己的主目录
20    $ cd ~
21
22    # 返回上两级目录
23    cd ../..
24
25    # 返回到上次所在目录
26    $ cd -
```

切换工作目录是常规操作，要多练习，务必熟练掌握。

文件系统层次
结构标准

4.3　文件系统层次结构标准

　　文件系统层次结构是文件存放在磁盘等存储设备上的组织方法，Linux 使用标准的目录结构，在安装的时候，安装程序就已经为用户创建了文件系统和完整而固定的目录组成形式，并指定了每个目录的作用和其中的文件类型。

　　Linux 文件系统根据文件系统层次结构标准（filesystem hierarchy standard，FHS）存储文件资源，该标准由 Linux 基金会长期维护。文件系统层次结构标准定义了 Linux 操作系统中的主要目录及目录内容。在大多数情况下，它是传统 BSD 文件系统层次结构的形式化与扩充。

　　Linux 文件系统层次结构标准的结构如下。

```
 1    # 查看根目录的内容
 2    $ tree -L 1 /
```

```
 1    /
 2    ├── bin -> usr/bin
 3    ├── boot
 4    ├── dev
 5    ├── etc
 6    ├── home
 7    ├── lib -> usr/lib
 8    ├── lib64 -> usr/lib64
 9    ├── lost+found
10    ├── media
11    ├── mnt
12    ├── opt
13    ├── proc
14    ├── root
```

< 69 >

```
15    ├── run
16    ├── sbin -> usr/sbin
17    ├── srv
18    ├── sys
19    ├── tmp
20    ├── usr
21    └── var
```

  Linux 采用的是树形结构。最上层是根目录，其他的所有目录都是从根目录出发而生成的。微软公司的 DOS 和 Windows 也采用树形结构，其树形结构的根是磁盘分区的盘符，有几个分区就有几个树形结构，它们之间的关系是并列的。但是在 Linux 中，无论操作系统管理几个磁盘分区，这样的目录树都只有一个。从结构上讲，各个磁盘分区上的树形目录不一定是并列的。

4.3.1　用户主目录

  Linux 操作系统可以大致地划分为数据和程序目录。

  用户文件一般存放在主目录，一般用户的主目录都在/home 目录中，只有 root 用户的主目录位于/root 目录中，不过也有些 Linux 发行版将 root 用户主目录移入/home 中，即/home/root。主目录的磁盘划分要占磁盘大小的一半以上。

```
1    /
2    ├── home
3    │   ├── jsj              # jsj 用户的主目录
4    │   ├── ls002            # ls002 用户的主目录
5    │   └── zs001            # zs001 用户的主目录
6    ├── root                 # root 用户的主目录
```

4.3.2　系统程序目录

  系统程序文件基本都按照规则放置在/根目录中，是系统程序的第一层结构。

```
1    /
2    ├── bin                  # Shell 普通权限命令二进制文件
3    ├── etc                  # 配置文件
4    ├── lib                  # 命令执行所需要的库文件
5    ├── lib32                # 32 位库文件
6    ├── lib64                # 64 位库文件
7    ├── sbin                 # 超级权限才能执行的命令二进制文件
```

  很多 Linux 发行版将系统程序目录移到/usr 目录。

```
1    /
2    ├── bin      -> usr/bin       # Shell 普通权限命令二进制文件
3    ├── etc                      # 配置文件
4    ├── lib      -> usr/lib       # 命令执行所需要的库文件
5    ├── lib32    -> usr/lib32     # 32 位库文件
6    ├── lib64    -> usr/lib64     # 64 位库文件
7    ├── sbin     -> usr/sbin      # 超级权限才能执行的命令二进制文件
```

  原根目录的各种子目录都是为了兼容 UNIX 系统而设置的符号链接，以保持各种 Linux 发行版的兼容性。

< 70 >

4.3.3　系统维护软件目录

系统自带或维护的各种安装软件的目录一般放在/usr 目录中。

usr 是 UNIX System Resources 的缩写，主要存放 UNIX 系统资源的文件目录。usr 是 Linux 操作系统中占用硬盘空间最大的目录，是系统程序的第二层结构。

```
1   /usr
2   ├── bin                    # 普通用户可执行命令二进制文件
3   ├── games
4   ├── include               # 标准包含文件
5   ├── lib                    # 命令二进制文件运行依赖的库
6   ├── lib32
7   ├── lib64
8   ├── local                 # 用户自定义安装软件目录
9   ├── sbin                  # 需要超级权限才能执行的系统二进制文件
10  ├── share                 # 系统公用目录，如字体、帮助文件等
11  └── src                   # 源代码目录
```

4.3.4　用户自定义安装软件目录

如果是用户自主安装的软件，不需要系统维护，就可以安装在用户自定义安装软件目录，一般位于/usr/local，是程序的第三层结构。

```
1   /usr/local/
2   ├── bin                    # 普通用户可执行命令二进制文件
3   ├── etc
4   ├── games
5   ├── include               # 标准包含文件
6   ├── lib                    # 命令二进制文件运行依赖的库
7   ├── man -> share/man
8   ├── sbin                  # 需要超级权限才能执行的系统二进制文件
9   ├── share                 # 系统公用目录，如字体、帮助文件等
10  └── src                   # 源代码目录
```

/usr/local 目录结构基本同/usr 一致，意在告诉用户应该按照系统维护软件的结构维护用户自定义安装软件目录。

由于三层目录结构太深，用户访问不方便，新标准建议将用户自主安装的软件放置在/opt 目录。

```
1   /opt
2   ├── containerd             # 独立应用程序目录
3   ├── patch_workspace        # 独立应用程序目录
4   └── TencentKona-17         # 独立应用程序目录
```

很多用户不习惯按照系统目录结构打包自己的软件，喜欢打包成一个文件夹方便维护，对于这种目录结构，建议放置在/opt 目录。

4.3.5　其他目录

还有一些其他目录，有特殊用途，介绍如下。

```
1   /
2   ├── boot                   # Linux 的内核及引导系统程序所需要的文件目录
```

< 71 >

```
3     ├── dev           # 外部设备目录，外部设备也是一个文件
4     ├── lost+found    # 系统意外崩溃或机器意外关机而产生一些文件碎片
5     ├── media         # 可移除媒体的挂载目录
6     ├── mnt           # 临时挂载的文件目录
7     ├── proc          # 内存镜像目录
8     ├── run           # 临时文件系统，存储系统启动以来的信息
9     ├── srv           # 站点数据，服务启动后所需访问的数据目录
10    ├── sys           # 虚拟文件系统
11    ├── tmp           # 临时文件目录，重启后文件不保留
12    └── var           # 临时变量目录，重启后保留，如果删除不影响程序运行
```

4.4 空目录的创建与删除

空目录的创建与删除

在 Linux 中，创建目录命令常用 mkdir，而删除空目录命令 rmdir 却很少用。

4.4.1 mkdir

mkdir（make directory）：用来创建目录。

该命令用于创建由 dirname 命名的目录。如果在目录名的前面没有加任何路径名，则在当前目录下创建由 dirname 指定的目录；如果给出了一个已经存在的路径，将在该目录下创建一个指定的目录。在创建目录时，应保证新建的目录与它所在目录下的文件没有重名。

1. 语法

```
1   mkdir [选项] 参数
```

2. 选项

```
1   -m<目标属性>或--mode<目标属性>：建立目录的同时设置目录的权限。
2   -p 或--parents：若所要建立目录的上层目录尚未建立，则一并建立上层目录。
```

3. 参数

目录：指定要创建的目录列表，多个目录之间用空格隔开。

4. 示例

【例 4.3】创建目录。

创建一个目录。

```
1   # 在当前目录创建子目录 folder1
2   $ mkdir folder1
```

还可以同时创建多个目录。

```
1   # 在当前目录创建 1、2、3、4 等 4 个子目录
2   $ mkdir 1 2 3 4
```

```
1   .
2   ├── 1
3   ├── 2
4   ├── 3
5   └── 4
```

< 72 >

-p 选项用于级联创建目录，可以快速建立一棵目录树。

```
1    # -p: parent, 级联, 在当前目录级联创建一个目录结构 1/2/3/4
1    $ mkdir -p 1/2/3/4
```

```
1    .
2    └── 1
3        └── 2
4            └── 3
5                └── 4
```

rmdir

rmdir（remove directory）：用来删除空目录。

> **注意**
>
> *子目录被删除之前应该是空目录。该命令使用的场景比较少，一般都直接使用 rm 命令。*

1. 语法

```
1    rmdir [选项] 参数
```

2. 选项

```
1    -p 或--parents: 删除指定目录后, 若该目录的上层目录已变成空目录, 则将其一并删除。
2    -v 或--verboes: 显示命令的详细执行过程。
```

3. 参数

目录列表：要删除的空目录列表。当删除多个空目录时，目录名之间使用空格隔开。

4. 示例

【例 4.4】删除目录

```
1    # 删除子目录 folder1
2    $ rmdir folder1
3
4    # 删除当前目录的 2、3、4 等 3 个子目录
5    $ rmdir 2 3 4
6
7    # 删除当前目录的子目录 1
8    $ rmdir 1
9    rmdir: 删除 '1' 失败: Directory not empty
10   说明: 提示删除失败, 因为 1 不是一个空目录。
11
12   # 级联删除
13   $ rmdir -p 1/2/3/4
14   说明: 级联删除当前目录的一个子目录结构 1/2/3/4, 删除成功。
```

4.5 文件的创建、查看和查找

文件的创建、
查看和查找

Linux 文件是可以进行输入输出的任意源，Linux 中的一切资源皆是文件。

< 73 >

（1）普通文件：一般存取的文件。

（2）目录：一种特殊文件。

（3）伪文件：包括设备文件、命名管道、proc 内存文件等，常用伪文件有以下几种。

➢ /dev：硬件特殊文件，与系统外设及存储等相关的一些文件，通常都集中在 /dev 目录。

➢ /dev/tty：终端特殊文件。

➢ /dev/null：伪设备特殊输出文件。

➢ /dev/zero：伪设备特殊输入文件。

➢ sockets：套接字，这类文件通常用在网络数据连接方面。可以启动一个程序来监听客户端的要求，客户端就可以通过套接字来进行数据通信。第一个属性为[s]，常在/var/run 目录中看到这种文件类型。

➢ FIFO Pipe：FIFO 管道也是一种特殊的文件类型，它的主要目的是，解决多个程序同时存取一个文件所造成的错误。FIFO 是 First-In-First-Out（先进先出）的缩写。第一个属性为[p]。

➢ /proc/xxx/：进程#xxx 的信息。

➢ /proc/cpuinfo：CPU 信息。

➢ /proc/version：内核版本，分发，内核编译 GCC 版本。

➢ /proc/kcore：整个内存的镜像。

4.5.1 创建文件

touch 命令有两个功能：一是用于把已存在的文件的时间标签更新为系统当前的时间（默认方式），它们的数据将原封不动地保留下来；二是用来创建新的空文件。

```
1   # 创建文件
2   $ touch 1.txt
3   说明：创建新文件或者修改文件时间。
4
5   # 查看文件类型
6   $ file 1.txt
```

Linux 文件后缀并无实际意义，只是为了兼容 Windows 系统，让用户容易了解文件类型。

4.5.2 查看文件内容

用于查看文件内容的命令非常多，可以使用的命令有：

```
1   less、more、cat、tac、nl、head、tail、od
```

less、more 命令一般用来查看大文件内容，cat 等命令一般用来查看小文件内容。详细内容见第 11 章的介绍。

cat 是连接命令，可以实现小文件的读写操作。>是指连接左边到右边。左边为空，默认是指标准输入设备，即键盘输入。键盘输入结束，必须借助快捷键[Ctrl + d]输入 exit⏎命令。

【例 4.5】用 cat 创建文件。

```
1   # 用 cat 方式创建文件
2   $ cat > 1.txt
3   Welcome to Linux!
4   exit⏎
```

< 74 >

cat 命令还可以用来读取小文件内容。

```
1   # 读取文件内容
2   $ cat <1.txt
3   # 等价于
4   $ cat 1.txt
```

```
1   Welcome to Linux!
```

<是指连接右边到左边。左边为空，默认是指标准输出设备，即显示器。

读取大文件建议使用 less 或 more 命令。

```
1   # 读取大文件
2   $ cat /etc/passwd
3   $ more /etc/passwd
4   $ less /etc/passwd
```

大文件的阅读要借助 more 和 less 命令，more 命令不能前翻，所以 less 命令更方便，推荐多使用 less 命令。

输入 q 即可退出。

wc（word count）命令：用于统计文件的字节数、字数、行数。

```
1   # 统计文档内容，-l: line, 统计行数。 -w: word, 统计单词数。-c: char, 统计字节数
2   $ wc -lwc /etc/passwd
```

```
1     41   60   2241 /etc/passwd
```

从结果中可以看出，当前/etc/passwd 文件有 41 行、60 个单词、2241 个字节。

4.5.3　模式匹配查找

grep 是一个强大的文本搜索工具，它能使用正则表达式搜索文本，并把匹配的行显示出来。grep 以行为单位过滤文档内容，将所有符合正则表达式的行输出。

grep 的难点在正则表达式的编写上，本节只需要熟练掌握基本的模式匹配即可，详细内容见第 11 章。

【例 4.6】查找/etc/passwd 文件中含有 jsj 的行。

```
1   # 查找/etc/passwd 文件中含有 jsj 的行
2   # -i: 忽略大小写。-n: 显示行号
3   $ grep -in 'jsj' /etc/passwd
```

```
1   31:jsj:x:1000:1000:jsj:/home/jsj:/bin/bash
```

'jsj'是最简单的模式匹配，不包含任何匹配字符，表示直接查找含有 jsj 字符串的行。

简单的正则表达式可以不用单引号或双引号界定；比较复杂的正则表达式就需要单引号或双引号界定。

grep 支持反向查找。

```
1   # 查找/etc/passwd 文件中不包含 jsj 的行
2   # -v: 不包含，同^，都有取反之意
3   $ grep -inv 'jsj' /etc/passwd
```

上述命令会输出所有不包含 jsj 的行。

很多命令的输出有太多的干扰项，有时候我们只想看到特定的行信息，就可以使用 grep 等命令来过滤。grep 支持将其他命令的输出作为 grep 的输入，这也是 grep 常用的用法。示例如下：

< 75 >

```
1  # 查看 IP 地址
2  $ ip a | grep 'inet' | grep -v 'inet6'
```

```
1      inet 127.0.0.1/8 scope host lo
2      inet 192.168.241.140/24 brd 192.168.241.255 scope global dynamic noprefixroute
   ens160
```

ip a 命令输出的内容比较多，利用|将输出的结果作为 grep 的输入。可以多次过滤，最后只显示需要的信息。

4.5.4 文件搜索

根据文件名在特定目录中搜索，可以使用 find 命令。

find 命令的选项比较特殊，长选项也只有一个-。

【例 4.7】文件搜索。

```
1  # 文件搜索，-name：按照文件名称
2  $ find ~ -name '*.txt'
```

```
1  /home/jsj/.mozilla/firefox/k4zheqzt.default-esr/pkcs11.txt
2  /home/jsj/.cache/tracker3/files/locale-for-miner-apps.txt
3  /home/jsj/.cache/tracker3/files/last-crawl.txt
4  /home/jsj/.cache/tracker3/files/first-index.txt
```

以上命令在主目录中按照文件名称搜索，支持子目录深度搜索。

在命令的二进制文件位置，也可以使用 which 等命令定位查找。

```
1  # 查找可执行命令所在位置
2  $ which which
```

```
1  /usr/bin/which
```

which 命令用于查找可执行命令所在位置，这里是查找命令 which 所在位置。

whereis 命令也用于查找可执行命令所在位置。

```
1  # 查找可执行命令所在位置
2  $ whereis which
```

```
1  which: /usr/bin/which
```

这里是查找命令 which 所在位置。

whatis 命令用于简单描述一条命令所执行的功能。

```
1  # 简单描述一条命令所执行的功能
2  $ whatis which
```

```
1  which (1)          - locate a command
```

输出结果说明 which 命令是一条本地命令。

全文搜索是指深度搜索所有文件的文本内容，找到包含特定模式的文件。

【例 4.8】全文搜索。

```
1  # grep -rl 用于实现全文搜索
2  # -r：递归，包含子目录。-l：file list，只输出文件名，不输出匹配行文本
3  $ sudo grep -rl 'abcd' /etc
```

```
1  /etc/bluetooth/main.conf
2  /etc/network/if-up.d/ethtool
3  /etc/default/grub
```

< 76 >

```
4  /etc/X11/app-defaults/XFontSel
```

以上命令在目录/etc 中全文搜索，查找哪些文件的文本内容包含字符串 abcd。

4.6　文件的复制、删除、移动、重命名

文件的复制、删除、
移动、重命名

习惯了 Windows 的复制、粘贴等操作，初学者可能还不适应 Linux 的相关操作，但是熟悉 Linux 命令后，会发现 Linux 要比 Windows 简单，因为完成 Windows 的一个任务要做两个动作，而 Linux 只需要做一个动作。

4.6.1　cp

cp（copy）命令用来将一个或多个源文件或者目录复制到指定的目标文件或目录。

1. 语法

```
1  cp [选项] 参数
```

2. 选项

```
1   -d：当复制符号链接时，把目标文件或目录也建立为符号链接，并指向与源文件或目录链接的原始文件或
    目录。
2   -f：强行复制文件或目录，不论目标文件或目录是否已存在。
3   -i：覆盖既有文件之前先询问用户。
4   -l：为源文件建立硬链接，而非复制文件。
5   -p：保留源文件或目录的属性。
6   -R/r：递归处理，将指定目录下的所有文件与子目录一并处理。
7   -a：此选项的效果和同时指定-dpR 选项的相同。
8   -s：为源文件建立符号链接，而非复制文件。
9   -u：使用此选项后只会在源文件的更改时间较目标文件更新时或名称相互对应的目标文件并不存在时，才复
    制文件。
10  -S：在备份文件时，用指定的后缀 SUFFIX 代替文件的默认后缀。
11  -b：覆盖已存在的目标文件前将目标文件备份。
12  -v：详细显示命令执行的操作。
```

3. 参数

➢ 源文件：指定源文件列表。默认情况下，cp 命令不能复制目录，如果要复制目录，则必须使用-R 或-r 选项。

➢ 目标文件：指定目标文件。

4. 示例

【例 4.9】复制操作。

```
1  # 复制 one 的一份副本到 four 目录下
2  # -r：目录操作。-f：强制覆盖，不提示
3  $ cp -rf one four
```

以上命令复制 one 的一份副本到 four 目录下。其中，one 可以是文件，也可以是目录，如果是目录，必须加上-r。复制的目标文件中，如果已经有同名文件，会交互提示是否覆盖，选项-f 表示强制覆

< 77 >

盖，不提示。

注意

操作前 four 目录存在与否，对应 cp 命令的含义是有区别的。如果 four 已经存在，就复制 one 的一份副本到 four 目录下；如果 four 不存在，则在当前目录下建立 one 的一个副本，重命名为 four。

当源文件为多个文件时，目标文件必须是已经存在的目录。

```
1  # 将文件或目录 one、two、three 一起复制到 four 目录下
2  $ cp -rf one two three four
```

其中，four 目录必须已经存在，否则会报错。

复制目录中的文件，可以使用通配符。

```
1  # 复制 one 目录中的全部文件至 four 目录
2  $ cp -rf one/* four
3
4  # 复制 one 目录中后缀为 .txt 的文件
5  $ cp -rf one/*.txt four
6
7  # 复制目录中的隐藏文件
8  $ cp -rf one/.*.txt four
```

不能使用 .* 表示隐藏文件。

5. 练习

（1）级联创建目录 one/1/2/3/4 和目录 "four"，并使用 tree 命令查看目录结构。

```
1  $ mkdir -p one/1/2/3/4 four
2  $ tree
```

```
1  .
2  ├── four
3  └── one
4      └── 1
5          └── 2
6              └── 3
7                  └── 4
```

（2）复制 one 的一份副本到 four 目录中。

```
1  $ cp -rf one four
2  $ tree
```

```
1  .
2  ├── four
3  │   └── one
4  │       └── 1
5  │           └── 2
6  │               └── 3
7  │                   └── 4
8  └── one
9      └── 1
10         └── 2
11             └── 3
12                 └── 4
```

观察发现，one 目录整体都被复制入 four 目录。

< 78 >

（3）删除 four 目录。

```
1  $ rm -rf four
```

```
1  .
2  └── one
3      └── 1
4          └── 2
5              └── 3
6                  └── 4
```

从结果可以看出，four 目录已经不存在了。

（4）复制 one 的一个副本到 four 目录中。

```
1  $ cp -rf one four
2  $ tree
```

```
1   .
2   ├── four
3   │   └── 1
4   │       └── 2
5   │           └── 3
6   │               └── 4
7   └── one
8       └── 1
9           └── 2
10              └── 3
11                  └── 4
```

观察发现，one 目录内的全部内容都被复制到 four 目录中，但是 one 本身没有被复制进 four 目录中。

（5）删除 one、four 目录，在当前目录下重新建立 one、two、three、four 等 4 个目录。

```
1  $ rm -rf one four
2  $ mkdir one two three four
3  $ tree
```

```
1  .
2  ├── four
3  ├── one
4  ├── three
5  └── two
```

（6）将 one、two、three 目录一起复制到 four 目录中。

```
1  $ cp -rf one two three four
2  $ tree
```

```
1  .
2  ├── four
3  │   ├── one
4  │   ├── three
5  │   └── two
6  ├── one
7  ├── three
8  └── two
```

（7）删除 two、three 目录，清空 four 目录，并在 one 目录中创建 3 个文件 1.txt、2.txt、.3.txt。

```
1  $ rm -rf two three four/*
2  $ touch one/1.txt one/2.txt one/.3.txt
3  $ tree -a
```

```
1  .
2  ├── four
```

< 79 >

```
3   └── one
4       ├── 1.txt
5       ├── 2.txt
6       └── .3.txt
```

（8） 复制 one 目录中后缀为.txt 的文件到 four 目录中。

```
1   $ cp -rf  one/*.txt four
2   $ tree -a
```

```
1   .
2   ├── four
3   │   ├── 1.txt
4   │   └── 2.txt
5   └── one
6       ├── 1.txt
7       ├── 2.txt
8       └── .3.txt
```

观察发现，隐藏文件没有被复制。

（9）复制 one 目录中的隐藏文件到 four 目录中。

```
1   # 复制目录中的隐藏文件
2   $ cp -rf one/.*.txt four
3   $ tree a
```

```
1   .
2   ├── four
3   │   ├── 1.txt
4   │   ├── 2.txt
5   │   └── .3.txt
6   └── one
7       ├── 1.txt
8       ├── 2.txt
9       └── .3.txt
```

观察发现，隐藏文件已经被复制到 four 目录中。

4.6.2 rm

rm（remove）命令可以删除一个目录中的一个或多个文件或目录，也可以将某个目录及其下属的所有文件及子目录均删除掉。对于链接文件，只是删除整个链接文件，而原有文件保持不变。

1. 语法

```
1   rm [选项] 参数
```

2. 选项

```
1   -d：直接把需删除的目录的硬链接数据删除成 0，删除该目录。
2   -f：强制删除文件或目录。
3   -i：删除已有文件或目录之前先询问用户。
4   -r 或-R：递归处理，将指定目录下的所有文件与子目录一并处理。
5   --preserve-root：不对根目录进行递归操作。
6   -v：显示命令的详细执行过程。
```

3. 参数

文件：指定被删除的文件列表，如果参数中含有目录，则必须加上-r 或-R 选项。

< 80 >

4．示例

【**例 4.10**】删除操作。

rm 命令可以删除一个或多个文件或目录。

```
1   # 删除一个文件或目录
2   $ rm -rf four
3   说明：如果 four 是目录，则必须加-r 选项。
4
5   # 可以同时删除多个文件或目录
6   $ rm -rf one two three
7   说明：多个对象中只要有一个是目录，就必须加-r 选项。
```

删除目录中的文件或子目录，可以使用通配符。

```
1   # 删除当前目录下除隐藏文件外的所有文件和子目录
2   $ rm -r ./*
```

交互式删除当前目录下的文件 test 和 example。

```
1   # -i: 交互式操作
2   $ rm -i test example
```

```
1   rm: 是否删除普通空文件 'test'? n
2   rm: 是否删除普通空文件 'example'? y
```

第一次交互输入 n，不删除文件 test；第二次交互输入 y，删除文件 example。

rm 命令中的-i 选项，在删除多个文件时特别有用。使用这个选项，系统会要求用户逐一确定是否要删除。这时，必须输入 y 并按回车键，才能删除文件。如果仅按回车键或其他键，文件不会被删除。

　注 意

使用 rm 命令要格外小心。因为一旦删除了某个文件，就无法将其恢复。所以，在删除文件之前，最好看一下文件的内容进行确认。

4.6.3　mv

mv（move）命令用来对文件或目录进行重新命名，或者将文件从一个目录移动到另一个目录中。source 表示源文件或目录，target 表示目标文件或目录。

源文件被移至目标文件有两种不同的结果。

（1）如果目标是某个存在的目录路径，mv 命令的作用就是移动，源文件会被移动到此目录下且文件名不变。如果目标是一个文件，而不是目录，系统会报错。

（2）如果目标文件不存在，mv 命令的作用就是重命名，源文件名（只能有一个）会重命名为此目标文件名。重命名时不能有多个源文件参数。

1．语法

```
1   mv [选项] 参数
```

2．选项

```
1   --backup=<备份模式>: 若需覆盖文件，则覆盖前先进行备份。
2   -b: 若文件存在，覆盖前，为其创建一个副本。
3   -f: 若目标文件或目录与现有的文件或目录重复，则直接覆盖现有的文件或目录。
```

< 81 >

4	-i：交互式操作，覆盖前先询问用户，如果源文件与目标文件或目标目录中的文件同名，则询问用户是否覆盖目标文件。用户输入 y，表示将覆盖目标文件；输入 n，表示取消对源文件的移动。这样可以避免误将文件覆盖。
5	--strip-trailing-slashes：删除源文件中的斜杠/。
6	-S<后缀>：为备份文件指定后缀，而不使用默认的后缀。
7	--target-directory=<目录>：指定源文件要移动到目标目录。
8	-u：当源文件比目标文件新或目标文件不存在时，才执行移动操作。

3．参数

➤ 源文件：源文件列表。

➤ 目标文件：如果目标文件不存在，则在移动文件的同时，将其改名为目标文件；如果目标文件是已存在的目录名，则将源文件移动到目标文件下。

4．示例

【例 4.11】移动操作。

mv 命令不需要选项-r，对文件或者目录都可以直接操作。

```
1  # 移动或重命名
2  $ mv one four
3  mv 命令执行的是移动还是重命名，取决于 four 目录是否已经存在。如果 four 目录已经存在，则将对象 one 移动到 four 目录下，所以此时，four 必须是目录，否则会报错；如果 four 目录不存在，则将 one 重命名为 four。
```

如果目标文件已经存在且是一个文件，那么系统会报错，因为无法将文件或目录移动到一个文件中。

若源文件有多个参数，那么 mv 命令执行的只能是移动操作。

```
1  # 移动
2  $ mv one two three four
3  说明：要将文件或目录 one、two、three 一起移动到 four 目录中的前提是，four 目录必须已经存在。
```

移动目录中的文件或子目录时可以使用通配符。

```
1  # 移动目录中的全部文件和子目录
2  $ mv one/* four
3  说明：移动 one 目录下的所有内容到 four 目录中。
```

5．练习

（1）删除 one、two、three、four 等 4 个目录，建立 one 目录。

```
1  $ rm -rf one two three four
2  $ mkdir one
3  $ tree
```

```
1  .
2  └── one
```

（2）将 one 目录重命名为 four。

```
1  $ mv one four
2  $ tree
```

```
.
└── four
```

因为 four 目录不存在，所以 mv 命令执行的是重命名操作。

< 82 >

（3）建立 one 目录。

```
1  $ mkdir one
2  $ tree
```

```
1  .
2  ├── one
3  └── four
```

（4）执行 mv one four 命令，并观察结果。

```
1  $ mv one four
2  $ tree
```

```
1  .
2  └── four
3      └── one
```

观察发现，开始时 four 目录已经存在，所以 mv 命令执行的是移动操作。

4.7　硬链接和符号链接

硬链接和符号链接

4.7.1　ln

ln（link）命令用来为文件创建链接，链接分为硬链接和符号链接两种，默认的链接类型是硬链接。如果要创建符号链接必须使用-s 选项。符号链接文件不是一个独立的文件，它的许多属性依赖于源文件。

1. 语法

```
1  ln [选项]... [-s] 目标 链接名
```

2. 选项

```
1   --backup[=CONTROL]：为每个已存在的目标文件创建备份文件。
2   -b       类似--backup，但不接受任何参数。
3   -d, -F, --directory   创建指向目录的硬链接（只适用于超级用户）。
4   -f, --force      强行删除任何已存在的目标文件。
5   -i, --interactive           覆盖既有文件之前先询问用户。
6   -L, --logical               取消引用作为符号链接的目标。
7   -n, --no-dereference        把符号链接的目标目录视为一般文件。
8   -P, --physical              直接将硬链接设置为符号链接。
9   -r, --relative              创建相对于链接位置的符号链接。
10  -s, --symbolic              对源文件建立符号链接而非硬链接。
11  -S, --suffix=SUFFIX：       用-b 备份目标文件后，备份文件的名称会被加上一个备份字符串，
    预设的备份字符串是符号~，用户可通过-S 来改变它。
12  -t, --target-directory=DIRECTORY   指定要在其中创建链接的目录。
13  -T, --no-target-directory   将 LINK_NAME 视为常规文件。
14  -v, --verbose               显示每个链接文件的名称。
15  --help    显示帮助信息并退出。
16  --version      显示版本信息并退出。
```

3. 参数

➤ 源文件：指定链接的源文件。使用-s 选项创建符号链接时，源文件可以是文件或目录。创建

< 83 >

硬链接时，源文件只能是文件。

➢ 目标文件：指定源文件的目标文件。

4. 示例

【例 4.12】创建文件。

```
1  # 创建源文件
2  $ echo 'raw file' > raw.txt
3  说明：创建一个原始文件 raw.txt，并写入内容。
4
5  # 创建硬链接
6  $ ln raw.txt raw2.txt
7
8  # 创建符号链接
9  $ ln -s raw.txt rawlink.lnk
```

```
1  -rw-r--r-- 2 jsj jsj    9 12月 18 15:51 raw.txt
2  lrwxrwxrwx 1 jsj jsj    7 12月 18 15:51 rawlink.lnk -> raw.txt
3  -rw-r--r-- 2 jsj jsj    9 12月 18 15:51 raw2.txt
```

不管是硬链接还是符号链接，3 个文件的内容一致，修改任意一个文件的内容，其他文件都会同步。

```
1  # 查看 3 个文件的内容
2  $ cat raw.txt
3  $ cat rawlink.lnk
4  $ cat raw2.txt
```

输出内容都是：

```
1  raw file
```

```
1  # 修改任意一个文件
2  $ echo "add text" >> rawlink.lnk
3
4  # 再次查看 3 个文件的内容
5  $ cat raw.txt
6  $ cat rawlink.lnk
7  $ cat raw2.txt
```

输出内容都是：

```
1  raw file
2  add text
```

4.7.2 硬链接

硬链接从物理存储角度看，其实和源文件是同一个存储空间，所有文件指向同一个索引节点。

注 意

从文件系统角度看，硬链接与源文件是两个不同的文件。

在默认情况下，ln 命令用于创建硬链接。ln 命令会增加链接数，rm 命令会减少链接数。一个文件除非链接数为 0，否则不会从文件系统中被物理删除。

硬链接有如下限制。

➢ 不能对目录文件做硬链接。

< 84 >

> 不能在不同的文件系统之间做硬链接。也就是说，链接文件和被链接文件必须位于同一个文件系统中。

ls 命令用于查看文件属性，-i 选项包含节点信息。

```
1  # 查看文件属性，-i: 包含节点信息
2  $ ls -ilh
```

```
1  总用量 8.0K
2  37488399 -rw-r--r-- 2 jsj jsj  18  9月16日 13:02 raw2.txt
3  37488412 lrwxrwxrwx 1 jsj jsj   7  9月16日 13:00 rawlink.lnk -> raw.txt
4  37488399 -rw-r--r-- 2 jsj jsj  18  9月16日 13:02 raw.txt
```

输出结果中第一列是节点信息，可见 raw.txt、raw2.txt 两个文件的物理存储是同一个节点，第三列显示链接数，上例 raw.txt、raw2.txt 的链接数都是 2，正好对应这两个文件数量。

```
1  # 再次创建硬链接
2  $ ln raw.txt raw3.txt
3  $ ls -ilh
```

```
1  总用量 12K
2  37488399 -rw-r--r-- 3 jsj jsj   0  9月16日 13:03 raw2.txt
3  37488399 -rw-r--r-- 3 jsj jsj   0  9月16日 13:03 raw3.txt
4  37488412 lrwxrwxrwx 1 jsj jsj   7  9月16日 13:00 rawlink.lnk -> raw.txt
5  37488399 -rw-r--r-- 3 jsj jsj   0  9月16日 13:03 raw.txt
```

此时再看，已经有 3 个文件的节点信息一致，链接数也变成了 3。

需要注意的是，这 3 个文件从文件系统角度看，还是 3 个不同的文件。

删除硬链接中的任何一个文件，都不是物理删除，只会将链接数减 1，直到链接数为 0，才物理删除该索引节点。

```
1  # 删除硬链接文件
2  $ rm raw2.txt
3  $ ls -ilh
```

```
1  总用量 8.0K
2  37488399 -rw-r--r-- 2 jsj jsj   0  9月16日 13:03 raw3.txt
3  37488412 lrwxrwxrwx 1 jsj jsj   7  9月16日 13:00 rawlink.lnk -> raw.txt
4  37488399 -rw-r--r-- 2 jsj jsj   0  9月16日 13:03 raw.txt
```

raw.txt 的链接数又降为 2。

4.7.3 符号链接

符号链接也称为软链接，用于将一个路径名链接到一个文件。符号链接文件是一种特殊类型的文件，事实上，它只是一个文本文件，其中包含它提供链接的另一个文件的路径名；另一个文件是实际包含所有数据的文件。

所以，符号链接非常像 Windows 的快捷方式，但是 Windows 快捷方式只能用于双击快速打开文件，本身不能作为文件看待，而符号链接可以直接被当成合法的文件，是源文件的一个别名。并且所有读、写文件内容的命令被用于符号链接时，将沿着链接方向访问实际的文件。从文件系统角度可以认为：符号链接等价于源文件，是源文件的一个别名。

< 85 >

注意

符号链接与硬链接不同的是，符号链接是一个新的存储，具有不同的节点信息。硬链接则相反，硬链接与源文件是相同的物理存储，但是从文件系统角度，硬链接与源文件是没有任何关联的两个不同文件（除了内容相同）。

符号链接没有硬链接的限制，可以对目录文件做符号链接，也可以在不同文件系统之间做符号链接。

符号链接保持了链接与源文件或目录之间的联系。

➢ 删除源文件或目录，只删除了数据，不会删除链接。一旦以同样的文件名创建了源文件，链接将继续指向该文件的新数据。

➢ 在目录长列表中，符号链接作为一种特殊的文件类型显示出来，其第一个字母是 l。

➢ 符号链接的大小是其链接文件的路径名中的字节数。

➢ 当用 ln -s 命令列出文件时，可以看到符号链接名后有一个箭头指向源文件或目录。

```
1   # 查看文件属性, -i: 包含节点信息
2   $ ls -ilh
```

```
1   总用量 8.0K
2   37488399 -rw-r--r-- 2 jsj jsj    0  9月16日 13:03 raw3.txt
3   37488412 lrwxrwxrwx 1 jsj jsj    7  9月16日 13:00 rawlink.lnk -> raw.txt
4   37488399 -rw-r--r-- 2 jsj jsj    0  9月16日 13:03 raw.txt
```

从上面的输出可以看出，rawlink.lnk -> raw.txt 表示 rawlink.lnk 指向源文件 raw.txt。

删除源文件，符号链接不会被删除，但是指向源文件失效。

```
1   # 删除源文件
2   $ rm raw.txt
3   $ ls -ilh
```

```
1   总用量 4.0K
2   37488399 -rw-r--r-- 1 jsj jsj    0  9月16日 13:04 raw3.txt
3   37488412 lrwxrwxrwx 1 jsj jsj    7  9月16日 13:00 rawlink.lnk -> raw.txt
```

此时 rawlink.lnk -> raw.txt 变成红色，表示指向源文件失效。

```
1   # 重新构建 raw.txt
2   $ echo 'new file' > raw.txt
3   $ ls -ilh
```

```
1   37488399 -rw-r--r-- 1 jsj jsj    0  9月16日 13:04 raw3.txt
2   37488412 lrwxrwxrwx 1 jsj jsj    7  9月16日 13:00 rawlink.lnk -> raw.txt
3   37486771 -rw-r--r-- 1 jsj jsj    9  9月16日 13:08 raw.txt
```

此时 rawlink.lnk -> raw.txt 再次变成青色，表示指向源文件恢复。但是 raw3.txt 和 raw.txt 的 inode 信息不一样，因为 raw.txt 是重新构建的，与 raw3.txt 不再是同一个索引节点。

```
1   # 查看文件 raw.txt
2   $ cat raw.txt
3   new file
4
5   # 查看文件 raw3.txt
6   $ cat raw3.txt
7   raw file
8   add text
```

< 86 >

它们的内容也不再相同。思考一下，为什么？

注 意

> 用 ln -s 命令建立符号链接时，源文件最好用绝对路径。这样可以在任何工作目录下进行符号链接。当源文件用相对路径时，如果当前的工作路径与要创建的符号链接文件所在路径不同，就不能进行链接。

4.8　归档（压缩与解压缩）

归档（压缩与解压缩）

在 Linux 操作系统中，文件归档（包括压缩、解压缩、加密等）是常见的操作。Linux 归档的主要目的如下。

（1）保护数据完整性：通过归档，可以确保文件内容不会被随意修改或篡改，从而保护数据的完整性。

（2）压缩文件大小：通过将多个文件或目录合并成一个单一的归档文件，并选用一种压缩算法进行压缩处理，可以有效减少占用的存储空间，降低磁盘使用成本，同时也有助于提高文件传输速度。

（3）数据加密：对归档文件进行加密可以确保敏感信息不被未经授权的人员访问。对于包含敏感数据的文件，加密可以提供额外的安全层级，即使归档文件意外泄露也不会轻易泄露敏感信息。

（4）保留文件权限：在归档过程中保留文件的权限信息是为了确保在将来需要还原文件时，文件的权限设置仍然有效。

Linux 归档常用的命令是 tar 和 7z，掌握这两种命令，基本可以应付归档中出现的各种常见场景。

tar 命令是一个强大的工具，用于创建和管理归档文件。它允许将多个文件和目录合并成一个归档文件，并保留它们的目录结构。

7z 是一个高效的文件压缩工具，它支持多种压缩算法，可以将文件和目录压缩成不同的格式。

4.8.1　tar

tar：Linux 下的归档工具，用来打包和备份。

首先要弄清两个概念：打包和压缩。打包是指将一大堆文件或目录变成一个总的文件；压缩则是将一个大的文件通过一些压缩算法变成一个小文件。

为什么要区分这两个概念呢？这源于 Linux 中很多压缩程序只能针对一个文件进行压缩，这样当想要压缩一大堆文件时，得先将这一大堆文件打成一个包（使用 tar 命令），再用压缩程序（gzip、bzip2 等压缩工具）进行压缩。

1. 语法

```
1  tar [选项] 参数
```

2. 选项

```
1  -A 或--catenate：新增文件到已存在的备份文件。
2  -B：设置区块大小。
3  -c 或--create：建立新的备份文件。
4  -C <目录>：切换工作目录，先进入指定目录再执行压缩/解压缩操作，可仅压缩特定目录里的内容或解压缩到特定目录。
5  -d：记录文件的差别。
```

< 87 >

6　-x 或--extract 或--get：从归档文件中提取文件，可以搭配-C（大写）选项在特定目录解开，
7　　　　　　　　　　需要注意的是，-c、-t、-x 不可同时出现在一条命令中。
8　-t 或--list：列出备份文件的内容。
9　-z 或--gzip 或--ungzip：通过 gzip 命令压缩/解压缩文件，文件名最好为*.tar.gz。
10　-Z 或--compress 或--uncompress：通过 compress 命令处理备份文件。
11　-f<备份文件>或--file=<备份文件>：指定备份文件。
12　-v 或--verbose：显示命令执行过程。
13　-r：添加文件到已经压缩的文件。
14　-u：添加改变了和现有的文件到已经存在的压缩文件。
15　-j：通过 bzip2 命令压缩/解压缩文件，文件名最好为*.tar.bz2。
16　-v：显示操作过程。
17　-l：文件系统边界设置。
18　-k：保留原有文件不被覆盖。
19　-m：保留文件不被覆盖。
20　-w：确认压缩文件的正确性。
21　-p 或--same-permissions：保留原来的文件权限与属性。
22　-P 或--absolute-names：使用文件名的绝对路径，不移除文件名称前的/。
23　-N <日期格式> 或 --newer=<日期时间>：只将比指定日期更新的文件保存到备份文件里。
24　--exclude=<范本样式>：排除符合范本样式的文件。
25　--remove-files：归档/压缩之后删除源文件。

3．参数

文件或目录：指定要打包的文件或目录列表。

4．示例

【例 4.13】归档操作。

-c：create，创建归档。选项-f 后的参数是不可或缺的，后面紧接归档名作为其参数。

```
1  # -c: create, 创建归档
2  # -v: verbose, 看到详细进度, 可选
3  # -f: 后跟归档文件名.tar*。注意: 归档文件名必须紧跟在-f 后
4  $ tar -cvf A.tar.gz A
```

将文件或目录 A 归档为 A.tar.gz，归档名的后缀具有实际意义，选择不同的归档名会选择不同的工具归档压缩。归档名 A.tar.gz 表示使用 tar 工具归档，然后使用 gzip 工具压缩。

```
1  # 创建归档
2  $ tar -cf A.tar.bz2 A
```

归档名 A.tar.bz2 表示使用 tar 工具归档，然后使用 bzip2 工具压缩。

-p：preserve-permissions，保留权限，归档时保留文件属性和权限。

```
1  # 创建归档, -p: 保留权限
2  $ tar -cpf A2.tar.bz2  A
```

-x：eXtrat，解开归档，解压缩。

```
1  # -x: eXtrat, 解压缩
2  $ tar -xf A.tar.bz2
```

默认将归档文件解压缩到当前路径。

-C：指定解压缩目录，一般为相对路径。

< 88 >

```
1    # -C: 指定解压缩目录，一般为相对路径
2    $ tar -xf A.tar.bz2 -C B
```

将归档文件解压缩到当前路径的子目录 B 中。

-t: test-label，测试归档，查看归档内容，只查看，不解压缩。

```
1    # -t: test-label, 测试归档，查看归档内容
2    $ tar -tf A.tar.bz2
```

```
1    A
```

测试后发现，A.tar.bz2 中只有一个文件 A。

tar 归档遵守 BSD 规范，所以-c、-x、-f 等选项相当于子命令，前面的-可以省略。

```
1    # 压缩
2    $ tar cf filename.tar.bz2 要被压缩的文件或目录
3    # 测试查看
4    $ tar tf filename.tar.bz2
5    # 解压缩
6    $ tar xf filename.tar.bz2 -C 欲解压缩的目录
```

4.8.2　7-Zip

7-Zip 是一个强大的、开源的压缩和解压缩工具，它支持多种压缩格式，包括 7z、zip、rar、gzip、tar 等命令。在 Linux 上使用 7-Zip，可以轻松地进行文件的压缩和解压缩。

在大多数 Linux 发行版中，可以使用包管理工具来安装 7-Zip。以下是一些常见的安装命令。

```
1    # 在 openEuler/CentOS 上安装 7-Zip
2    $ sudo yum install -y p7zip
3    $ sudo ln -s /usr/bin/7za /usr/bin/7z
4
5    # 在 Debian/Ubuntu 上安装 7-Zip
6    $ sudo apt-get install p7zip-full
```

7z 命令可以兼容 Windows 压缩程序。

1．语法

```
1    7z 子命令 [选项] 参数
```

2．子命令或选项

```
1    a: Add，压缩。
2    x: eXtract，解压缩。
3    l: List，查看压缩文件目录。
4    -p 密码: 加密，密码参数紧挨-p，不加空格。
5    -v 分卷大小: 分卷压缩，分卷大小参数紧挨-v，不加空格。
6    -o 文件名: 指定解压缩输出目录名，目录名参数紧挨-o，不加空格。
```

3．示例

【例 4.14】7z 命令使用子命令执行压缩操作。

子命令 a 表示压缩。

```
1    # a: 7z 压缩
2    $ 7z a A.7z A
```

< 89 >

```
1  7-Zip [64] 16.02 : Copyright (c) 1999-2016 Igor Pavlov : 2016-05-21
2  p7zip Version 16.02 (locale=zh_CN.UTF-8,Utf16=on,HugeFiles=on,64 bits,128 CPUs
   Intel(R) Core(TM) i7-4710HQ CPU @ 2.50GHz (306C3),ASM,AES-NI)
3
4  ...
5  Files read from disk: 0
6  Archive size: 74 bytes (1 KiB)
7  Everything is Ok
```

Everything is Ok 表示压缩成功。

7z 命令不仅支持 7z 格式，还支持 zip、gz、bz2 等近百种压缩格式，只需要设定后缀，就可以选择不同的压缩算法。

```
1  # a: 7z 压缩
2  $ 7z a A.zip A
```

这里压缩归档名后缀具有实际意义，A.zip 表示使用 zip 格式压缩。

 注意

rar 压缩格式是商用格式，7z 目前不支持；但是 UnRAR 开源，非商用，7z 支持用安装插件的方式解压缩 rar 格式。

子命令 x 表示解压缩。

```
1  # x: 7z 解压缩
2  $ 7z x A.7z
```

默认解压缩到当前路径。如果有同名文件，会询问是否覆盖。

-y：表示直接覆盖，不询问。

```
1  # x: 7z 解压缩
2  $ 7z x -y A.7z
```

-p：表示对归档文件进行加密，密码参数紧挨-p，不加空格。

```
1  # a: 7z 压缩。-p: 加密
2  $ 7z a A2.7z -p123 A
```

解压缩带密码文件时，会提示用户输入密码。

```
1  # x: 7z 解压缩
2  $ 7z x -y A2.7z
```

```
1  ...
2  Enter password (will not be echoed):
```

光标停留，等待用户输入密码。

如果输入错误密码会提示错误，无法解压缩。

```
1  ERROR: Data Error in encrypted file. Wrong password? : A
2
3  Sub items Errors: 1
4
5  Archives with Errors: 1
6
7  Sub items Errors: 1
```

如果输入正确密码，会提示：

< 90 >

```
1   Everything is Ok
2
3   Size:      4
4   Compressed: 138
```

表示解压缩成功。

也可以直接在解压缩命令中直接输入密码。

```
1   # x: 7z 解压缩。-p: 密码
2   $ 7z x -y -p123 A2.7z
```

-o: 指定解压缩输出目录名, 目录名参数紧挨-o, 不加空格。

```
1   # x: 7z 解压缩
2   # -o 文件名: 指定解压缩输出目录名, 目录名参数紧挨-o, 不加空格
3   $ 7z x -y -p123 A2.7z -oB
```

-oB 用于解压缩文件到当前路径的子目录 B 中。

子命令1表示在不解压缩的情况下, 查看归档内文件列表。

```
1   # 查看归档内文件列表
2   $ 7z l A.7z
3   A
```

4.9 小结

本章深入研究了 Linux 文件操作的多个方面。首先, 介绍了目录查看操作, 帮助读者了解如何在
Linux 操作系统中浏览文件系统的结构。随后, 详细探讨了文件系统层次结构标准, 这有助于保持文件
和目录的组织和规范。还介绍了如何创建和删除空目录, 以及文件的创建和查看。此外, 讨论了复制、
删除、移动和重命名文件的技术, 以及软链接和硬链接的应用。最后, 介绍了如何对文件和目录进行
归档、压缩和解压缩操作, 以便更有效地管理存储空间。

4.10 习题

一、填空题

1. _____命令可以打印当前工作目录地址。

2. _____命令可以以树状图列出目录的内容。

3. _____命令可以显示目录内容列表。

4. _____命令可以切换用户工作目录。

5. _____命令可以用来创建目录。

6. _____命令可以用来删除空目录。

7. _____命令可以创建新文件或者修改文件时间。

8. 读取大文件建议使用_____或 more 命令。

9. ln 默认的链接类型是_____。

10. ln _____选项创建符号链接。

< 91 >

二、判断题

1. 文件操作 rmdir 命令用于删除目录，但是 rmdir 只能删除空目录。　　　（　　　）
2. 在 Linux 系统中，Linux 文件后缀并无实际意义。　　　（　　　）
3. tar 命令归档文件名后缀并无实际意义。　　　（　　　）
4. 7z 命令归档文件名后缀有实际意义。　　　（　　　）
5. cat 不仅可以打印文件，也可以创建文件。　　　（　　　）
6. find 命令选项-name 是长选项。　　　（　　　）

三、选择题

1. 欲把当前目录下的 file1.txt 复制为 file2.txt，正确的命令是（　　　）。
A. copy file1.txt file2.txt　　　　　　　B. cp file1.txt | file2.txt
C. cat file2.txt file1.txt　　　　　　　D. cat file1.txt > file2.txt
2. 以下哪个命令用于显示当前目录文件列表？（　　　）
A. pwd　　　　　　B. cd　　　　　　C. who　　　　　　D. ls
3. 以下哪个命令用于显示当前目录文件路径？（　　　）
A. pwd　　　　　　B. cd　　　　　　C. who　　　　　　D. ls
4. 如果想列出当前目录以及子目录下所有扩展名为".txt"的文件，那么可以使用的命令是（　　　）。
A. ls *.txt　　　　　　　　　　B. find . –name .txt
C. ls –d .txt　　　　　　　　　　D. find . .txt
5. 下列关于 Linux 中 home 目录描述正确的是（　　　）。
A. 这个目录存放着经常使用的命令
B. 这里存放的系统管理员使用的系统管理程序
C. 存放普通用户的主目录，在 Linux 中每个用户都有自己的一个目录，一般该目录是以用户的账户命名的
D. 所有的系统管理所需要的配置文件和子目录

< 92 >

第 **5** 章 用户及用户组管理

本章将深入介绍 Linux 操作系统中与用户相关的管理任务，帮助读者了解如何管理用户和用户组、掌握文件权限管理的核心概念，学会提升权限以执行敏感操作。通过对本章的学习，读者能够有效地管理 Linux 操作系统上的用户和文件权限。

5.1 引入

引入

1．权力就是责任

在 Linux 操作系统中，用户和用户组是一组权限的集合，用户严格在自己的权限范围内操作，权力越大，责任越大。

Linux 操作系统管理员通常具有最高的权限，可以对系统进行任何操作。这包括但不限于安装、删除软件，修改系统设置，管理用户账户等。然而，拥有这种强大的权力也意味着要承担巨大的责任——如果系统管理员不小心删除了一个重要的系统文件，可能会导致整个系统崩溃。

2．权限的合理划分

在一个大型软件开发公司中，IT 部门需要管理大量的开发人员。每个开发人员都需要访问特定的代码库和工具来完成他们的工作。然而，由于不同的开发人员负责不同的项目，他们对资源的需求也各不相同。

为了解决这个问题，IT 部门决定使用 Linux 用户及用户组管理功能来进行权限的合理划分。在 Linux 操作系统中，可以创建多个用户组，并将不同的用户分配到不同的用户组中。每个用户组都有自己的权限，比如读取、写入或执行某些文件的权限。这就像一个公司的组织结构，每个部门都有自己的职责和权限。

通过这样的方式，IT 部门成功地实现了权限的合理划分。每个开发人员只能访问他们需要的资源，不能随意访问其他资源，从而有效地保护公司的数据安全。

5.2 用户与用户组的概念

用户与用户组的概念

Linux 操作系统中用户的账号一方面能帮助系统管理员对使用系统的用户进行跟踪，并控制他们对系统资源的访问；另一方面也能帮助用户组织文件，并为用户提供安全性保护。

在学习用户管理之前，我们要先学习几个重要的概念。

（1）用户分类

Linux 用户基本可以分为以下 3 类。

超级用户即 root 用户，是系统管理员，root 用户具有操作系统的一切权限，稍有不当，一个错误的操作就可能让系统崩溃，所以限制权限运行是计算机系统的一个基础知识，执行非管理任务时不建议使用 root 账户登录系统。

普通用户一般只在自己的主目录中拥有完全权限。

程序用户又称系统账户，用于维持系统或某个程序的正常运行。例如: bin、daemon、ftp、mail 等用户就是程序用户。

（2）uid 和 gid

每个用户或用户组都会被分配一个 uid 或 gid，用于系统识别。root 用户的 uid 固定值为 0、root 组用户的 gid 固定值为 0；1 ~ 999 的 uid/gid 默认保留给程序用户使用，使用 useradd -r 选项分配；普通用户/用户组的 uid/gid 范围为 1000 ~ 60000。

（3）私有组和标准组

用户组分为私有组和标准组，当创建一个新用户时，若没有指定所隶属的组，Linux 就建立一个和该用户同名的私有组，此私有组中只包含该用户，不能加入其他用户。标准组可以加入多个用户。

例如：root 组是私有组；wheel 组与 sudo 组是标准组，表示次级管理员组。

（4）默认用户组和附加组

一个用户可以属于多个组；所属的第一个组称为默认用户组，即 gid 所对应的组名；其他的组称为附加组。

用户隶属于某个组就具备该组的权限，用户组权限的效力等同该组用户权限的效力，所以要学会将用户组看成一类特殊的用户。

5.3 用户管理

用户管理

用户管理主要涉及用户账号的添加、删除和修改。

5.3.1 useradd

useradd 命令用于添加一个用户账号，然后为新账号分配用户号、用户组、主目录和登录 Shell 等资源。刚添加的账号是被锁定的，无法使用，必须设置密码才可以使用。

1. 语法

```
1  useradd [选项] 登录名
```

2. 选项

```
1  -c<备注>：加上备注文字。备注文字会保存在 passwd 的备注栏位中。
2  -d<登录目录>：指定用户登录时的起始目录。
3  -D：变更预设值。
4  -e<有效期限>：指定账号的有效期限。
5  -f<缓冲天数>：指定在密码过期后多少天关闭该账号。
6  -g<用户组>：指定用户所属组。
7  -G<用户组>：指定用户所属的附加组。
8  -m：自动建立用户的主目录。
```

< 94 >

```
9    -M: 不要自动建立用户的主目录。
10   -n: 取消建立以用户名称为名的用户组。
11   -r: 建立系统账号。
12   -s<shell>: 指定用户登录后所使用的 Shell。
13   -u<uid>: 指定用户 uid。
```

3．参数

登录名：要创建的用户名。

4．示例

【例 5.1】创建用户。

```
1    # 创建用户
2    $ sudo useradd zs001
3    说明：创建用户必须具有管理员权限。
```

上述命令创建了用户 zs001，并建立了主目录；默认 Shell 为/bin/bash；该用户被锁定，无法使用。Debian/Ubuntu 系列需要在命令中明确指出需要创建主目录和指定登录 Shell。

```
1    # Debian/Ubuntu 默认不会创建主目录和 Shell, 需要明确指出
2    $ sudo useradd -m -s /bin/bash zs001
```

有些程序需要一定的权限才能运行，创建程序用户可以让运行程序具备特定权限。

```
1    # 创建程序用户 mysql
2    $ sudo useradd -r -g mysql mysql
```

上述命令创建了程序用户 mysql，设置默认用户组为 mysql，同名可以省略。-g 用于指定默认用户组。-r（run）用于设定 mysql 为程序用户，uid 的分配范围为 1～999。

通过指定登录 Shell 为/sbin/nologin，可以限制程序用户登录。

```
1    # 限制程序用户登录
3    $ sudo useradd -r -s /sbin/nologin mysql
```

上述命令创建了程序用户 mysql，且不能登录系统。

程序用户可以让程序具有特定的系统权限，授权或限制程序访问特定系统资源，防止程序权限不足或者权限过大。当然并不是所有程序用户都需要限制登录，比如大型应用的程序用户不建议限制登录。

在 Linux 操作系统中，除了要了解命令本身的作用之外，还要掌握与命令相关的配置文件，配置文件提供了非常丰富的功能。与用户管理相关的配置文件有以下几种。

> /etc/passwd：用户文件，记录用户账户信息。

> /etc/shadow：用户影子文件，记录用户补充信息，需要超级权限才能访问。

> /etc/default/useradd：记录创建用户时的默认配置信息。

/etc/passwd 文件是 Linux 操作系统中的一个重要文件，它存储着系统中所有用户的信息。

```
1    # 查看/etc/passwd 文件
2    $ cat /etc/passwd
```

```
1    root:x:0:0:root:/root:/bin/bash
2    bin:x:1:1:bin:/bin:/sbin/nologin
3    daemon:x:2:2:daemon:/sbin:/sbin/nologin
4    ...
5    jsj:x:1000:1000:jsj:/home/jsj:/bin/bash
6    mysql:x:27:27:MySQL Server:/var/lib/mysql:/sbin/nologin
7    zs001:x:1001:1001::/home/zs001:/bin/bash
```

< 95 >

在/etc/passwd 文件中，每行代表一个用户，每个用户的信息由多个字段组成，这些字段用冒号:分隔。每个字段的含义如下。

（1）用户名：用户的登录名。

（2）密码：用户的密码，但在现在的 Linux 操作系统中，实际的密码通常存储在/etc/shadow 文件中，这个字段通常设置为 x 或其他的占位符。

（3）用户 uid：这是用户的唯一 ID，用于识别用户。

（4）gid：这是用户所属组的 ID。

（5）用户全名或描述信息。

（6）用户主目录：用户登录后默认的工作目录。

（7）登录 Shell：用户登录后默认使用的 Shell 程序。

/etc/shadow 文件是 Linux 操作系统中的一个重要文件，它存储着系统中所有用户的密码信息。这个文件只有 root 用户才有权限读取或修改。

```
1  # 查看/etc/shadow 文件
2  $ sudo cat /etc/shadow
```

```
1  root:$sm3$mY.nmZQfefgZYnKB$nju.oHj2ic3XGKP7Q.cg7UuB/VEEqSkNgi9syMbvDk3::0:999
   99:7:::
2  bin:*:19527:0:99999:7:::
3  daemon:*:19527:0:99999:7:::
4  ...
5  jsj:$sm3$c/wLT1.Rfyps9kRH$I0JCq8leXkN6fHiV6jVgVkIAkI2qUVpj3fB/hN9tyf.::0:9999
   9:7:::
6  mysql:!:19614::::::
7  zs001:!:19615:0:99999:7:::
```

在/etc/shadow 文件中，每行代表一个用户，每个用户的信息由多个字段组成，这些字段用冒号:分隔。每个字段的含义如下。

（1）用户名：用户的登录名。

（2）密码的加密形式：密码是由一个$符号开始的，后面跟着一个标识符和盐值（salt）。

（3）上次密码更改的天数：从上次密码更改到现在的天数。

（4）密码更改后最小天数：用户必须等待的最小天数，才能更改其密码。

（5）密码更改后最大天数：用户必须等待的最大天数，才能更改其密码。

（6）密码过期前警告天数：在密码过期前多少天开始发出警告。

（7）密码过期后宽限天数：在密码过期后多少天内，用户仍可以登录系统。

（8）账号失效天数：账号过期后将被禁用。

（9）保留：保留字段，目前未使用。

/etc/default/useradd 文件是 Linux 操作系统中的一个配置文件，它存储着关于用户添加命令的默认设置。

```
1  # 查看/etc/default/useradd 文件
2  $ cat /etc/default/useradd
```

```
1  # useradd 文件默认设置
2  GROUP=100
3  HOME=/home
4  INACTIVE=-1
5  SHELL=/bin/bash
6  SKEL=/etc/skel
7  CREATE_MAIL_SPOOL=yes
```

在/etc/default/useradd 文件中，每行代表一个设置项，每个设置项由一个键值对组成，键和值之间

< 96 >

用等号=分隔。每个设置项的含义如下。

（1）GROUP：新用户的默认组名。

（2）HOME：新用户的默认主目录路径。

（3）INACTIVE：新用户的默认密码失效天数。

（4）SHELL：新用户登录默认的 Shell 程序。

（5）SKEL：新用户的主目录的默认骨架文件路径。

（6）CREATE_MAIL_SPOOL：是否为新用户创建邮件池的布尔值，可选值为 yes 和 no。

 备注

> FreeBSD 中 useradd 等命令，都收归到 pw 程序组中，使用 pw useradd 添加用户，另外还提供了一个交互式命令 adduser。

5.3.2　passwd

passwd 命令用于修改用户口令。用户口令的管理是用户管理的一项重要内容。用户账号刚被创建时没有口令，被系统锁定无法使用，必须为其指定口令后才能使用。

1．语法

```
1  passwd [选项] [登录名]
```

2．选项

```
1  -d：删除密码，仅系统管理员能使用。
2  -f：强制执行。
3  -k：设置只有在密码过期失效后，方能修改密码。
4  -l：锁住密码。
5  -S：列出密码的相关信息，仅系统管理员能使用。
6  -u：解开已上锁的账号。
```

3．参数

登录名：需要设置密码的用户名。

4．示例

【例 5.2】修改用户密码。

如果是普通用户执行 passwd 命令，只能修改自己的密码。修改其他用户的密码则用 "passwd 用户名"，而且需要管理员权限修改。

```
1  # 修改用户 zs001 的密码
2  $ sudo passwd zs001
```

普通用户如果想更改自己的密码，直接执行 passwd 命令即可。

```
1  # 修改用户自己的密码
2  $ passwd
```

5.3.3　usermod

使用 usermod 命令修改用户账号时是根据实际情况更改用户的有关属性，如用户账号名称、主目录、用户组、登录 Shell 等。

< 97 >

1．语法

```
1   usermod [选项] 登录名
```

2．选项

```
1   -c<备注>：修改用户账号的备注文字。
2   -d<登录目录>：修改用户登录时的目录，只是修改/etc/passwd 中用户的主目录配置信息，不会自动创建
    新的主目录，通常和-m 选项一起使用。
3   -m<移动用户主目录>：移动用户主目录到新的位置，不能单独使用，一般与-d 选项一起使用。
4   -e<有效期限>：修改账号的有效期限。
5   -f<缓冲天数>：修改在密码过期后多少天关闭该账号。
6   -g<用户组>：修改用户所属的用户组。
7   -G<用户组>：修改用户所属的附加用户组。
8   -l<账号名称>：修改用户账号名称。
9   -L：锁定用户密码，使密码无效。
10  -s<shell>：修改用户登录后所使用的 Shell。
11  -u<uid>：修改用户 uid。
12  -U：解除密码锁定。
```

3．参数

登录名：指定要修改信息的用户登录名。

4．示例

【例 5.3】修改用户属性。

-g 选项用于将用户加入指定组，并设定为默认组。

```
1   # -g：将加入指定组，并设定为默认组
2   $ sudo usermod -g group1 zs001
```

查看 zs001 用户的 ID 信息。

```
1   # 查看用户的 ID 信息
2   $ id zs001
```

```
1   uid=1001(zs001) gid=1003(group1) 组=1003(group1)
```

gid 对应的组已经被设定为组 group1。

-G 选项用于设定用户附加组列表，未出现在列表中的组会直接被移除。

```
1   # -G:设定用户附加组列表
2   $ sudo usermod -G group2,group3 zs001
```

```
1   uid=1001(zs001) gid=1003(group1) 组=1003(group1),1004(group2),1005(group3)
```

组对应的附加组列表已经更新。

```
1   # -G:设定用户附加组列表
2   $ sudo usermod -G group2 zs001
```

```
1   uid=1001(zs001) gid=1003(group1) 组=1003(group1),1004(group2)
```

再次查看，原本加入的 group3 组被移除。

直接使用-G 选项会造成组被莫名地移除，一般建议使用-a -G 直接加入某个指定组，此方法不会移除其他组。

< 98 >

```
1  # -a -G:加入指定组
2  $ sudo usermod -a -G group3 zs001
```

```
1  uid=1001(zs001) gid=1003(group1) 组=1003(group1),1004(group2),1005(group3)
```

已经成功加入 group3 组，而且 group2 组没有被移除。

Shell 脚本的执行需要一个能解释执行的脚本解释器，即 Shell 运行环境。临时切换 Shell，可以输入 Shell 名，打开一个看不见的窗口，该窗口的运行环境即对应的 Shell。

sh 是 UNIX 最初使用的 Shell，很多简便功能都未提供，但是兼容 UNIX 操作。

```
1  # 两种方式打开 sh
2  $ sh
3  # 或
4  $ /bin/sh
```

Bash 是对 sh 的扩展和继续，由于在用户交互方面具有易用性，Bash 在日常工作中被广泛使用，是 Linux 的默认 Shell。

```
1  # 两种方式打开 Bash
2  $ bash
3  # 或
4  $ /bin/bash
```

可以使用-s 永久修改登录 Shell。

```
1  # 永久修改他人的登录 Shell
2  $ sudo usermod -s /bin/bash zs001
```

/sbin/nologin 不是真实 Shell，只是限制用户登录，在禁止用户登录时，可以将该用户的 Shell 设置为/sbin/nologin。

```
1  # 限制用户登录
2  $ sudo usermod -s /sbin/nologin zs001
```

 备注

FreeBSD 中，修改用户信息时使用交互式命令 chage，以及 pw usermod 命令。

5.3.4　userdel

如果一个用户账号不再使用，可以从系统中将其删除。删除用户账号就是将/etc/passwd 等系统文件中的该用户记录删除，必要时还要删除与用户的主目录等相关的所有文件。

1．语法

userdel [选项] 登录名

2．选项

-f：强制删除用户，即使用户当前已登录。

-r：删除用户的同时，删除与用户相关的所有文件。

3．参数

登录名：要删除的用户名。

< 99 >

4．示例

【例 5.4】用 userdel 命令删除用户 zs001。

```
1  # 删除用户，但不删除主目录
2  $ sudo userdel zs001
3
4  # -r: 删除用户，并删除与用户相关的所有文件
5  $ sudo userdel -r zs001
```

不要轻易使用-r 选项；它会在删除用户的同时删除与用户相关的所有文件和目录。如果用户目录下有重要的文件，在删除前需要备份。

备注：FreeBSD 中，删除用户时使用交互式命令 deluser，以及 pw userdel 命令。

5.4 用户组管理

用户组管理

用户组就是具有相同特征用户的集合体。我们把用户都定义到同一用户组，通过修改文件或目录的权限，让用户组具有一定的操作权限，这样用户组下的用户对该文件或目录都具有相同的权限。

5.4.1 groupadd

groupadd 命令用于创建一个新的用户组。

1．语法

```
1  groupadd [选项] 组
```

2．选项

```
1  -g: 指定新建用户组的 gid。
2  -r: 创建系统用户组，系统用户组的 gid 小于 1000。
3  -K: 覆盖配置文件/ect/login.defs。
4  -o: 允许创建有重复 gid 的组。
```

3．参数

组：指定新建用户组的组名。

4．示例

【例 5.5】向系统中增加一个新组 group1，新组的 gid 在当前已有的最大 gid 的基础上加 1。

```
1  # 建立一个新组 group1
2  $ sudo groupadd group1
```

此时在/etc/group 和/etc/gshadow 文件中产生一条组名是 group1 的记录。

5.4.2 gpasswd

用户组的管理也是通过配置文件的更新来完成的。相关配置文件包括以下几种。

➢ /etc/group：记录用户组信息。

➢ /etc/gshadow：记录用户组补充信息。

< 100 >

gpasswd 命令是 Linux 下组文件/etc/group 和/etc/gshadow 的管理工具。

1. 语法

```
1  gpasswd [选项] 组
```

2. 选项

```
1  -a: 添加用户到组。
2  -d: 从组删除用户。
3  -A: 指定管理员。
4  -M: 指定组成员。
5  -r: 删除密码。
6  -R: 限制用户登录组。
```

3. 参数

组：指定要管理的用户组。

4. 示例

【例 5.6】管理用户组。

-A 选项用于设定管理员列表，管理员有权限向组添加或删除成员，不再需要系统管理员或 sudo 命令提权。

```
1  # -A: 设定组管理员列表
2  $ sudo gpasswd -A jsj,zs001 group1
```

设定用户组 group1 管理员为 jsj 和 zs001 两个用户。

-a 选项用于添加用户到组。

jsj 已经是 group1 组的管理员，可以直接执行下面的命令。

```
1  # -a: add, 添加组成员, 追加
2  $ gpasswd -a jsj group1
```

```
1  正在将用户 jsj 加入 group1 组中
```

注意，添加用户到某一个组也可以使用 usermod -G 命令，但是以前添加的组就会被清空。所以想要添加一个用户到一个组，同时保留以前的组时，尽量使用 gpasswd 命令来完成。

-d 选项用于从组中删除用户。

```
1  # -d: delete, 删除组成员
2  $ gpasswd -d jsj group1
```

```
1  正在将用户 jsj 从 group1 组中删除
```

5.4.3　groupmod

groupmod 命令用于更改组 gid 或名称。

1. 语法

```
1  groupmod [选项] 组
```

2. 选项

```
1  -g<用户组 gid>: 设置使用的用户组 gid。
2  -o: 重复使用用户组 gid。
3  -n<新用户组名称>: 设置欲使用的用户组名称。
```

< 101 >

3．参数

组：指定要修改的组名。

5.4.4 groupdel

groupdel 命令用于删除指定的用户组。

1．语法

```
1  groupdel [选项] 组
```

2．参数

组：要删除的用户组名。

3．示例

【例 5.7】删除用户组 group1。

```
1  # 删除用户组 group1
2  $ sudo groupdel group1
```

5.4.5 newgrp

一个用户可以加入多个用户组，但是一个文件只能隶属于一个用户组。有效用户组是指用户创建文件时，新文件默认隶属于的那个用户组；用户可以随时用 newgrp 切换有效用户组。

```
1  # 更改有效用户组为 wheel
2  $ newgrp wheel
3
4  # 有效用户组改为默认用户组
5  $ newgrp
```

5.5 文件权限管理

文件权限管理

在 Linux 中的每一个文件或目录都包含访问权限，这些访问权限决定了谁能访问和如何访问这些文件或目录。

5.5.1 查看权限

使用 ls -lh 命令查看权限。

```
1  # 查看权限
2  $ ls -lh
```

```
1  drwxr-xr-x 2 jsj jsj 4.0K  9月 1日 20:00 桌面
2  lrwxrwxrwx 1 jsj jsj   7  9月16日 13:00 rawlink.lnk -> raw.txt
3  -rw-r--r-- 1 jsj jsj   9  9月16日 13:11 raw.txt
```

每行前 10 个字符代表的是文件的权限。
第一个字符代表文件（-）、目录（d）、链接（l）。

< 102 >

其余字符每 3 个一组（如 rwx），代表读（r）、写（w）、执行（x）。

第一组表示文件所有者具有的权限，第二组表示文件所属组具有的权限，第三组表示其他用户具有的权限。

也可用八进制数表示权限，其中 r=4，w=2，x=1，因此 rwx=4+2+1=7。

文件权限如表 5.1 所示。

表 5.1　Linux 文件权限

权限项	读	写	执行	读	写	执行	读	写	执行
字符表示	r	w	x	r	w	x	r	w	x
数字表示	4	2	1	4	2	1	4	2	1
权限分配	u			g			o		

u 代表 user（所有者）；g 代表 group（所属组）；o 代表 other（其他用户）。0 代表无权限；1 代表执行权限；2 代表写权限；4 代表读权限。

 注　意

目录的 x 权限与能否进入该目录有关，没有 x 权限的目录不可访问。

还有一组特殊文件权限。

s 权限是文件 set 权限，让文件可以获得所有者或所属组的权限。普通可执行文件运行时权限来源于执行用户的权限，但是加上 s 权限的可执行文件运行时，可以在不提权或切换身份的情况下具备文件所有者或所属组的权限。也可以用数字表示。

➢ 4 = u+s，让文件获得所有者的权限。

➢ 2 = g+s，让文件获得所属组的权限。

t 权限是目录黏滞位权限，让目录里面的文件具有更严格的权限，非文件所有者不可对该目录中文件做删除、移动、重命名等操作，其他权限不变。也可以用数字表示，即 1 = o+t。

所以，加上特殊文件权限，可以用 4 个数字代表这 4 组权限，例如：0751，其中 0 表示没有特殊权限，7 表示所有者具有读、写、执行权限，5 表示所属组具有读、执行权限，1 表示其他用户具有执行权限。没有设置特殊权限的情况下，也可以用 751 表示。

5.5.2　chmod

chmod（change file mode）命令用于变更文件或目录的权限。

1. 语法

```
1  chmod [选项]... 模式[,模式]... 文件...
2    或: chmod [选项]... 八进制模式 文件...
3    或: chmod [选项]... --reference=参考文件 文件...
```

2. 选项

```
1  -R: 递归，进行目录操作。
```

3. 参数

文件：需要变更的文件或目录。

< 103 >

4．示例

【例 5.8】

```
 1  # 添加组用户的写权限
 2  $ chmod g+w ./test.log
 3
 4  # 删除其他用户的所有权限
 5  $ chmod o= ./test.log
 6
 7  # 删除所有用户的写权限
 8  $ chmod a-w ./test.log
 9
10  # 当前用户具有所有权限，组用户有读写权限，其他用户只有读权限
11  $ chmod u=rwx,g=rw,o=r ./test.log
12  # 等价的八进制数表示
13  $ chmod 754 ./test.log
14
15  # 将目录及目录下的文件都设置为所有用户拥有读写权限
16  $ chmod -R a=rw ./testdir/
17
18  # 参照其他文件的权限设置文件权限
19  $ chmod --reference=./1.log ./test.log
```

注意，符号链接的权限无法变更，如果用户对符号链接修改权限，其改变会作用在被链接的原始文件。

5.5.3　chown

与 Windows 系统不同，Linux 操作系统如果要共享文件，不仅要共享文件，还要共享权限。修改所属者/所属组可以将文件权限共享给指定用户。

chown 命令可以改变某个文件或目录的所有者和所属组，该命令可以向某个用户授权，使该用户变成指定文件的所有者；也可以改变文件所属组实现文件共享。

1．语法

```
1  chown [选项]... [所有者][:[组]] 文件...
2  或: chown [选项]... --reference=参考文件 文件...
```

2．选项

```
1  -c 或--changes: 效果与-v 选项的相同，但仅返回更改的部分。
2  -f 或--quite 或--silent: 不显示错误信息。
3  -h 或--no-dereference: 只对符号链接的文件进行修改，而不更改其他任何相关文件。
4  -R 或--recursive: 递归处理，将指定目录下的所有文件及子目录一并处理。
5  -v 或--version: 显示命令执行过程。
6  --dereference: 效果和-h 选项的相同。
7  --help: 显示在线帮助信息。
8  --reference=<参考文件或目录>:把指定文件或目录的拥有者与所属组全部设成和参考文件或目录的拥有者与所属组相同。
9  --version: 显示版本信息。
```

3．参数

"所有者:组"：指定所有者和所属组，当省略 ":组" 时，仅改变文件所有者。

< 104 >

文件：指定要改变所有者和所属组的文件列表，支持多个文件或目标，支持通配符。

4．示例

【例 5.9】

将目录/home/jsj 下面的所有文件、子目录的文件所有者改成 jsj。

```
1  # 更改文件所有者，-R: recursive，递归，进行目录操作
2  $ sudo chown -R jsj /home/jsj
```

更改每个文件的所有者或所属组，必须具有超级权限。

可以同时更改文件所有者和所属组。

```
1  # 同时更改文件所有者和所属组
2  $ sudo chown -R jsj:wheel /home/jsj
```

将目录/home/jsj 所有者改成 jsj，所属组改为 wheel。

5.5.4　umask

文件被创建时带有默认权限，umask 是文件权限掩码，可以通过该掩码查询、修改新建文件的默认权限。

```
1  # 查询新建文件的默认权限
2  $ umask
```

```
1  0022
```

文件被创建时的权限是全部权限减去 umask 的设定掩码值。同时新建文件时默认都没有可执行权限，可执行权限也要移除。0022 表示 g-2,o-2,a-1，即文件所属组和其他用户默认移除写权限，同时还会移除可执行权限。

5.6　提升权限

提升权限

Linux 操作系统为我们提供了 su、sudo 两种用户权限提升机制，其中 su 主要用来切换用户身份以提升权限，而 sudo 用来提升一次执行权限。

5.6.1　su

使用 su（switch user）命令，可以切换为指定的另一个用户，从而具有该用户的所有权限。切换时需要提供目标用户的密码进行验证，从 root 用户切换为其他用户时无须密码。

【例 5.10】当普通用户切换 root 用户身份时，需要输入 root 用户的密码。

```
1  # 切换用户，默认切换到 root 用户
2  $ su
3  # 或
4  $ su root
```

上面两条命令都用于切换到 root 用户。

选项-表示切换用户时，切换工作环境。

< 105 >

```
1   # 切换用户时，切换工作环境
2   su - root
```

su - 如同完全切换为另一个用户登录，包括工作环境。

 注 意

默认情况下，任何用户都被允许使用 su 命令切换身份，从而有机会反复尝试其他用户的登录密码，这会带来安全隐患。为了加强 su 命令的安全控制，可以借助 pam_wheel 认证模块，只允许特定用户使用 su 命令进行切换。

5.6.2　sudo

用 su 命令切换管理员账户需要管理员账号密码，传播管理员账号密码容易导致管理员账号密码的泄露。使用 sudo 命令提升权限时，不需要使用管理员账号密码验证，只需要使用用户自己的密码验证即可，这样可以最大限度地保护管理员账号密码。可以说，sudo 是对 su 命令的一个非常重要的补充和替代。

应该最大限度地控制管理员账号的使用。在这种情况下，使用 sudo 命令，也应该考虑自己的权力和责任。在首次使用 sudo 命令时，系统就给予了非常明确的提醒。

```
1   我们信任您已经从系统管理员那里了解了日常注意事项。
2   总结起来无外乎这三点：
3       #1）尊重别人的隐私。
4       #2）输入前要先考虑(后果和风险)。
5       #3）权力越大，责任越大。
```

sudo 命令以其他身份来执行命令，预设的身份默认为 root。在/etc/sudoers 中设置了可执行 sudo 命令的用户。若未经授权的用户企图使用 sudo 命令，则会发出警告邮件给管理员。

sudo 命令的配置文件为/etc/sudoers，可以使用 visudo 命令、vim 命令等进行编辑。一般默认 sudo 是开启的，该文件中关键的几个配置选项如下。

```
1   # 设置哪些用户可以使用 sudo
2   # 允许 root 用户在任何地方运行任何命令
3   root        ALL=(ALL)           ALL
4
5   # 设置哪些组是次级管理员组，组成员可以使用 sudo 和 su
6   # 允许 wheel 组成员运行所有命令
7   %wheel      ALL=(ALL)           ALL
8
9   # wheel 组成员不需要密码即可运行所有命令
10  # %wheel         ALL=(ALL)          NOPASSWD: ALL
```

用 sudo 命令配置文件的语法：

```
1   who which_hosts=(runas) command
```

表示允许谁（who）能够以哪个用户（runas）的身份通过什么主机（which-hosts）执行什么命令（command）。

注意用户组名前的%不能省略。

sudo 权限范围经历了三代调整，变化不大，但是需要了解和掌握。

第一代 sudo 权限设定所有命令都可以使用 sudo 提升权限。

第二代 sudo 权限设定只有需要管理员权限运行的 sbin 目录中的命令才可以使用 sudo 提升

< 106 >

权限；如果普通命令需要提升权限，只能使用 su 命令切换到 root 账号，而无法使用 sudo 提升权限。

第三代 sudo 权限设定如果普通命令需要提升权限，不仅需要使用 su 命令切换到 root 账号，执行时还需要加 sudo 才可以提升权限。

用 sudo 命令提升权限是针对具体命令的，临时生效，不是针对 Shell 范围生效。

【例 5.11】通过无交互的方式设置用户密码。

```
1  # 通过无交互的方式设置用户密码
2  sudo echo "123" | passwd --stdin zs001
```

上述命令在新版本中无法成功提升权限，虽然使用了 sudo 命令，但需要提升权限的命令是 passwd，而不是 echo 命令。

改成如下命令即可：

```
1  # 通过无交互的方式设置用户密码
2  echo "123" | sudo passwd --stdin zs001
```

```
1  更改用户 zs001 的密码 。
2  passwd: 所有的身份验证令牌已经成功更新。
```

提示更改密码成功。

5.7　用户聊天工具*

用户聊天工具

Linux 是一个多用户的网络操作系统，可以允许多个用户一起使用该操作系统，所以用户之间还可以进行交流，最简单的方法是使用 write 进行内部沟通。

利用内部聊天工具 write，可以让用户体验命令行式的聊天服务。

使用"write 用户名"可以与登录的用户进行聊天。

```
1  # write 用户名
2  $ write zs001
```

```
1  hello,zs001!
2  googdbye!
```

使用"write zs001"可以与用户 zs001 建立通信，然后可以相互发送消息。

对方接到消息，直接进入聊天模式。

```
1  $
2  Message from jsj@jsj.Linux on pts/0 at 17:51 ...
3  hello,zs001!
4  googdbye!
5  EOF
```

聊天内容是实时更新的，也可以即时回复消息，还可以通过快捷键[Ctrl + d]主动结束聊天。

如果不想接收任何消息，可以使用 mesg n 拒接消息；可用 mesg y 重新接收消息。

```
1  # 拒接write消息
2  $ mesg n
```

< 107 >

5.8 小结

本章深入探讨了 Linux 操作系统中的用户管理和文件权限管理。本章首先介绍了用户和用户组的概念，讨论了如何创建、修改和删除用户与用户组。随后，本章深入研究了文件权限管理，包括文件所有者、用户组和其他用户的权限，以及如何使用 chmod 和 chown 等命令来更改文件权限和所有权。此外，本章还介绍了如何提升权限，以执行需要特殊权限的任务。

5.9 习题

一、填空题

1. 系统为每个用户分配一个唯一的用户 ID——UID，它的初始值为＿＿＿＿＿＿＿＿＿＿。
2. 限制权限运行是计算机系统的一个基本知识，非执行管理任务时不建议使用＿＿＿＿＿＿＿＿＿账户登录系统。
3. 程序用户又称＿＿＿＿＿＿＿＿，用于维持系统或某个程序的正常运行。
4. ＿＿＿＿＿＿＿＿命令添加一个用户账号，＿＿＿＿＿＿＿＿选项创建用户主目录，＿＿＿＿＿＿＿＿选项创建程序用户，＿＿＿＿＿＿＿＿选项指定登录 Shell。
5. ＿＿＿＿＿＿＿＿修改用户账号就是根据实际情况更改用户的有关属性，＿＿＿＿＿＿＿＿选项将用户加入指定组，＿＿＿＿＿＿＿＿选项设定用户附加组列表。
6. ＿＿＿＿＿＿＿＿命令是 Linux 下组文件/etc/group 和/etc/gshadow 的管理工具。＿＿＿＿＿＿＿＿选项设定管理员列表，＿＿＿＿＿＿＿＿选项添加用户到组，＿＿＿＿＿＿＿＿选项从组中删除用户。
7. ＿＿＿＿＿＿＿＿命令变更文件或目录的权限，＿＿＿＿＿＿＿＿选项表示递归，进行目录操作。
8. ＿＿＿＿＿＿＿＿命令可以改变某个文件或目录的所有者和所属组。
9. Linux 系统为我们提供了＿＿＿＿＿＿＿＿、＿＿＿＿＿＿＿＿两种用户权限提升机制。

二、判断题

1. 在用 useradd 创建用户时，会出现交互界面。 （ ）
2. Linux 用户账户分为普通用户和系统用户。 （ ）
3. 查看/etc/passwd 文件的内容，需要 root 权限。 （ ）
4. 通过指定登录 Shell 为/sbin/nologin，可以限制用户登录。 （ ）

三、选择题

1. 默认情况下管理员创建了一个用户，就会在哪个目录下创建一个用户主目录？（ ）
A. /usr　　　　　B. /home　　　　　C. /root　　　　　D. /etc
2. 什么用户对 Shadow 文件拥有读取权利？（ ）
A. 只有 root 用户　　　　　　　　　B. 只有伪用户
C. 普通用户　　　　　　　　　　　　D. 伪用户和 root 用户
3. 下面有关组账户知识中说法错误的是（ ）。
A. 组账户是一类特殊账户，具有相同或相似特性的用户集合
B. 可以集中设置访问权限和分配管理任务

< 108 >

C.　组账户分为系统组和用户组

D.　组账户配置主要涉及/etc/group 和/etc/gshadow 两个文件

4.　下列文件权限修改 chmod 命令错误的是（　　　　）。

A.　chmod o+w test.txt

B.　chmod g-w,u+x test.txt

C.　chmod g-2,u+1 test.txt

D.　chmod 0777 test.txt

5.　下列哪项是系统用户的 UID 取值范围？（　　　）

A.　0

B.　1~999

C.　1000~60000

D.　60000 以上

6.　关于 passwd 命令的说法，哪个不正确？（　　　　）

A.　普通用户利用 passwd 命令能修改自己的密码

B.　超级用户利用 passwd 命令能够修改自己和其他用户的密码

C.　普通用户利用 passwd 命令不能修改其他用户的密码

D.　普通用户利用 passwd 命令能够修改自己和其他用户的密码

< 109 >

第 **6** 章 软件包管理

本章将深入探讨 Linux 操作系统中关于软件包管理的重要内容。软件包管理是 Linux 操作系统管理中的核心任务之一，它允许用户轻松地安装、更新、卸载和管理各种软件。了解不同的软件包管理工具将有助于系统管理员更好地管理和维护 Linux 操作系统，确保其稳定和安全。本章将介绍软件包的概念、常见的软件包管理工具以及如何使用它们来管理软件包。

6.1　引入

引入

1．全心全意为人民服务

软件包管理与源代码管理都是社区为用户提供的免费服务，这是一项长期且艰辛的工作。目前国内这一块非常空缺，没有自己的软件包管理机制。可以说，国内操作系统的落后，不是技术的缺失，而是服务的缺失。目前华为等极少数公司已经开始提供软件源等服务。

2．知重负重，攻坚克难

为了能让用户轻松地安装并使用各种软件，软件包管理工具需要梳理全世界各种优秀的软件包，解决它们之间的先后依赖关系。软件包之间的关系错综复杂，相互依赖。一般来说，一个 Linux 发行版维护的软件包超过 50 000 个。源代码管理更是需要创造性地对全世界优秀的源代码之间的依赖关系进行梳理。

6.2　软件包简介

软件包简介

Linux 内核基本是一脉相承的，差异并不大，但是 Linux 各个发行版由不同的组织维护，所以各个组织提供的服务各不相同。可以说，软件包服务就是重要的服务。

目前主流的软件包管理工具包括以下几种。

➢ **rpm/yum** 软件包：主要在 openEuler/Red Hat 系列发行版中使用。

➢ **dpkg/apt** 软件包：主要在 Debian/Ubuntu 系列发行版中使用。

➢ **pkg** 软件包：主要在 FreeBSD 发行版中使用。

➢ **zypper** 软件包：主要在 openSUSE 发行版中使用。

➢ **pacman** 软件包：主要在 Arch Linux 发行版中使用。

➢ **emerge** 软件包：主要在 Gentoo Linux 发行版中使用。

6.3 前端软件包管理工具

前端软件包管理
工具

软件包管理工具能够解决本地安装问题，集中管理，统一进行卸载、更新，但是不能处理安装依赖关系。前端软件包管理工具是在软件包管理工具的基础上，实现下载、验证、自动处理安装依赖关系，实现一条命令安装完成一个软件，是目前主要的软件包管理方式。

6.3.1 yum/dnf

yum（yellow dog updater, modified）是 openEuler、Fedora、RHEL、CentOS 等发行版中的前端软件包管理工具。基于 rpm 软件包管理，能够从指定的服务器自动下载并安装 rpm 软件包，可以自动处理依赖关系，并且一次安装所有依赖的软件包，无须烦琐地一次次下载、安装。

dnf（dandified yum）是 yum 的增强版，新的发行版基本都使用 dnf 代替 yum，为了保持兼容性，建立了 yum 到 dnf 的一个软链接。

1. 仓库

在 yum/dnf 软件包管理工具中，各个仓库（repository）通常用于存储不同类型的软件包。

➢ base/OS（基础/操作系统）：包含操作系统的核心软件包，例如内核、系统库以及基本的系统工具。它提供了一个最小的安装环境。

➢ updates（更新）：包含操作系统核心软件包的更新版本，通常包括修复漏洞、改进性能和新增功能的软件包。这个仓库用于保持操作系统的安全性和稳定性。

➢ extras（额外）：包含一些额外的软件包，这些软件包不属于操作系统的核心部分，但可能会对系统功能或用户有用。其中包括一些常见的实用工具和应用程序。

➢ debuginfo（调试信息）：包含用于调试操作系统和软件包的符号和调试信息。它通常用于开发人员在进行调试时分析软件包的问题。

➢ source（源代码）：包含软件包的源代码，允许开发人员查看和修改源代码。

➢ everything（所有）：包含所有可用软件包，包括操作系统核心、额外的软件包以及其他仓库中的所有软件包。

➢ EPEL（extra packages for enterprise Linux，企业版 Linux 的额外软件包）：为 RHEL 和 CentOS 等企业级 Linux 发行版提供的一个额外软件包仓库。它包含一些不包括在官方仓库中的软件包，用于扩展系统的功能，是一个非常值得推荐的仓库。

每个仓库都有其特定的用途和内容，用户可以根据需要启用或禁用这些仓库来满足其软件包需求。这些仓库的具体名称和配置可能会因 Linux 发行版不同而不同，但它们的基本概念通常是相似的。

查看本地启用了哪些仓库。

```
1   # 查看可用的仓库
2   $ yum repolist
3
4   # 查看全部的仓库
5   $ yum repolist all
```

```
1   epo id                          repo name
2   EPOL                            EPOL
3   OS                              OS
4   debuginfo                       debuginfo
5   everything                      everything
```

< 111 >

```
6    source                              source
7    update                              update
8    update-source                       update-source
```

为了减轻软件源服务器的压力，软件源中的仓库的目录和索引必须下载到本地才能被检索到。

```
1    # 更新缓存
2    $ sudo yum makecache
3
4    # 更新缓存，并检查软件更新
5    $ sudo yum check-update
```

2．本地检索

搜索软件包信息都是在本地缓存中进行的。

```
1    # 根据软件包名列出软件包
2    $ yum list | grep <软件包名关键词>
```

【例 6.1】查询 openjdk 软件包。

```
1    # 根据软件包名列出软件包
2    $ yum list | grep openjdk
```

```
1    java-17-openjdk.x86_64              1:17.0.7.7-0.oe2203sp2    @everything
2    java-17-openjdk-devel.x86_64 1:17.0.7.7-0.oe2203sp2   @everything
3    java-17-openjdk-headless.x86_64  1:17.0.7.7-0.oe2203sp2    @everything
4    ...
```

可以看出，搜索范围仅限于软件包名。

还可以搜索软件包描述，从更多的描述内容中搜索，扩大搜索范围，支持*通配符。

```
1    # 搜索软件包描述
2    $ yum search <通配符>
```

【例 6.2】搜索含 openjdk 的软件包描述。

```
1    # 搜索软件包描述
2    $ yum search openjdk
```

```
1    ======================= Name & Summary Matched: openjdk =======================
2    java-1.8.0-openjdk.x86_64 : OpenJDK Runtime Environment 8
3    java-1.8.0-openjdk.src : OpenJDK Runtime Environment 8
4    java-1.8.0-openjdk-accessibility.x86_64 : OpenJDK 8 accessibility connector
5    ...
```

可以看出，搜索范围已经扩大到软件包描述。

provides 命令用于反向查询文件由哪个包提供，或者软件包由哪个仓库提供。

```
1    # 反向查询
2    $ yum provides <文件名/软件名>
```

【例 6.3】反向查询 java-17-openjdk-devel 是由哪个软件源提供的。软件名必须是完整的。

```
1    # 反向查询
2    $ yum provides java-17-openjdk-devel
```

```
1    java-17-openjdk-devel-1:17.0.7.7-0.oe2203sp2.x86_64 : OpenJDK Development
     Environment 17
2    Repo        : everything
3    Matched from:
4    Provide     : java-17-openjdk-devel = 1:17.0.7.7-0.oe2203sp2
```

< 112 >

可以看出 java-17-openjdk-devel 软件包是由 everything 仓库提供的。

显示软件包详细信息，包括版本号、安装大小、依赖关系、bug 报告等信息。

```
1  # 显示软件包详细信息
2  $ yum info <软件名>
```

【例 6.4】查询 java-17-openjdk-devel 的详细信息。

```
1  # 显示软件包详细信息
2  $ yum info java-17-openjdk-devel
```

```
1   Installed Packages
2   Name          : java-17-openjdk-devel
3   Epoch         : 1
4   Version       : 17.0.7.7
5   Release       : 0.oe2203sp2
6   Architecture  : x86_64
7   Size          : 8.9 M
8   Source        : java-17-openjdk-17.0.7.7-0.oe2203sp2.src.rpm
9   Repository    : @System
10  From repo     : everything
11  Summary       : OpenJDK Development Environment 17
12  URL           : http://openjdk.java.net/
13  License       : ASL 1.1 and ASL 2.0 and BSD and BSD with advertising and GPL+ and
    GPLv2 and GPLv2
14                : with exceptions and IJG and LGPLv2+ and MIT and MPLv2.0 and
    Public 1  Domain and W3C and
15                : zlib and ISC and FTL and RSA
16  Description : The OpenJDK development tools 17.
```

查询软件包的详细信息，如果已安装，显示 Installed Packages，如果未安装，显示 Available Packages。

3．安装/卸载

在线安装或更新软件包。

```
1  # 在线安装软件包
2  $ sudo yum install <软件名>
```

【例 6.5】安装开源、免费的 httpd 软件包。

```
1  # 在线安装软件包，-y:在命令交互中都选择 yes
2  $ sudo yum install httpd
```

```
1   Dependencies resolved.
2   ================================================================================
3    Package            Architecture   Version               Repository   Size
4   ================================================================================
5   Installing:
6    httpd              x86_64         2.4.51-20.oe2203sp2    update       1.3 M
7   Installing dependencies:
8    apr                x86_64         1.7.0-6.oe2203sp2      OS           109 k
9    apr-util           x86_64         1.6.1-14.oe2203sp2     OS           109 k
10   httpd-filesystem   noarch         2.4.51-20.oe2203sp2    update        11 k
11   httpd-tools        x86_64         2.4.51-20.oe2203sp2    update        71 k
12   mariadb-connector-c x86_64        3.1.13-4.oe2203sp2     OS           178 k
13   mod_http2          x86_64         1.15.25-2.oe2203sp2    OS           125 k
14   openEuler-logos-httpd noarch      1.0-8.oe2203sp2        OS            10 k
15
16  Transaction Summary
17  ================================================================================
18  Install  8 Packages
19
20  Total download size: 1.9 M
```

< 113 >

```
21   Installed size: 6.2 M
22   Is this ok [y/N]: y
23   Downloading Packages:
24   (1/8): apr-1.7.0-6.oe2203sp2.x86_64.rpm              175 kB/s | 109 kB       00:00
25   ...
26   (8/8): httpd-2.4.51-20.oe2203sp2.x86_64.rpm          1.2 MB/s | 1.3 MB       00:01
27   --------------------------------------------------------------------------------
28   Total                                                759 kB/s | 1.9 MB       00:02
29   Running transaction check
30   Transaction check succeeded.
31   Running transaction test
32   Transaction test succeeded.
33   Running transaction
34     Running scriptlet: mariadb-connector-c-3.1.13-4.oe2203sp2.x86_64
                1/1
35     Preparing        :
                1/1
36     Running scriptlet: apr-1.7.0-6.oe2203sp2.x86_64
                1/8
37     Installing       : apr-1.7.0-6.oe2203sp2.x86_64
                1/8
38     Running scriptlet: apr-1.7.0-6.oe2203sp2.x86_64
                1/8
39   ...
40     Installing       : httpd-2.4.51-20.oe2203sp2.x86_64
                8/8
41     Running scriptlet: httpd-2.4.51-20.oe2203sp2.x86_64
                8/8
42     Verifying        : apr-1.7.0-6.oe2203sp2.x86_64
                1/8
43   ...
44     Verifying        : httpd-tools-2.4.51-20.oe2203sp2.x86_64
                8/8
45
46   Installed:
47     apr-1.7.0-6.oe2203sp2.x86_64                  apr-util-1.6.1-14.oe2203sp2.x86_64
48     httpd-2.4.51-20.oe2203sp2.x86_64             httpd-filesystem-2.4.51-
     20.oe2203sp2.noarch
49     httpd-tools-2.4.51-20.oe2203sp2.x86_64       mariadb-connector-c-3.1.
     13-4.oe2203sp2.x86_64
50     mod_http2-1.15.25-2.oe2203sp2.x86_64         openEuler-logos-httpd-1.
     0-8.oe2203sp2.noarch
51
52   Complete!
```

在线安装时，首先会在本地仓库中检索依赖关系（dependence），然后下载（download）全部的软件包（包括依赖软件包），然后开始安装（install）、验证（verify），最后完成（complete）。

yum 还可以安装或更新本地 rpm 软件包，并能解决依赖关系。

```
1   # 安装本地软件包
2   $ sudo yum install <./本地软件包路径>
```

本地安装，必须指定软件包路径，当前工作目录使用./表示，不可以省略。
卸载软件包使用 remove 命令。

```
1   # 卸载软件包
2   $ sudo yum remove <软件名>
```

【例 6.6】卸载 httpd 软件包。

```
1   # 卸载软件包
2   $ sudo yum remove httpd
```

< 114 >

卸载软件包时会检测软件依赖关系，如果被依赖会给出提示。

4．更新系统

更新系统是指更新系统内核以及系统维护的全部软件包。

通过"安装/升级"软件来更新系统，这种方式可能会导致部分软件的依赖关系出错。

```
1  # 更新缓存
2  $ sudo yum makecache
3  说明：更新系统前一般都需要更新缓存。
4
5  # 通过"安装/升级"软件来更新系统
6  $ sudo yum update
```

通过"卸载/安装/升级"来更新系统，即先卸载可升级软件包，然后安装最新软件包升级系统。这种方式能够减少软件包之间的依赖关系错误。

```
1  # 更新缓存
2  $ sudo yum makecache
3
4  # 通过"卸载/安装/升级"来更新系统
5  $ sudo yum upgrade
```

6.3.2　apt/apt-get

apt/apt-get 命令适用于 deb 前端软件包管理工具，主要用于 Debian/Ubuntu 系列发行版自动从互联网的软件仓库中搜索、安装、升级、卸载软件或系统。

aptitude 是涵盖 apt-get、apt-cache 等字符界面的前端程序，即图形化管理程序"新立得软件包管理器"的字符界面。

apt 是对 apt-get 和 aptitude 的简化，apt 与 apt-get 基本通用，apt 是作为新标准推荐使用的。目前，apt-get 在自动化脚本中更具优势；apt 用于手动执行命令，apt 默认启用了某些适合交互式使用的选项，具有更好的可阅读性。apt 系列同 yum 系列具有共通性，其对比如表 6.1 所示。

表 6.1　yum 和 apt 命令对比

说明	openEuler/CentOS	Debian/Ubuntu
安装在线软件包	yum install <软件名>	apt install <软件名>
安装本地软件包	yum install <./本地软件包路径>	apt install <./本地软件包路径>
卸载软件包	yum remove <软件名>	apt remove <软件名> 或 apt purge <软件名>；不推荐使用后者
卸载不再需要的自动安装的软件包	yum autoremove	apt autoremove
清除本地仓库中过时软件包的软件包检索文件	yum autoclean	apt autoclean
完全清除本地仓库的软件包检索文件	yum clean	apt clean
搜索软件包描述	yum search <通配符>	apt search <通配符>
根据软件包名称列出软件包	yum list	grep <软件名关键词>	apt list	grep <软件名关键词>
反向查询文件由哪个包提供，或者软件包由哪个仓库提供	yum provides <文件名/软件名>	借助 dpkg -S 或 apt search 实现
显示软件包详细信息，包括版本号、安装大小、依赖关系、bug 报告等信息	yum info <软件名>	apt show <软件名>

< 115 >

续表

说明	openEuler/CentOS	Debian/Ubuntu
在线检查软件包检索文件更新并生成本地缓存	yum check-update	apt update
列出可更新的软件包	yum list updates	apt list --upgradeable
通过"安装/升级"软件来更新系统	yum update	apt upgrade
通过"卸载/安装/升级"来更新系统	yum upgrade	apt full-upgrade
查看帮助信息	yum help	apt help
查看版本信息	yum version	apt version

6.3.3　pkg

FreeBSD 中使用 pkg 作为软件包管理工具。pkg 系列同 yum 系列具有共通性，其对比如表 6.2 所示。

表 6.2　yum 和 pkg 命令对比

说明	openEuler/CentOS	FreeBSD Packages
安装在线软件包	yum install <软件名>	pkg install <软件名>
安装本地软件包	yum install <./本地软件包路径>	pkg install <./本地软件包路径>
卸载软件包	yum remove <软件名>	pkg remove <软件名>
卸载不再需要的自动安装的软件包	yum autoremove	pkg autoremove
清除本地仓库中过时软件包的软件包检索文件	yum autoclean	pkg clean -a -n
完全清除本地仓库的软件包检索文件	yum clean	pkg clean
搜索软件包描述	yum search <通配符>	pkg search <通配符>
根据软件包名称列出软件包	yum list | grep <软件名关键词>	pkg info | grep <软件名关键词>
反向查询文件由哪个包提供，或者软件包由哪个仓库提供	yum provides <文件名/软件名>	pkg which <文件名/软件名>
显示软件包详细信息，包括版本号、安装大小、依赖关系、bug 报告等信息	yum info <软件名>	pkg info <软件名>
在线检查软件包检索文件更新并生成本地缓存	yum check-update	pkg update
列出可更新的软件包	yum list updates	
通过"安装/升级"软件来更新系统	yum update	pkg upgrade
通过"卸载/安装/升级"来更新系统	yum upgrade	
查看帮助信息	yum help	pkg help 或 pkg help <子命令>
查看版本信息	yum version	pkg version

6.4　本地软件包管理工具

本地软件包管理
工具

有了前端软件包管理工具，一般的本地软件包管理工具就不需要了，但是在极端情况下，例如在线验证不通过，必须使用本地安装时，只能使用本地软件包管理工具。

< 116 >

6.4.1 rpm

rpm 原本是 Red Hat Linux 发行版专门用来管理 Linux 各项软件包的程序，由于它遵循 GPL 协议且功能强大、方便，因而广受欢迎。现在 openEuler、CentOS 等 Linux 发行版都有采用。

rpm 软件包需要先下载到本地，然后才能安装使用。前端的 yum/dnf 工具省略了手动下载过程，所以尽量优先使用 yum/dnf 前端软件包管理工具。

【例 6.7】以 httpd 为例，先下载 rpm 软件包。

```
1   # 下载 httpd 的 rpm 软件包
2   $ sudo yum install -y --downloadonly --downloaddir=./httpd httpd
```

```
1   ./httpd/
2   ├── apr-1.7.0-6.oe2203sp2.x86_64.rpm
3   ├── apr-util-1.6.1-14.oe2203sp2.x86_64.rpm
4   ├── httpd-2.4.51-17.oe2203sp2.x86_64.rpm
5   ├── httpd-filesystem-2.4.51-17.oe2203sp2.noarch.rpm
6   ├── httpd-tools-2.4.51-17.oe2203sp2.x86_64.rpm
7   ├── mariadb-connector-c-3.1.13-4.oe2203sp2.x86_64.rpm
8   ├── mod_http2-1.15.25-2.oe2203sp2.x86_64.rpm
9   └── openEuler-logos-httpd-1.0-8.oe2203sp2.noarch.rpm
```

rpm 软件包被下载到当前路径的 ./httpd 目录中。

1. 语法

```
1   rpm [选项] 软件包
```

2. 选项

```
1   -a: 查询所有软件包。
2   -b<完成阶段><安装包>+或-t <完成阶段><安装包>+: 设置包装软件包的完成阶段，并指定安装包的文件
    名称。
3   -c: 只列出组态配置文件，本选项需配合-l 选项使用。
4   -d: 只列出文本文件，本选项需配合-l 选项使用。
5   -e<安装包>或--erase<安装包>: 删除指定的软件包。
6   -f<文件>+: 查询拥有指定文件的软件包。
7   -h 或--hash: 软件包安装时列出标记。
8   -i: 显示软件包的相关信息。
9   -i<安装包>或--install<安装包>: 安装指定的安装包。
10  -l: 显示软件包的文件列表。
11  -p<安装包>+: 查询指定的 rpm 安装包。
12  -q: 使用询问模式，遇到任何问题，rpm 命令会先询问用户。
13  -R: 显示软件包的关联性信息，如依赖关系。
14  -s: 显示文件状态，本选项需配合-l 选项使用。
15  -U<安装包>或--upgrade<安装包>: 升级指定的安装包。
16  -v: 显示命令执行过程。
17  -vv: 详细显示命令执行过程，便于排错。
```

3. 参数

软件包：指定要操作的 rpm 软件包。

4. 安装

直接安装使用-i 选项；安装时显示安装过程使用-ivh 选项。

【例 6.8】安装 httpd 本地软件包。

< 117 >

```
1   # 安装
2   $ sudo rpm -ivh ./httpd/httpd-2.4.51-17.oe2203sp2.x86_64.rpm
```

```
1   错误: 依赖检测失败:
2       httpd-filesystem 被 httpd-2.4.51-17.oe2203sp2.x86_64 需要
3       httpd-filesystem = 2.4.51-17.oe2203sp2 被 httpd-2.4.51-17.oe2203sp2.x86_64
    需要
4       httpd-tools = 2.4.51-17.oe2203sp2 被 httpd-2.4.51-17.oe2203sp2.x86_64 需要
5       libapr-1.so.0()(64bit) 被 httpd-2.4.51-17.oe2203sp2.x86_64 需要
6       libaprutil-1.so.0()(64bit) 被 httpd-2.4.51-17.oe2203sp2.x86_64 需要
7       mod_http2 被 httpd-2.4.51-17.oe2203sp2.x86_64 需要
8       system-logos-httpd 被 httpd-2.4.51-17.oe2203sp2.x86_64 需要
```

rpm 本地安装不能解决依赖问题，在没有解决依赖问题之前安装都会报错，所以必须依次安装需要依赖的几个安装包，然后才能完成安装。

安装其中的一个软件包。

```
1   # 安装其中的一个依赖包
2   $ sudo rpm -ivh ./httpd/httpd-filesystem-2.4.51-17.oe2203sp2.noarch.rpm
```

```
1   rpm
2   Verifying...                          ################################# [100%]
3   准备中...                             ################################# [100%]
4   正在升级/安装...
5     1:httpd-filesystem-2.4.51-17.oe2203################################# [100%]
```

按照依赖关系依次安装被依赖的软件包，最后才能安装 httpd 软件包。

如果不想解决依赖问题，还可以强制安装，尤其是相互依赖的软件包，必须强制安装。

```
1   # 强制安装
2   $ sudo rpm --force --nodeps -ivh <rpm 安装包名>
```

5. 升级

直接升级使用-U 选项；升级时显示升级过程使用-Uvh 选项。

【例 6.9】升级安装 httpd 软件包。

```
1   # 升级
2   $ sudo rpm -Uvh ./httpd/httpd-2.4.51-17.oe2203sp2.x86_64.rpm
```

6. 查询

rpm -qa 用于列出当前已安装的全部软件包，包括用 yum/dnf 安装的软件包。

```
1   # 查询已安装的全部软件包
2   $ rpm -qa
```

如果需要查询特定安装包，可以使用 grep 命令进行过滤。

```
1   # 查询软件包完整软件名
2   $ rpm -qa | grep <软件名关键词>
```

【例 6.10】查询已经安装的 httpd 软件包。

```
1   # 查询软件包完整软件名
2   $ rpm -qa | grep httpd
```

```
1   openEuler-logos-httpd-1.0-8.oe2203sp2.noarch
2   httpd-2.4.51-20.oe2203sp2.x86_64
```

< 118 >

```
3   httpd-tools-2.4.51-20.oe2203sp2.x86_64
4   httpd-filesystem-2.4.51-20.oe2203sp2.noarch
```

rpm 软件包管理经常需要知道软件包的全名。如果软件包名只记得一部分，必须借助 grep 命令查询，上面输出的结果中 httpd 是软件包名，后面是版本信息以及平台信息。

rpm -qi 用于显示软件包详细信息，包括版本号、安装大小、依赖关系、bug 报告等信息。

【例 6.11】查询 httpd 软件包的详细信息。

```
1   # 显示软件包详细信息，包括版本号、安装大小、依赖关系、bug 报告等信息
2   $ rpm -qi httpd
```

```
1   Name         : httpd
2   Version      : 2.4.51
3   Release      : 20.oe2203sp2
4   Architecture : x86_64
5   Install Date : 2023 年 12 月 08 日 星期五 10 时 48 分 37 秒
6   Group        : Unspecified
7   Size         : 4806861
8   License      : ASL 2.0
9   Signature    : RSA/SHA256, 2023年11月13日 星期一 20时31分01秒, Key ID 007fb747fb37bc6f
10  Source RPM   : httpd-2.4.51-20.oe2203sp2.src.rpm
11  Build Date   : 2023 年 11 月 13 日 星期一 20 时 29 分 56 秒
12  Build Host   : dc-64g.compass-ci
13  Packager     : http://openeuler.org
14  URL          : https://httpd.apache.org/
15  Summary      : Apache HTTP Server
16  Description  :
17  Apache HTTP Server is a powerful and flexible HTTP/1.1 compliant web server.
```

这里就需要借助前文的 rpm -qa | grep 获取软件包的全名。

rpm -qR 用于查询软件包的依赖关系。

【例 6.12】查询 httpd 软件包的依赖关系。

```
1   # 查询软件包的依赖关系
2   $ rpm -qR httpd
```

```
1   /bin/sh
2   httpd-filesystem
3   httpd-tools = 2.4.51-20.oe2203sp2
4   libapr-1.so.0()(64bit)
5   libaprutil-1.so.0()(64bit)
6   ...
```

rpm -ql 用于查询软件包安装后包含的文件列表。

【例 6.13】查询 httpd 软件包安装后包含的文件列表。

```
1   # 查询软件包安装后包含的文件列表
2   $ rpm -ql httpd
```

```
1   /etc/httpd/conf.d/autoindex.conf
2   /etc/httpd/conf.d/userdir.conf
3   /etc/httpd/conf.d/welcome.conf
4   ...
```

rpm -qf 用于反向查询文件由哪个软件包提供。

【例 6.14】反向查询文件/etc/httpd/conf.d/autoindex.conf 由哪个软件包提供。

```
1   # 反向查询文件由哪个软件包提供
2   $ rpm -qf /etc/httpd/conf.d/autoindex.conf
```

```
1   httpd-2.4.51-20.oe2203sp2.x86_64
```

< 119 >

rpm -qp[ilRf]用于查询未安装的 rpm 安装包的信息。

【例 6.15】查询未安装的 rpm 安装包的信息。

```
1   # 显示软件安装包详细信息
2   $ rpm -qpi ./httpd/httpd-2.4.51-17.oe2203sp2.x86_64.rpm
3
4   # 查询安装包的依赖关系
5   $ rpm -qpR ./httpd/httpd-2.4.51-17.oe2203sp2.x86_64.rpm
6
7   # 查询安装后包含的文件列表
8   $ rpm -qpl ./httpd/httpd-2.4.51-17.oe2203sp2.x86_64.rpm
9
10  # 反向查询安装包由哪个软件包提供，这里是软件包名
11  $ rpm -qpf ./httpd/httpd-2.4.51-17.oe2203sp2.x86_64.rpm
```

7．验证

验证即查询软件所含的程序文件是否被修改。

【例 6.16】验证。

```
1   # 查询软件所含的程序文件是否被修改
2   $ sudo rpm -V httpd
```

如果有被修改，输出修改文件；如果没有被修改，则无输出。

还可以指定文件或目录，验证是否被修改。

```
1   # 查询一个文件是否被修改
2   $ sudo rpm -Vf /etc/httpd/conf.d/autoindex.conf
```

8．卸载

rpm -e 用于卸载软件，卸载前也需要先使用 rpm -qa | grep 查询具体软件包名称。

【例 6.17】卸载 httpd 软件包。

```
1   # -e: erase, 擦除, 卸载
2   $ sudo rpm -e httpd
```

```
1   错误: 依赖检测失败:
2           httpd-mmn = 20120211x8664 被 (已安装) mod_http2-1.15.25-2.oe2203sp2.x86_64 需要
```

卸载软件包时会检测软件依赖关系，如果被依赖会给出提示。可以依次卸载依赖项，最后完成卸载。

```
1   # 卸载其他依赖
2   $ sudo rpm -e httpd-tools
3   $ sudo rpm -e httpd-filesystem
4   $ sudo rpm -e apr-util
5   $ sudo rpm -e apr
6   $ sudo rpm -e mariadb-connector-c
7   $ sudo rpm -e mod_http2
8   $ sudo rpm -e openEuler-logos-httpd
9
10  # 最后完成卸载
11  $ sudo rpm -e httpd
```

6.4.2　dpkg

dpkg 是类似 rpm 的 Debian/Ubuntu 系列的软件包管理工具，其对比如表 6.3 所示。

< 120 >

表 6.3　rpm 和 dpkg 命令对比

说明	openEuler/CentOS	Debian/Ubuntu
安装/升级本地软件包	rpm -ivh <软件文件名>	dpkg -i <软件文件名>
本地安装软件依赖修正	手动修正，或借助 yum 本地安装	用 apt-get -f install 在线修正，或借助 apt 本地安装
卸载软件包	rpm -e <软件名>	用 dpkg -r <软件名>卸载但不清除配置信息 或用 dpkg -P <软件名>卸载并清除配置信息
列出当前已安装的全部软件包	rpm -qa	dpkg -l
查询软件包完整软件名	rpm -qa	grep <软件名关键词>	dpkg -l	grep <软件名关键词>
显示软件包详细信息，包括版本号、安装大小、依赖关系、bug 报告等信息	rpm -qi <软件名>	dpkg -s <软件名>
软件包安装后包含的文件列表	rpm -ql <软件名>	dpkg -L <软件名>
反向查询文件由哪个包提供	rpm -qf <文件名>	dpkg -S <文件名>
安装包验证	rpm -V	
备注	推荐使用前端工具 yum/dnf 代替	推荐使用前端工具 apt/apt-get 代替

6.5　源代码安装管理

源代码安装
管理

在 Windows 操作系统中，通常会提供已编译好的二进制程序，但不提供源代码；与此不同的是，在 Linux 操作系统中，源代码通常是开源的。对于 Linux 项目来说，二进制程序通常作为服务提供。超量的源代码可谓 Linux 的宝藏，只要掌握有效地利用源代码来进行编译、安装和使用的方法，就可以挖掘出这些宝藏。

Linux 操作系统的源代码通常都遵循 POSIX 标准，这些源代码多数采用 C/C++编写，具备跨平台的特性，并使用传统的 Makefile 来管理项目。源代码编译安装过程一般包括以下几个主要步骤。

（1）CMake 配置

传统的项目管理方式复杂、烦琐，CMake 是目前构建 C/C++项目的首选工具。它能够根据不同平台和编译器生成适用的 Makefile。

CMake 是一个高级的编译配置工具，能够根据平台和需求生成适用的 Makefile。通过编写 CMakeLists.txt 文件，可以精确控制生成的 Makefile，从而管理整个编译过程。生成的 Makefile 不仅支持基本的构建过程（通过 make 命令），还支持安装（make install）、测试（make test 或 ctest）、生成平台特定的安装包（make package）以及创建源代码包（make package_source）等高级功能。

因此，对于较新的 C/C++项目，通常会采用 CMake，因为它提供了自动化配置和构建的强大功能。这使得源代码编译、安装变得更加高效且易于管理。

（2）配置

在进行编译之前，必须先配置项目，以适应不同的平台或应用需求。

（3）编译

使用 Makefile 文件指导编译器将源代码编译成可执行的二进制文件。

（4）安装

将生成的二进制文件安装到指定的目标路径中。

< 121 >

通过源代码编译安装软件的一般步骤如下。

```
1   # 1.CMake 配置
2   $ cmake
3
4   # 2.配置
5   $ ./configure
6
7   # 3.编译
8   $ make
9
10  # 4.安装
11  $ sudo make install
```

【例 6.18】用源代码方式安装 httpd 软件。

httpd 是 Apache 超文本传输协议（HTTP）服务器的主要程序。为了编译安装 httpd 的源代码，需要先安装 Apache 可移植运行库（Apache portable run-time libraries，APR）的依赖。

APR 库包含 3 个独立的开发包：apr、apr-util 和 apr-iconv。每个包都独立开发和维护，因此具有各自的版本。

一般情况下，编译 httpd 源代码的顺序是：先编译 apr，然后编译 apr-util，最后编译 httpd。

（1）通过源代码方式安装 apr 库。

```
1   # 1.下载源代码并解压缩
2   $ wget --no-check-certificate https://dlcdn.apache.org//apr/apr-1.7.4.tar.gz
3   $ tar -xf apr-1.7.4.tar.gz
4   $ cd apr-1.7.4/
5
6   # 按照官方提示安装依赖包
7   $ sudo yum install -y autoconf libtool expat
8   # autoconf 配置
9   $ ./buildconf
10
11  # 2.配置
12  # --prefix: 指定安装路径
13  $ ./configure \
14    --prefix=/usr/local/apr/
15
16  # 3.编译
17  $ make
18
19  # 4.安装
20  $ sudo make install
```

源代码安装步骤并不完全一致，为了解决依赖等问题，需要重点查看官方指导说明。更多情况下，官方指导说明也不完全，还需要根据实际情况的提示进行修正。

（2）以源代码方式安装 apr-util 库。但是用 apr-util 源代码编译需要先安装 expat 库。

```
1   # 1.下载源代码并解压缩
2   $ wget --no-check-certificate
    https://github.com/libexpat/libexpat/releases/download/R_2_5_0/expat-2.5.0.tar.gz
3   $ tar -xf expat-2.5.0.tar.gz
4   $ cd expat-2.5.0/
5
6   # 2.配置
7   $ ./configure
8
```

< 122 >

```
 9   # 3.编译
10   $ make
11
12   # 4.安装
13   $ sudo make install
```

以源代码方式安装 apr-util 库。

```
 1   # 1.下载源代码并解压缩
 2   $ wget --no-check-certificate https://dlcdn.apache.org//apr/apr-util-1.6.2.tar.gz
 3   $ tar -xf apr-util-1.6.3.tar.gz
 4   $ cd apr-util-1.6.3/
 5
 6   # 2.配置
 7   $ ./configure \
 8     --prefix=/usr/local/apr-util \
 9     --with-apr=/usr/local/apr
10
11   # 3.编译
12   $ make
13
14   # 4.安装
15   $ sudo make install
```

（3）以源代码方式安装 httpd。

```
 1   # 1.下载源代码并解压缩
 2   $ wget --no-check-certificate https://dlcdn.apache.org/httpd/httpd-2.4.57.tar.bz2
 3   $ tar -xf httpd-2.4.57.tar.bz2
 4   $ cd httpd-2.4.57/
 5
 6   # 按照官方提示调整目录结构
 7   $ cp -rf ../apr-1.7.4 ./srclib/apr
 8   $ cp -rf ../apr-util-1.6.3 ./srclib/apr-util
 9
10   # 2.配置
11   $ ./configure \
12     --prefix=/usr/local/apache \
13     --with-included-apr \
14     --with-apr=/usr/local/apr \
15     --with-apr-util=/usr/local/lib/apr-util
16
17   # 3.编译
18   $ make
19
20   # 4.安装
21   $ sudo make install
```

（4）安装后一般需要进行测试。

```
 1   # 查看 httpd 版本号
 2   $ /usr/local/apache/bin/httpd -v
```

```
 1   Server version: Apache/2.4.57 (Unix)
 2   Server built:   Sep 16 2023 18:20:06
```

成功输出上述信息说明 httpd 已经成功安装。

打开浏览器访问 Linux 服务器提供的 Web 服务首页。

http://192.168.241.140/

成功显示图 6.1 所示页面，表明成功提供服务。

< 123 >

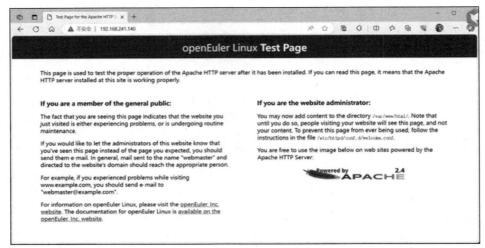

图 6.1　httpd 测试页面

6.6 软件包安装实例

6.6.1 MariaDB 的安装与使用

安装 MariaDB。

```
1   # 安装 MariaDB
2   $ sudo yum install -y mariadb-server
3
4   # 设置开机自启动，并启动服务
5   $ sudo sudo systemctl enable mariadb
6   $ sudo sudo systemctl start mariadb
```

如果要安装最新版的 MariaDB，建议使用 MariaDB 私有源配置工具（repository configuration tool），并按照提示安装。

安装后，开始登录 MariaDB 系统。

```
1   # 以下两种方法都可以登录，初始无密码，必须以管理员身份登录
2   $ sudo mysql
3   # 或
4   $ sudo mariadb
```

MariaDB 登录后界面如图 6.2 所示。

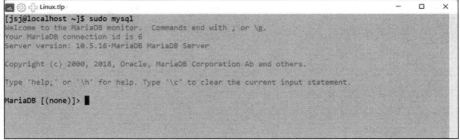

图 6.2　MariaDB 登录后界面

< 124 >

在 MariaDB [(none)]>命令提示符下，执行以下命令，添加 3 个 MariaDB 用户。

```
1  # 添加 3 个 MariaDB 用户
2  > grant all privileges on *.* to root@'localhost' identified by '123456';
3  > grant all privileges on *.* to root@'%' identified by '123456';
4  > grant all privileges on *.* to jsj@'%' identified by '123';
5  > flush privileges;
```

上述命令中，>是命令提示符。

可通过快捷键[Ctrl＋d]或 quit 命令或 exit 命令退出 MariaDB 系统。

设定密码之后，就可以使用数据库的账号与密码登录。

```
1  # 使用数据库的账号与密码登录
2  $ mysql -uroot -p123456
3  # 或
4  $ mysql -ujsj -p123
```

出于对安全的考虑，默认情况下都会关闭数据库的远程登录功能，只能在本地登录，但是为了操作方便，本例开启 MariaDB 系统的远程登录功能，但是在生产环境中，建议大家关闭此功能。

```
1  # 开启远程登录
2  # （1）修改配置
3  $ sudo sed -E -i 's/^(bind-address.*)/#\1/g' /etc/my.cnf.d/mariadb-server.cnf
4
5  # （2）重启 MariaDB
6  $ sudo systemctl restart mariadb
```

如果开启了防火墙，还要设置防火墙放行或关闭防火墙。

下面进行练习。

```
1  # 登录 MariaDB
2  $ mysql -uroot -p123456
```

```
1  Welcome to the MariaDB monitor.  Commands end with ; or \g.
2  Your MariaDB connection id is 15
3  Server version: 10.5.16-MariaDB MariaDB Server
4
5  Copyright (c) 2000, 2018, Oracle, MariaDB Corporation Ab and others.
6
7  Type 'help;' or '\h' for help. Type '\c' to clear the current input statement.
8
9  MariaDB [(none)]>
```

进入 MariaDB，开始执行以下命令。

```
1  # 显示数据库版本
2  > select version();
```

```
1  +----------------+
2  | version()      |
3  +----------------+
4  | 10.5.16-MariaDB |
5  +----------------+
6  1 row in set (0.011 sec)
```

```
1  # 创建数据库 jxgl
2  > create database jxgl;
```

```
1  Query OK, 1 row affected (0.010 sec)
```

```
1  # 显示所有数据库
```

< 125 >

```
2  > show databases;
```

```
1  +--------------------+
2  | Database           |
3  +--------------------+
4  | information_schema |
5  | jxgl               |
6  | mysql              |
7  | performance_schema |
8  +--------------------+
9  4 rows in set (0.026 sec)
```

```
1  # 切换到 mysql 数据库
2  > use mysql;
```

```
1  Reading table information for completion of table and column names
2  You can turn off this feature to get a quicker startup with -A
3
4  Database changed
```

```
1  # 显示当前数据库包含的表信息
2  > show tables;
```

```
1  +---------------------------+
2  | Tables_in_mysql           |
3  +---------------------------+
4  | column_stats              |
5  | columns_priv              |
6  | db                        |
7  ...
8  | transaction_registry      |
9  | user                      |
10 +---------------------------+
11 31 rows in set (0.000 sec)
```

6.6.2 一些有趣的小程序

利用 figlet 小程序输出艺术字。

```
1  # 安装 figlet
2  $ sudo yum install -y figlet
```

使用 figlet 输出 Hello,world 的艺术字体。

```
1  # 运行 figlet
2  $ figlet 'Hello,world'
```

```
1   _   _        _   _                            _       _
2  | | | |  ___ | | | |  ___   __      __  ___   _ __ | |  __| |
3  | |_| | / _ \| | | | / _ \  \ \ /\ / / / _ \ | '__|| | / _` |
4  |  _  ||  __/| | | || (_) |  \ V  V / | (_) || |   | || (_| |
5  |_| |_| \___||_| |_| \___/    \_/\_/   \___/ |_|   |_| \__,_|
6
```

6.7 小结

本章全面介绍了 Linux 操作系统中的软件包管理。首先，本章简要介绍了软件包的概念，解释了为什么软件包管理对于 Linux 操作系统至关重要。接下来，本章详细讨论了两类常见的软件包管理工

< 126 >

具：yum/apt 前端软件包管理工具和 rpm/dpkg 本地软件包管理工具。本章还讲解了如何使用这些工具来搜索、安装、更新和卸载软件包，以及如何解决依赖关系问题。

6.8 习题

一、填空题

1. 软件包前端管理工具是在软件包管理工具的基础上，实现下载、验证、自动解决安装_____关系。
2. _____是一个在 OpenEuler、Fedora、Red Hat、CentOS 等发行版中的前端软件包管理器。
3. _____是 yum 的增强版。
4. yum _____命令通过 "卸载/安装/升级" 来更新系统。
5. _____命令与 apt-get 基本通用，是作为新标准推荐使用的。
6. FreeBSD 中使用_____作为软件包管理工具。
7. rpm _____选项列出当前全部已安装的软件包。
8. _____是 Debian/Ubuntu 系列的软件包管理器。

二、判断题

1. rpm 本地安装不能解决依赖问题。（　　　）
2. rpm 命令如果不想解决依赖问题，还可以通过选项强制安装。（　　　）
3. yum install 不能用来升级软件包。（　　　）
4. yum install 不能用来安装本地软件包。（　　　）
5. yum install 在线安装能够解决依赖问题。（　　　）
6. yum install 本地安装不能解决依赖问题。（　　　）
7. apt-get -f install 能够进行本地安装软件依赖修正。（　　　）

三、选择题

1. 在 Linux 系统中，以下哪个命令不能用于安装软件包？（　　　）
A. install　　　　　　B. rpm -i　　　　　　C. apt-get install　　　　　　D. yum install
2. 在 Linux 中，以下哪个目录通常用于存放软件包？（　　　）
A. /bin　　　　　　B. /usr/local　　　　　　C. /var/cache　　　　　　D. /etc/yum.repos.d
3. 在 Red Hat 系列的 Linux 中，哪个命令不能用于搜索软件包？（　　　）
A. yum search　　　　B. apt search　　　　C. dnf search　　　　D. rpm -qa
4. 在使用 apt 包管理器时，哪个命令用于更新软件包列表？（　　　）
A. apt update　　　　B. apt upgrade　　　　C. apt install　　　　D. apt search

< 127 >

第7章 Vim 编辑器

Vim 作为一款强大的文本编辑器，是 Linux 操作系统程序员、系统管理员以及技术爱好者的首选工具之一。它不仅支持简单的文本编辑，还提供了丰富的命令和功能，使用户能够高效地进行代码编写、文件编辑等工作。本章将深入探讨 Vim 的基本使用、高级编辑技巧以及其在实际编程中的应用。

7.1 引入

引入

Linux 操作系统中的文本编辑是非常困难的操作，尤其是在只有键盘，没有鼠标的情况下，为了提高编辑效率，Vim 编辑器提供了一套科学和合理的快捷键，使得开发者能够逐渐掌握并享受到它的便利性，甚至在很多现代开发环境中都采纳了 Vim 的快捷键设置。

Vim 支持多种编程语言和文件格式，包括 C/C++、Java、Python、HTML、CSS 等。它还提供语法高亮、自动补全、错误检查等功能，可极大地提高代码编写和阅读的效率。

7.2 Vim 简介

Vim 简介

Vim（Vi IMproved）是一款可定制的文本编辑器，是 Vi 的增强版，它是 UNIX 和 Linux 操作系统中使用最广泛的编辑器之一。Vim 的独特之处在于其拥有强大的命令行界面和丰富的功能集，这使其成为程序员和系统管理员的首选工具之一。学习 Vim 的难度较大，但一旦掌握，将大大提高编辑效率，尤其是在终端环境中。

1. Vim 编辑器的 3 种模式

Vim 编辑器以其独特的编辑方式而闻名，它具有 3 种主要工作模式，相当于图形界面中的不同界面，每个模式下可以执行不同的操作。

命令模式是启动 Vim 编辑器后默认打开的模式。在该模式下，可以执行光标移动、字符串查找、删除、复制、粘贴等操作。

在编辑模式下可以修改文本文件的内容或添加新的内容。要进入编辑模式，需要按 i、I、o、O、a、A、r、R 等键。

在命令模式下，如果输入:、/或 ?等字符，就会进入末行模式，在此模式下，光标将会移动到编辑器底部，可执行一系列操作，如设置编辑环境、保存文件、退出编辑器，以及查找、替换等高级操作。

编辑器的 3 种模式主要是利用[Esc]键回到命令模式进行切换。

2．打开 Vim 编辑器

通过"vim 文件名"或"vi 文件名"的方式打开或新建文件进行编辑。

```
1    # 打开 Vim 编辑器
2    $ vim
3    说明：打开 Vim 编辑器，编辑文档后，保存时必须提供文件名。
4
5    # 打开 Vim 编辑器，并打开文件
6    $ vim 文本.txt
7    说明：使用 Vim 编辑器打开文件"文本.txt"，如果文件不存在，则新建该文件。
8
9    # 以只读方式打开 Vim 编辑器
10   $ view 文本.txt
```

打开 Vim 编辑器之后，显示图 7.1 所示的界面，默认打开的模式是命令模式。

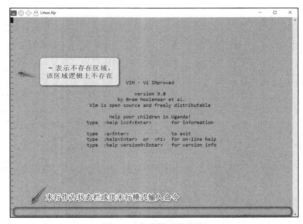

图 7.1　命令模式的界面

在图 7.1 中，~表示该行不存在区域，该区域逻辑上不存在，只是视觉上表示出来了。末行作为状态栏或供末行模式输入命令。

按 i 等键打开图 7.2 所示的编辑模式。

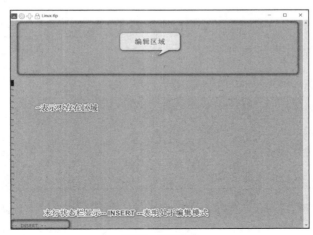

图 7.2　编辑模式

< 129 >

编辑器的末行状态栏显示--INSERT--提示信息表明处于编辑模式。~仍然表示不存在区域；空白行表示编辑区域。

如果要返回命令模式，只需按[Esc]键即可。

编辑模式下的操作非常简单，本章不做过多的介绍。编辑模式适用于快速输入文本或编辑小段文本。对于编辑大文档或需要进行复杂操作的情况，命令模式更合适。

7.3 命令模式下编辑

命令模式下编辑

在命令模式下，可以通过一系列快捷键或命令来实现高效编辑，包括光标移动、删除、复制、粘贴等。

7.3.1 光标移动

在命令模式下，通过快捷键可以快速移动光标，达到甚至超过鼠标的操作效率。记住常用的快捷键（如表 7.1 所示），能够迅速提高文本编辑效率。

表 7.1 光标移动快捷键

快捷键	说明
↑	同 k，上移一行，无方向键的键盘使用 k
↓	同 j，下移一行
←	同 h，左移一个字符
→	同 l，右移一个字符
[PgUp]	同[Ctrl＋b]，快速后退，向前翻一屏
[PgDn]	同[Ctrl＋f]，快速前进，向后翻一屏
[Home]	同^或 0，回到行首
[End]	同$，回到行尾
回车	下一行
空格	下一个字符
w	下一个单词
b	上一个单词
H	[Shift＋h]，当前界面的顶部
M	[Shift＋m]，当前界面的中间
L	[Shift＋l]，当前界面的底部
gg	回到文档第 1 行
G	[Shift＋g]，回到文档结尾

这些快捷键还可以配合数字键实现更加高效的操作。数字键加方向键，可快速向指定的方向移动 n 个单位。

3↓表示光标快速向下移动 3 行。

< 130 >

3w 表示光标快速向后移动 3 个单词。

3G 表示光标移动到文档第 3 行。此操作使用绝对行，其他快捷键都是基于光标当前所在位置的相对操作。

数字键加方向键是提高效率的基本操作，也是后续操作的基础。

7.3.2　删除、复制、粘贴

Vim 中删除、复制、粘贴等操作的快捷键如表 7.2 所示。

表 7.2　删除、复制、粘贴的快捷键

快捷键	说明
x	同[Del]，删除 1 个字符
X	[Shift＋x]或[BackSpace]，退格删除 1 个字符
3x	同[Del]，删除 3 个字符
dd	删除 1 行
3dd	同 d3d，删除 3 行
yy	复制 1 行
3yy	同 y3y，复制 3 行
p	粘贴，在光标右侧粘贴，如果复制的是多行，则在下一行粘贴
P	[Shift＋p]，在光标左侧粘贴，如果复制的是多行，则在上一行粘贴

删除和复制操作也支持配合数字键快速删除或复制多行内容。

注 意

Vim 中所有的删除都是剪切，可以继续粘贴使用。

删除操作配合数字键的快捷键如表 7.3 所示。

表 7.3　删除操作配合数字键的快捷键

快捷键	说明
d	删除选择反白的内容
d3→	删除向后的 3 个字符
d3↓	删除向下的 3 行
d3w	删除向后的 3 个单词
dgg	同 d1G，删除光标行到文章开始的内容
dG	删除光标行到文章末尾的内容
d0	删除光标位置到本行开头的内容
d$	删除光标位置到本行末尾的内容

复制操作配合数字键的使用方法同删除操作，只需将 y 替换为 d，如表 7.4 所示。

< 131 >

表 7.4 复制操作配合数字键的快捷键

快捷键	说明
y	复制选择反白的内容
y3→	复制向后的 3 个字符
y3↓	复制向下的 3 行
y3w	复制向后的 3 个单词
ygg	同 y1G，复制光标行到文章开始的内容
yG	复制光标行到文章末尾的内容
y0	复制光标位置到本行开头的内容
y$	复制光标位置到本行末尾的内容

7.3.3 v 模式

v 模式可以实现模拟鼠标的选择操作，反白选择多文本。选择之后可以使用 d、y 进行剪切或复制操作，快捷键如表 7.5 所示。

表 7.5 v 模式操作快捷键

快捷键	说明
v	v 模式开始，以字符为单位选择，反白选中内容
V	V 模式开始，以行为单位选择，反白选中内容
[Ctrl + v]	进入可视块选择模式
[ESC][ESC]	撤销选择，退出 v 模式
d	删除选择反白的内容
y	复制选择反白的内容
p	粘贴

7.3.4 撤销、重做、重复执行

撤销、重做、重复执行的快捷键如表 7.6 所示。

表 7.6 撤销、重做、重复执行的快捷键

快捷键	说明
u	撤销
[Ctrl + r]	重做
.	点，重复执行最后一条命令
U	[Shift + u]，撤销，仅恢复本行

7.3.5 标签

标签就是当文档内容过长的时候，可以标记一个锚点，然后快速跳转到该锚点。标签的快捷键如表 7.7 所示。

标签和固定版式
替换

< 132 >

表 7.7　标签的快捷键

快捷键	说明
m [a-z]	m 用于标记锚点，再按 a，锚点名为 a。可以标记 a～z 共 26 个锚点
` [a-z]	跳转到锚点处。如`a，表示跳转到锚点 a 处

7.3.6　固定版式替换

固定版式是一种页面或文档排版的方式，其中内容的布局和格式在页面上是固定的，无法根据设备或窗口大小进行自适应调整。在已经确定的出版物或文档中，如果需要进行修改，只能进行微小的调整，而不能改变整体的版式结构。固定版式替换的快捷键如表 7.8 所示。

表 7.8　固定版式替换的快捷键

快捷键	说明
r	替换一个字符，替换后结束
R	替换多个字符，按[Esc]键结束
~	大小写切换

7.4　末行模式下编辑

末行模式下编辑

在命令模式下，如果输入:、/或 ?等字符，光标将会移动到编辑器底部。末行模式以冒号:开头，并允许执行一系列命令操作，如设置编辑环境、保存文件、退出编辑器，以及查找、替换等高级操作。

7.4.1　查找

查找操作与 less 阅读操作相同，查找的快捷键如表 7.9 所示。

表 7.9　查找的快捷键

快捷键	说明
/	向后查找某个字符串
?	向前查找某个字符串

7.4.2　替换

替换操作需要进入末行模式，使用命令的方式进行替换，替换是文本编辑的重要内容。

```
1  # 全文替换
2  :%s/word1/word2/g
3  :%s/word1/word2/gc
4  :%s/word1/word2/c
```

进入末行模式前必须按[Esc]键返回到命令模式，然后输入:进入末行模式。

%：表示全文。s：search，查找。g：go，执行。c：confirm，执行时需确认，没有 c 执行时不需要确认。上例 word1 被 word2 替换。

< 133 >

替换操作能够表达的语义非常丰富，在后文介绍 sed 命令时还会进行更详细的介绍。

7.4.3　文档保存

文档保存最快的方式是在命令模式下直接输入 ZZ，保存并退出。

```
1  # 命令模式下保存并退出
2  ZZ
```

也可以进入末行模式输入:wq，保存并退出。

```
1  # 末行模式下保存并退出
2  :wq
```

不保存强制退出是在末行模式下输入:q!，!有强制的意思。

```
1  # 不保存强制退出
2  :q!
```

保存不退出的操作如下。

```
1  # 保存不退出
2  :w
```

另存为的操作如下。

```
1  # 另存为
2  :w 新文件.txt
```

强制另存为的操作如下。

```
1  # 强制另存为
2  :w ! 新文件.txt
```

7.4.4　多窗口功能 sp

Vim 可以同时打开多个文档，但是显示的只能有一个文档，而多窗口 sp（split）功能，可以同时在一个界面打开多个文档。

进入末行模式输入:sp，会分割窗口，在新窗口中打开文件。

```
1  # 在新窗口中打开文件
2  :sp 文本 2.txt
```

sp 多窗口界面如图 7.3 所示。

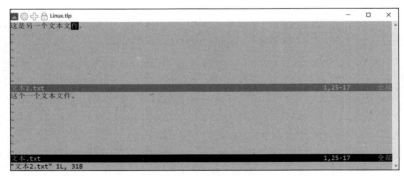

图 7.3　sp 多窗口界面

< 134 >

虽然同时打开多个窗口，但是只有一个窗口是焦点窗口，必须进行窗口切换才可以切换到不同的文档。

```
1   # 多窗口切换
2   [Ctrl + w], ↑ ↓
```

多窗口切换，先按[Ctrl + w]快捷键，放开后，然后用方向键选择。

7.4.5　其他功能

还有一些其他功能在使用过程中经常用到，也需要记忆和掌握。

```
1   # 显示行号
2   :, set nu
3
4   # 取消显示行号
5   : set nonu
6
7   # 查看文件名和文件路径
8   [Ctrl] + g
9
10  # 获得联机帮助
11  : help
```

7.5　实践: GCC 编程

实践: GCC 编程

虽然 Vim 是一个简单的文本编辑器，但是也可以用来编程，而且它还是功能强大的开发工具。这里利用 Vim 进行 C/C++编程，重点不在编程，而在于在编程过程中练习 Vim 编辑器的使用。

GNU 编译器套件（GNU compiler collection，GCC）是由 GNU 开发的编程语言编译器。它是以 GPL 许可证发行的自由软件，是 GNU 项目的关键部分，也是 Linux 内核的主要编程语言。

进行开发前需要安装 GCC 开发环境。

```
1   # 安装C/C++的整个编译环境，包括gcc、g++、make、cmake 等
2   $ sudo yum install -y gcc gcc-c++ kernel-devel make cmake
```

首先，创建文件进入 Vim 环境。

```
1   # 创建文件
2   $ vim hello.c
```

然后开始编码，hello.c 代码的内容如下。

```
1   #include <stdio.h>
2
3   int  main (){
4     printf("Hello world!\n");
5     return 0;
6   }
```

编写代码后，按[Esc]键进入命令模式，输入:wq，保存并退出。

编写好的代码还必须进行编译，才可以运行。

```
1   # 编译, -o: 指定输出文件名
```

< 135 >

```
2    $ gcc -o hello hello.c
```

-o 用于指定输出文件名。如果不指定输出文件名，编译后生成的输出文件名为 a.out。

编译完成后，生成"hello"二进制可执行程序。

```
1    # 运行
2    $ ./hello
```

```
1    Hello world!
```

运行一个可执行程序，优先查找运行系统目录下的同名文件，这样安全性比较高，不容易被有害程序伪装成系统程序。所以，当前目录下必须加./明确表明运行程序的路径，否则程序不会被执行。

7.6 实践：Java 编程

实践：Java 编程

同样，Vim 也可以用于进行 Java 的编程，这里也是借用 Java 程序的编写熟悉 Vim 编辑器的使用。

Java 是一种可以跨平台的、面向对象的程序设计语言。Java 技术具有卓越的通用性、高效性、平台可移植性和安全性，拥有全球最大的开发者专业社群。

OpenJDK 是 Java Platform、Java SE 和相关项目的开源实现，支持 Linux、macOS 和 Windows，它原是太阳微（Sun Microsystems）公司为 Java 平台构建的 JDK 的开源版本。

太阳微公司在 2006 年的 JavaOne 大会宣称对 Java 开放源代码，并于 2009 年 4 月 15 日正式发布 OpenJDK。甲骨文（Oracle）公司在 2010 年收购太阳微公司之后接管了该项目。

Java 开发环境也是基础性关键技术，非常容易被国外限制。Java 开发环境的限制对于没有能力维护 OpenJDK 的中小型公司是致命的，我国的一些大型企业开始开放自己维护的 OpenJDK 版本。目前比较好的版本有以下几种。

➢ 腾讯的 Kona OpenJDK。

➢ 阿里的龙井 Dragonwell OpenJDK。

➢ 华为的毕昇 OpenJDK。

腾讯 Kona 是一个基于 OpenJDK 定制的，生产环境可用，高性能，安全稳定，兼容多种运行平台的 OpenJDK 开源发行版本。

除了可以在线安装官方版本的 OpenJDK，也可以离线安装 OpenJDK（以腾讯 Kona 为例）。

下载 OpenJDK 软件包之后，需要将其解压缩、安装到/opt 目录，并在系统配置文件/etc/profile 中添加 JDK 路径信息，使系统程序能够找到它，配置信息如下。

```
1    # Kona OpenJDK 17
2    export JAVA_HOME=/opt/TencentKona-17
3    export PATH=${JAVA_HOME}/bin:\$PATH
4    export CLASSPATH=.:${JAVA_HOME}/lib
```

上述操作，可以使用 Vim 编辑器实现，也可以使用如下命令完成。建议使用 su 命令切换到管理员身份再执行。

```
1    # 安装 OpenJDK 17（腾讯 Kona）
2    # 下载后上传服务器，然后解压缩
3    tar -xf TencentKona-17*-x86_64.tar.gz
4
5    # 切换到管理员身份
6    su root
7
```

< 136 >

```
8    # 将软件包移动到/opt 文件夹，并将其重命名为 TencentKona-17
9    sudo mv $(ls -d TencentKona-17* | grep -v .gz) /opt/TencentKona-17
10
11   # 先删除 JDK 配置信息
12   sudo sed -E -i '/Kona OpenJDK/,+3d' /etc/profile
13
14   # 在/etc/profile 末尾添加 JDK 配置信息
15   # 注意，下面多行，直到 EOF，一起复制执行
16   cat <<EOF | sudo tee -a /etc/profile
17   # Kona OpenJDK 17
18   export JAVA_HOME=/opt/TencentKona-17
19   export PATH=\${JAVA_HOME}/bin:\$PATH
20   export CLASSPATH=.:\${JAVA_HOME}/lib
21   EOF
22   # 注意，上面多行，一起复制执行
23
24   # 使配置生效
25   source /etc/profile
```

查询 OpenJDK 版本信息。

```
1    # 查看 JDK 版本信息
2    $ java --version
```

```
1    openjdk version "17.0.8" 2023-07-19 LTS
2    OpenJDK Runtime Environment TencentKonaJDK (build 17.0.8+1-LTS)
3    OpenJDK 64-Bit Server VM TencentKonaJDK (build 17.0.8+1-LTS, mixed mode, sharing)
```

```
1    # 查看 Java 编译器版本信息
2    $ javac --version
```

```
1    javac 17.0.8
```

成功输出上述信息，说明已经安装成功。

下面开始基于 OpenJDK 进行 Java 代码的编写。

首先，创建文件进入 Vim 环境。

```
1    # 创建文件
2    $ vim Welcome.java
```

开始编码，Welcome.java 代码的内容如下。

```
1    public class Welcome {
2      public static void main(String[] args) {
3        System.out.println("Welcome to Java!");
4      }
5    }
```

编写代码后，按[Esc]键进入命令模式，输入:wq，保存并退出。

编写好的代码还必须进行编译，才可以运行。

```
1    # 编译
2    $ javac Welcome.java
```

javac 是编译器，编译后生成文件 Welcome.class。

Welcome.class 是 Java 二进制字节码，操作系统不可以直接执行，需要使用 Java 解释器解释执行。

```
1    # 执行
2    $ java Welcome
```

```
1    Welcome to Java!
```

< 137 >

7.7 小结

Vim 编辑器是 Linux 编辑文档最基本的工具，不会使用 Vim 编辑器就不能编辑文档。Vim 编辑器的使用，主要是记住常用的快捷键和命令，操作复杂，是整个 Linux 学习的重点和难点，必须反复练习才能熟练掌握。可以通过 GCC 或 Java 编程来熟悉 Vim 编辑器的使用。

7.8 习题

一、填空题

1. Vim 编辑器有 3 种模式：_____、_____和末行模式。
2. Vim 编辑器的快捷键_____表示移动到文档第 3 行。
3. Vim 编辑器的快捷键_____表示删除 1 行。
4. Vim 编辑器的快捷键_____表示复制 1 行。
5. Vim 编辑器中_____模式可以实现模拟鼠标式的选择操作。

二、判断题

1. 在 Vim 的命令模式下，可以进行文本的复制、粘贴和删除等操作。　　　　　　　（　　　）
2. Vim 的末行模式主要用于保存和退出编辑器。　　　　　　　　　　　　　　　（　　　）
3. 在 Vim 中，可以使用 "i" 命令进入插入模式。　　　　　　　　　　　　　　　（　　　）
4. Vim 编辑器不支持语法高亮功能。　　　　　　　　　　　　　　　　　　　　（　　　）
5. 使用 Vim 编辑器编写 Java 程序时，无法直接编译和运行 Java 代码。　　　　　（　　　）

三、选择题

1. Vim 编辑器中，哪种模式允许用户进行文本的复制、粘贴和删除等操作？（　　　）
A. 插入模式　　　　　　　B. 命令模式　　　　　　　C. 末行模式　　　　　　　D. 图形模式
2. 要在 Vim 中保存文件并退出编辑器，应该在末行模式中输入什么命令？（　　　）
A. :wq　　　　　　　　　B. :q!　　　　　　　　　C. :x　　　　　　　　　D. :savequit
3. 在 Vim 编辑器中，要实现全局搜索并替换某个词，应该在末行模式中使用哪个命令？（　　　）
A. /searchterm　　　　　B. ?searchterm　　　　　C. :%s/old/new/g　　　　D. :s/old/new/g
4. 以下哪个命令不是 Vim 中的命令模式操作？（　　　）
A. yy　　　　　　　　　B. p　　　　　　　　　　C. dd　　　　　　　　　D. :set number
5. 在 Vim 中，要撤销上一步的操作，应该使用哪个命令？（　　　）
A. Ctrl+Z　　　　　　　B. u　　　　　　　　　　C. Ctrl+R　　　　　　　D. Ctrl+Y

< 138 >

第 8 章

系统管理与安全

在 Linux 操作系统中，系统管理与安全是确保系统稳定性、可靠性和安全性的核心要素。本章将深入探讨服务管理、进程管理与任务管理、日志分析与管理以及计划管理等关键内容。通过学习这些内容，读者能够更好地维护和管理 Linux 操作系统，以满足性能需求、确保安全性并有效利用资源。

8.1 引入

引入

1．行政服务中心

服务就是对外提供服务窗口，服务器就是专门提供对外服务的计算机，接收、处理客户请求，并反馈响应结果。政府行政服务中心是政府为老百姓服务的窗口，是集信息与咨询、审批与收费、管理与协调、投诉与监督于一体的综合性行政服务机构。从系统工程角度看，操作系统的系统服务同人文服务窗口有非常多的共通性，它们都是为了提供某种服务而设计的，并且都遵循一些相似的原则和方法。

无论是系统服务还是人文服务窗口，都需要提供高效、准确的服务。在系统服务中，需要快速响应用户请求，正确处理各种任务；而在人文服务窗口，需要快速处理申请，提供正确的信息。

两者都需要持续改进和优化。在系统服务中，需要定期更新软件，修复漏洞；而在人文服务窗口，需要改进工作流程，提高服务质量。

可以说，系统服务和人文服务窗口虽然属于不同的领域，但它们的设计原则和目标是相似的。通过借鉴彼此的经验和方法，可以更好地提供服务，满足用户的需求。我国综合行政服务机构的产生，顺应了建设服务型政府的现实要求，是政府公共服务方式和服务程序的一种新的探索；Linux 操作系统则提供了高可靠、高稳定的服务器型操作系统。

2．系统安全管理

在数字化时代，信息安全和网络安全已成为社会发展的重要组成部分。Linux 操作系统安全涵盖系统性能检测、系统故障分析与排查、日志分析和计划管理等多个关键方面。

系统性能检测是评估和优化系统资源使用情况的关键步骤。通过监控 CPU、内存、磁盘 I/O 等资源的使用情况，可以发现可能导致性能问题的原因，并采取相应的措施进行优化。

当系统出现故障时，需要快速定位并解决问题，以缩短业务中断的时间，这涉及检查日志文件、运行诊断工具、分析系统状态等步骤。通过收集和分析故障数据，可以找出导致故障的原因，并制订有效的解决方案。

日志文件记录了系统运行过程中的各种信息，包括错误、警告、调试等信息。通过对日志文件的分析，可以了解系统的运行状况，发现潜在的问题，并及时采取行动。此外，日志分析还可以用于审计和合规性检查，以满足法规要求。

计划管理包括定期执行的维护任务，如系统升级、备份、安全扫描等。这些任务有助于保持系统的最新状态，防止漏洞被利用，并确保在发生故障时能够快速恢复。通过制定详细的计划和策略，可以降低系统风险，提高系统整体稳定性。

系统安全是一个综合性的领域，需要关注多个关键方面，才能确保系统的安全性和稳定性。通过采用科学的方法和技术，可以有效地管理和保护操作系统的运行，为业务提供强有力的支持。

8.2 服务管理

服务管理

服务（service）是网络系统中的核心概念。服务是网络系统中应用层的基本单位，它通过与一个特定的端口（port）绑定来对外提供服务。端口就是对外提供服务的窗口，使用服务器的 IP 地址和特定的端口，可以准确定位到所需的服务。

服务实现了最简单的应答系统，如图 8.1 所示，允许外部实体与服务器进行通信，它能够接收、处理并响应网络数据请求。

图 8.1　服务应答系统

服务是进程的一种，服务机制就是对普通进程进行监管，确保普通进程能够不间断提供服务。如果普通进程中断或关闭，守护进程就会创建新的进程继续提供服务，所以服务又被称为守护进程（daemon），如图 8.2 所示。

图 8.2　守护进程

服务表示后台运行的服务程序，一般随系统的启动自动地启动。服务器最理想运行的场景就是系统程序以服务的形式在后台持续、稳定地运行，不需要与终端用户交互。

如果用户需要控制服务，应该是最小限度地干预。系统提供了极少数对用户开放的操作接口，这是学习的重点。

首先是检测观察，可以从以下几个点观测。

➢ 服务应该被设置为开机自启动，这种状态属于上线状态（on、up 或 enable）。开机自启动表示在不需要用户干预的情况下，自行启动。一旦下线表示停止提供服务，这种状态属于下线状态（off、down 或 disable）。除非服务出现故障或不再服役，才需要设置为下线状态，否则应该一直上线运行。

➢ 服务的状态（status）用于检测服务是否正常运行。

< 140 >

> ➤ 服务的端口用于检测服务是否对外开放。
> ➤ 服务的进程状态用于从系统角度检测服务是否正常运行。
> ➤ 服务日志用于从程序员角度检测服务状态。

以上几个点都是从外部以黑盒的形式检测服务。在必要情况下，才能使用如下手段干预服务的运行。

> ➤ start：临时启动服务。
> ➤ stop：临时停止服务。
> ➤ restart：临时重启服务。
> ➤ reload：临时重载服务，是比较安全的服务重启方式，不终止已经连接的请求。

系统运维人员需要关注的重要对象就是服务，我们需要熟悉一些常见服务。

> ➤ Telnet：远程连接服务，默认监听 23 端口。
> ➤ SSH：安全套接字连接服务，默认监听 22 端口。
> ➤ 文件传输服务：用于在计算机之间传输文件，例如 FTP 服务和 SFTP 服务。
> ➤ Web 服务：用于托管网站和提供 Web 内容的服务，默认监听 80 端口。
> ➤ 数据库服务：用于存储和管理数据的服务，例如提供 MySQL（3306 端口）、PostgreSQL（5432 端口）和 Oracle（1251 端口）等数据库。
> ➤ Firewall：防火墙服务。
> ➤ atd：at 计划管理服务。
> ➤ crontab：计划管理服务。
> ➤ logrotate：日志轮转服务。

下面以 OpenSSH server 为例介绍服务的操作。

OpenSSH 是安全套接字 SSH 远程连接服务的开源实现，使用客户端连接服务端最常用的就是 OpenSSH 方式，用以代替以前不安全的 Telnet 远程连接。

新版 Linux 操作系统服务被 SystemD 统一管理，主要命令是 systemctl。

查看 OpenSSH 服务列表。

```
1  # 查看服务列表
2  $ sudo systemctl
```

系统维护的服务非常多，可以使用 grep 命令过滤，查看指定服务信息。

```
1  # 查看服务列表的指定服务
2  $ sudo systemctl | grep ssh
```

```
1  sshd.service    loaded active running   OpenSSH server daemon
```

输出结果中有我们需要查看的 sshd.service 服务，还提供了服务的完整名、状态以及描述。该命令一般用于在不知道服务完整名的情况下搜索、查看服务正确完整名，是非常重要的辅助命令。

查看服务的详细状态需要使用 status 子命令。

```
1  # 查看服务的详细状态
2  $ sudo systemctl status sshd
```

输出结果如图 8.3 所示。

图 8.3 中服务的 Active 中显示 active (running)表示服务正在运行。如果显示 inactive (dead)表示服务没有正确启动，不处于运行状态。

服务状态界面也可以查看服务的部分最新日志信息。图 8.3 中的>表示使用方向键→可以查看更多内容。

< 141 >

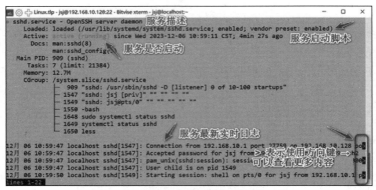

图 8.3　输出结果

按 q 键退出查看服务状态。

服务端口可以使用以下命令查看。

```
1  # 查看服务端口
2  $ ss -tulnp | grep 22
```

```
1  tcp   LISTEN 0      128             0.0.0.0:22          0.0.0.0:*
2  tcp   LISTEN 0      128               [::]:22            [::]:*
```

输出结果说明该服务占用的端口 22 已经启用，处于监听（listen）状态；0.0.0.0 表示是 IPv4 网关，任何 IPv4 地址都可以远程访问；[::]表明是 IPv6 网关，任何 IPv6 地址都可以远程访问。

在必要情况下，如果服务需要维护，还可以对服务进行以下操作。

```
1   # 临时启动服务
2   $ sudo systemctl start <服务名>
3
4   # 临时停止服务
5   $ sudo systemctl stop <服务名>
6
7   # 临时重启服务
8   $ sudo systemctl restart <服务名>
9
10  # 临时重载服务
11  $ sudo systemctl reload <服务名>
```

服务启动等操作是临时的。

服务器重启只会按照服务脚本配置选择是否自启动服务。查看服务是否开机自启动，可以使用如下命令。

```
1  # 查看服务是否开机自启动
2  $ sudo systemctl is-enabled sshd
```

```
1  enabled
```

显示结果 enabled 表示开机自启动。如果是 disabled 表示开机不会自启动。

以下命令可以设置服务开机自启动或取消开机自启动。

```
1  # 设置服务开机自启动
2  $ sudo systemctl enable <服务名>
3
4  # 取消服务开机自启动
5  $ sudo systemctl disable <服务名>
```

< 142 >

进程管理与任务管理

8.3　进程管理与任务管理

进程（process）是操作系统的核心概念。进程是正在执行的程序的实例，每个进程都有独立的内存空间，包括代码、数据、堆栈等。进程之间是相互独立的，一个进程的崩溃通常不会影响其他进程。

服务也是进程的一种，如果服务出现故障，除了可以查看服务的状态外，还可以通过查看服务进程的状态继续查找故障原因。

8.3.1　ps

ps（process state）命令是 Linux 操作系统中常用的进程状态查看命令。运用该命令可以确定有哪些进程正在运行，查看进程运行的状态、进程是否结束、进程有没有僵死、哪些进程占用了过多的资源等。ps 支持两种命令风格，一种是 BSD 风格，一种是 UNIX 风格，用于从两种不同角度获取进程的状态信息。

BSD 风格的语法中，选项没有-。

```
1  # ps 的 BSD 风格语法
2  # a: all。u: user，显示 user ID。x: 显示命令或终端 TTY
3  $ ps aux
```

输出结果如图 8.4 所示。

图 8.4　ps aux 输出结果

输出结果每行代表一个进程信息，每个字段表示的信息如下。

➢ USER：进程的用户标识符，即拥有该进程的用户。
➢ PID：进程的标识符，是唯一的，用于区分不同的进程。
➢ %CPU：进程使用的 CPU 资源百分比。
➢ %MEM：进程所占用的物理内存百分比。
➢ VSZ：进程的虚拟内存大小，以 KB 为单位。
➢ RSS ：进程占用的固定的内存量，以 KB 为单位。

< 143 >

- ➤ TTY：该进程是在哪个终端上运作，若与终端机无关，则显示"?"，另外，tty1～tty6 是本机上的登录者程序，若为 pts/0 等，则表示是由网络连接进主机的程序。
- ➤ STAT：该进程目前的状态，主要的状态有以下几种。
  - ◆ R：运行状态（running），已获取 CPU 使用权限，正在使用 CPU 进行计算。
  - ◆ S：休眠状态（sleeping），休眠状态不是不运作，而是没有抢夺到 CPU 使用权限，暂时处于休眠状态，等待 CPU 时间片轮转重新申请抢夺 CPU 使用权。
  - ◆ T：停止状态（terminated），停止状态的进程会很快被清理出内存，并注销 PID。
  - ◆ Z：僵尸状态（zombie），该进程应该已经终止，却无法被清理出内存。
  - ◆ D：不可中断的休眠状态。
  - ◆ <：高优先级。
  - ◆ N：低优先级。
  - ◆ L：有些页被锁在内存中。
- ➤ START：进程启动的时间。
- ➤ TIME ：进程占用 CPU 的时间。
- ➤ COMMAND：启动该进程的命令行。

ps 的 UNIX 风格语法。

```
1   # ps 的 UNIX 风格语法
2   # -e: all。-l: long。-f: full，显示更多信息
3   $ ps -elf
```

输出结果如图 8.5 所示。

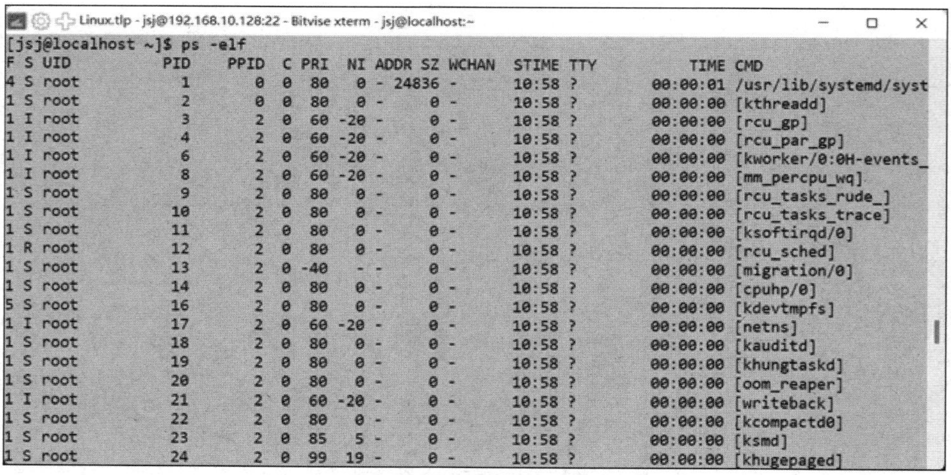

图 8.5　ps -elf 输出结果

ps -elf 输出结果的含义与 ps aux 输出结果的基本相同。

- ➤ F：该列显示进程的标志（flags），通常用于显示进程的状态。例如，S 表示睡眠状态，R 表示运行状态，Z 表示僵尸进程，等等。
- ➤ UID：进程的用户标识符，即拥有该进程的用户。
- ➤ PID：进程的标识符，是唯一的，用于区分不同的进程。
- ➤ PPID：父进程的标识符，指示创建该进程的进程。
- ➤ C：进程的 CPU 利用率百分比。表示该进程使用 CPU 的情况。
- ➤ PRI：进程的调度优先级。较小的数字表示较高的优先级。

< 144 >

- ➢ NI：nice 值，进程调度优先级的修正值。较小的 nice 值表示较高的优先级。
- ➢ ADDR：进程的内存地址。
- ➢ SZ：进程使用的物理内存的大小，以页为单位。
- ➢ WCHAN：进程所在的内核函数。
- ➢ STIME：进程的启动时间。
- ➢ TTY：与进程相关联的终端设备。
- ➢ TIME：进程占用 CPU 的时间。
- ➢ CMD：启动该进程的命令行。

8.3.2　pstree

pstree 是一个用于显示系统进程树的命令。它以树形结构的方式展示正在运行的进程，显示每个进程及其子进程之间的层次关系。

```
1  # 显示系统进程树
2  $ pstree
```

输出结果如图 8.6 所示。

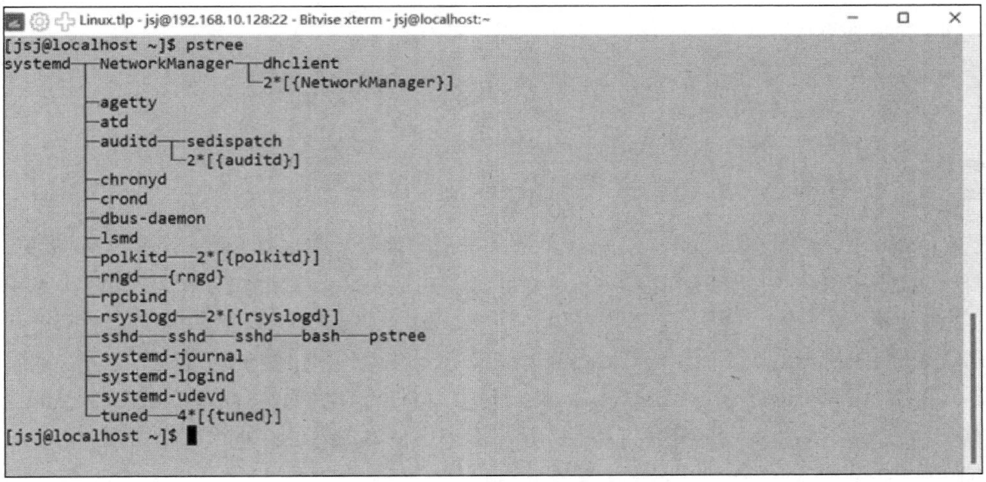

图 8.6　pstree 输出结果

结果显示 Linux 第一个启动的进程是 systemd，它负责直接或间接拉起全部的进程。

pstree 命令通常在终端中运行，它可以帮助用户更清晰地了解进程之间的关系，特别是在调试系统和分析系统性能时很有用。

8.3.3　top

top 命令是 Linux 的动态任务管理器，可以实时、动态地监视系统的运行状况和进程的性能，是一个综合了多方信息监测系统性能和运行信息的实用工具。

```
1  # top 命令是动态任务管理器
2  $ top
```

输出结果如图 8.7 所示。

< 145 >

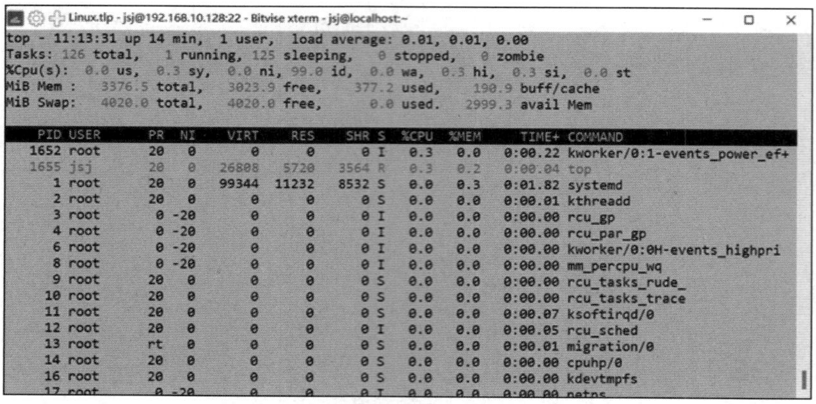

图 8.7　top 输出结果

top 命令输出结果顶部可以查看系统的负载情况（load average）、任务信息（Tasks）、CPU 使用率（%Cpu）、内存使用（MiB Mem）、交换内存使用（MiB Swap）等信息。

还可以使用一些快捷键来与 top 命令进行交互，如下所示。

➤ q：退出。

➤ h：进入帮助界面。

➤ f：选择查看哪些字段。

➤ k：结束选定的进程。

➤ r：重新设置进程的优先级。

8.3.4　任务管理

任务（task）又称为作业（job），是一组相关的进程的集合，通常由 Shell 管理。当在终端上运行一条命令，这条命令及其相关的子进程构成一个任务。可以在终端上管理任务，例如将任务挂起、恢复、后台运行等。

Linux 任务的管理机制非常像 Windows 的任务栏，只有单一窗口处于激活状态。可以将任务最小化到任务栏使其在后台运行（bg - Background），还可以将任务切换到前台运行（fg - Foreground）。可以使用快捷键[Ctrl + z]将前台任务转入后台，相当于 Windows 最小化；也可以在命令后添加&直接在后台启动程序。

```
1  # 后台启动程序
2  $ vim &
```

等价于

```
1  # 前台启用程序
2  $ vim
3  # 然后通过快捷键转入后台运行
4  [Ctrl + z]
```

jobs 命令用于查看处于后台的任务列表。

```
1  # 查看处于后台的任务列表
2  $ jobs
```

```
1  [1]-  已停止              vim
2  [2]+  已停止              vim
```

每个任务都有一个唯一的工作编号（job number），通常从 1 开始递增。jobs 命令会列出任务的

< 146 >

状态以及与之相关联的命令。

通常，任务状态有以下几种。

➢ 运行中（running）：任务正在前台运行。

➢ 已停止（stopped）：任务被暂停，通常可以使用 fg 命令将其恢复到前台运行，或使用 bg 命令将其切换到后台运行。

➢ 已完成（done）：任务已经执行完成。

➢ 已终止（terminated）：任务被中止或终止。

fg（foreground）命令用于将一个已停止或在后台运行的任务切换到前台运行，即将任务的标准输入和输出连接到终端，以使用户可以与任务进行交互，控制它的行为。

fg 命令需要配合 jobs 命令使用，使用任务编号调度任务。

```
1  # 调度任务编号为 1 的任务到前台运行
2  $ fg 1
```

kill 命令用于终止进程。它向指定的进程发送一个信号，通常是终止信号，以要求该进程停止运行。

1. 语法

```
1  kill [选项] PID
```

2. 选项

指定不同的信号或选项。例如，-9 表示使用 SIGKILL 信号，它是强制终止信号。

kill 命令常用的信号包括以下几种。

➢ SIGHUP：终止（挂起）并重新启动进程。

➢ SIGINT：中断进程（通常通过按[Ctrl+ c]快捷键触发）。

➢ SIGTERM：正常终止进程。

➢ SIGKILL：强制终止进程，不允许进程清理操作。

➢ SIGSTOP：停止进程的执行，但仍然保持在系统中。

3. 参数

PID：要终止进程的进程 ID（process ID）。

欲找到要终止进程的 PID，通常可以使用 ps 命令查看系统上运行的进程列表。然后，将 PID 传递给 kill 命令以终止特定进程。

4. 示例

【例 8.1】查找 vim 任务的 PID 并终止该进程。

```
1  # 查找进程 PID
2  $ ps aux | grep vim
```

```
1  jsj        73626  0.0  0.2  30372  9548 pts/0    Tl    19:40    0:00 vim
2  jsj        73627  0.0  0.2  30372  9660 pts/0    Tl    19:40    0:00 vim
3  jsj        73763  0.0  0.0  21976  2256 pts/0    S+    19:58    0:00 grep
   --color=auto vim
```

从结果看，找到了两个与 vim 相关的任务，获取需要的 PID，例如 73626，并终止。

```
1  # 用 kill 终止进程
2  $ kill 73626
3
4  # 用 kill 强制终止进程，-9：强制终止
5  $ kill -9 73626
```

< 147 >

pkill 命令根据进程名称或其他条件终止进程。

【例 8.2】配合 who 命令终止一个终端连接。

```
1  # who 命令辅助 pkill 命令使用
2  $ who
```

```
1  jsj      tty1      2023-10-16 02:59
2  jsj      pts/0     2023-10-16 18:47 (192.168.241.1)
```

终止 pts/0 终端连接。

```
1  # 终止终端连接，-t: 终端
2  $ pkill -9 -t pts/0
```

还可以终止用户连接，如终止 jsj 的登录连接。

```
1  # 终止用户连接，-U: 用户
2  $ pkill -9 -U jsj
```

8.3.5　fuser

fuser 命令用于识别正在使用特定文件或目录的进程。它可以显示哪些进程正在访问或锁定了文件，这对于查找导致某些文件无法正常操作或被删除的进程非常有用。fuser 命令可以帮助系统管理员识别进程冲突或资源占用问题。

【例 8.3】识别进程。

fuser -uvm 命令用于查看文件或目录正在被哪些进程使用。

```
1  # 查看文件或目录正在被哪些进程使用
2  $ fuser -uvm 1.txt
```

```
1                    用户     进程号   权限    命令
2  /home/jsj/1.txt:  root     kernel mount (root)/home
3                    jsj      74109  ..c..  (jsj)vi
4                    jsj      74116  ..c..  (jsj)vi
5                    jsj      74117  ..c..  (jsj)bash
```

fuser -ki 命令试图终止使用某个文件或目录的进程。

```
1  # 试图终止使用某个文件或目录的进程
2  $ fuser -ki 1.txt
```

fuser -kf 命令强制终止使用某个文件或目录的进程。

```
1  # 强制终止使用某个文件或目录的进程
2  $ fuser -kf 1.txt
```

8.3.6　lsof

lsof（list open files）命令是一个列出当前系统打开文件的工具。不仅可以查询进程/用户打开了哪些文件，还可以查询哪个网络端口被哪个进程打开。

lsof 是一个辅助命令，一般用于辅助其他命令进一步查询。

lsof -u 命令用于查看某个用户打开了哪些文件。

【例 8.4】查看 jsj 用户打开了哪些文件。

```
1  # 查看用户打开了哪些文件
2  $ lsof -u jsj
```

< 148 >

lsof -i 命令用于查看端口被哪个进程打开。

【例 8.5】查看 22 端口被哪个程序打开。

```
1   # 查询端口被哪个进程打开
1   $ sudo lsof -i :22
```

```
1   COMMAND      PID USER     FD    TYPE DEVICE SIZE/OFF NODE NAME
2   sshd         894 root     3u    IPv4  20766      0t0  TCP *:ssh (LISTEN)
3   sshd         894 root     4u    IPv6  20777      0t0  TCP *:ssh (LISTEN)
4   sshd       72852 root     4u    IPv4 465228      0t0  TCP localhost:ssh->
    192.168.241.1:36364 (ESTABLISHED)
5   sshd       72854 jsj      4u    IPv4 465228      0t0  TCP localhost:ssh->
    192.168.241.1:36364 (ESTABLISHED)
```

可以看出 22 端口被 sshd 进程打开。

8.4 日志分析与管理

日志分析与
管理

在计算机领域，日志记录是一项至关重要的任务。它允许我们跟踪系统的运行情况，诊断问题，维护安全，以及监控性能。Linux 操作系统拥有强大而灵活的日志系统，它是维护系统稳定性、可靠性和安全性的关键组成部分。

Linux 日志系统记录着系统内部和外部的各种事件、错误、状态信息以及应用程序的活动。这些日志条目包括但不限于用户登录信息、系统启动信息、硬件和网络故障、应用程序错误以及访问权限等。通过日志系统，系统管理员能够跟踪相应的事件，及时发现问题，追溯安全问题，了解性能瓶颈，以及审计系统的使用情况。

日志系统也有助于遵循合规性要求，如数据隐私法规和行业标准，因为它可以记录敏感信息的访问和处理情况。

8.4.1 日志的分类

日志可以根据其内容和用途的不同而分为多种类别。

（1）系统日志（system logs）记录了操作系统的活动和状态信息，包括启动、关机、内核信息、系统错误等。

（2）安全日志（security logs）记录了与系统安全相关的信息，如登录尝试、权限更改、安全事件等。

（3）应用程序日志（application logs）包括特定应用程序的活动和错误信息，帮助开发人员或管理员诊断问题。例如：Web 服务器日志、数据库日志等。

（4）访问日志（access logs）记录了系统或应用程序的用户或外部实体的访问信息，通常用于审计和性能分析。例如：Web 服务器的访问日志，记录了谁访问了网站的哪些页面。

（5）性能日志（performance logs）包含系统或应用程序的性能度量数据，如 CPU 使用率、内存使用率、磁盘 I/O 等。例如：性能监视工具（如 top、vmstat）生成的日志。

（6）应用程序跟踪日志（application tracing logs）用于记录应用程序的详细操作，通常用于调试和性能优化。例如：开发人员添加到应用程序中的自定义跟踪日志。

（7）业务日志（business logs）包含与组织的业务活动相关的信息，如销售数据、客户交互数据等。例如：电子商务网站的销售日志。

（8）报告日志（report logs）包括系统或应用程序生成的定期或按需的报告，通常以易于理解的格式呈现数据。例如：定期生成的报告文件。

这些是一些常见的日志，不同类型的日志有不同的用途和管理要求。日志的记录和分析可以用于

< 149 >

系统健康监测、故障排除、安全审计和性能优化等。

8.4.2 日志消息的级别

日志消息的级别通常用来表示消息的重要性和优先级，以便在处理或过滤日志消息时进行分类。不同的系统或应用程序可能会使用不同的级别名称，但一般情况下，日志消息的级别可以分为以下几种。

（1）调试（debug）：这是最低级别的日志消息，通常用于记录详细的调试信息，例如变量的值、函数的调用顺序等。这些消息对于排查问题和调试非常有用。

（2）信息（info）：信息级别用于记录常规消息，如应用程序的状态、操作成功完成、关键事件等。这些消息可用于监控应用程序的正常运行情况。

（3）警告（warning）：警告级别用于记录可能会导致问题的事件，但这些事件不是错误。例如，应用程序使用了已弃用的功能或者配置不当。这些消息需要引起注意，但不会中断应用程序的运行。

（4）错误（error）：错误级别表示发生了错误，但应用程序仍然可以运行。这类消息通常包括关键错误和异常情况，需要记录以供后续故障排查。

（5）严重（critical）：严重级别表示发生了严重错误，通常伴随着应用程序无法继续运行。这类消息通常需要立即处理，以尽快使应用程序恢复正常运行。

（6）警报（alert）：警报级别表示需要立即采取行动，但应用程序仍然可以正常运行。这类消息通常用于通知管理员执行紧急操作。

（7）紧急（emergency）：紧急级别是最高级别，表示发生了严重的紧急情况，应用程序可能已经无法正常运行。这类消息通常用于通知管理员立即采取行动，以避免出现更严重的问题。

有些日志系统和应用程序可能会自定义日志级别或使用其他名称，但上述级别是通用的，可用于了解日志消息的重要性和优先级。根据日志级别，管理员可以过滤或处理日志消息，以更好地监控、诊断和维护系统或应用程序。

8.4.3 内核及系统日志文件

内核及系统日志文件包含操作系统和内核的活动记录。Linux 日志一般默认保存于/var/log 目录下。

（1）/var/log/messages（或/var/log/syslog）：这个文件通常包含系统的系统级日志消息，包括内核消息、系统启动信息、进程和服务的运行与停止信息。它是 Linux 中最常用的日志文件之一，进行故障诊断时可首先查看该文件，以了解系统的活动。

（2）/var/log/dmesg：该文件包含内核环缓冲区的内容，通常包含引导和硬件检测期间生成的消息。用 dmesg 命令可查看关于系统启动和硬件检测的详细信息。但在大多数 Linux 操作系统上，dmesg 日志没有存储在/var/log 目录下。它通常由系统内核控制，用于存储关于启动和硬件检测过程的信息，而不是由系统的日志管理系统来管理。

（3）/var/log/boot.log：这个文件包含有关系统引导过程的信息，包括加载的模块、初始化的设备等。

（4）/var/log/secure（或/var/log/auth.log）：这些文件包含有关身份验证和授权（例如登录、sudo 活动）的信息。它们通常记录了用户的登录尝试、失败的身份验证等信息。

（5）/var/log/wtmp：一个二进制文件，不能直接访问。该日志文件永久记录了每个用户的登录、注销及系统的启动、停机等事件。last 命令就通过访问这个文件获得信息，并以反序（从后向前）显示用户的登录情况。

（6）/var/log/btmp：记录所有失败登录信息。使用 last 命令可以查看 btmp 文件。

（7）/var/log/lastlog：该文件包含上次每个用户登录的信息，包括最后一次登录时间。它是一个二进制文件，需要用 lastlog 命令查看内容。

（8）/var/log/audit/audit.log：这个文件包含安全审计的信息，通常由 Linux 安全增强模块（SELinux）

< 150 >

和审计工具生成。它用于跟踪系统的安全事件。

（9）/var/log/cron：这个文件包含与 cron 任务调度程序相关的日志消息。它记录了 cron 任务的执行和计划。

（10）/var/log/yum.log：该文件包含 yum 包管理工具的操作日志，记录了软件包的安装、升级和删除等活动信息。

（11）/var/log/maillog ：包含系统运行电子邮件服务的日志信息。

这些是常见的内核及系统日志文件，它们有助于系统管理员监控系统的运行状况、诊断问题和改进系统性能。Linux 发行版不同，这些文件的位置和名称可能会有所不同。

内核及系统日志文件中的每一行通常表示一条消息，这些消息遵循一种常见的固定格式，其中包含 4 个主要字段，以便于对日志进行解析和分析。这 4 个字段通常包括以下内容。

（1）时间戳（timestamp）：这是消息生成的时间和日期信息。时间戳通常以可读的日期和时间格式呈现，例如 Sep 10 14:32:05。这有助于确定事件发生的确切时间。

（2）主机名（hostname）：这是生成消息的计算机的名称或主机名。为了便于区分消息是来自哪个系统或服务器，通常通过机器的名称或 IP 地址标识。

（3）标识符（identifier）：这通常是产生消息的进程或程序的名称或标识符。例如，一个 Web 服务的消息可能将 apache2 作为标识符。

（4）消息内容（message content）：这是实际的日志消息文本，描述了事件、错误、通知或其他信息。这个字段包含发生了什么以及其他详细信息。

在许多日志文件中，这 4 个字段通常由空格或制表符分隔开。这种固定格式有助于分析工具和管理员解析日志以识别问题、监控系统活动和排除故障。

举例来说，一个典型的系统日志消息可能如下。

```
1   Sep 10 14:32:05 myserver kernel: [12567.567893] CPU temperature exceeded the limit.
```

在这个示例中。

➢　时间戳是 Sep 10 14:32:05。

➢　主机名是 myserver。

➢　标识符是 kernel，表示这条消息来自内核。

➢　消息内容是[12567.567893] CPU temperature exceeded the limit.，提供了一个关于 CPU 温度的警告。

这种格式使管理员能够快速识别日志中的信息，以便管理和监控系统。

8.4.4　journalctl

journalctl 是 SystemD 套件中的一条命令，是一个系统日志管理器，它允许在 Linux 操作系统上检查和查看系统日志消息。它提供了一种简单而灵活的方式来查看和分析系统日志，包括内核、系统服务和应用程序日志。

journalctl 命令有许多选项，可以用于过滤、搜索和查看系统日志。

```
1   # 查看内核日志
2   $ journalctl -k
3   # 或
4   $ journalctl --dmesg
```

journalctl -x 是用于查看 systemd journal 日志的命令，其中-x 选项用于显示详细的日志记录信息，它会扩展（eXtend）每个日志记录以提供更多有关该事件的详细信息，包括消息、数据、日志优先级、发送者以及源文件位置。

< 151 >

查看内核日志，包括更多的字段的扩展信息。

```
1  # 查看内核日志，包括扩展字段
2  $ journalctl -xk
```

```
1  ...
2  10月 16 02:58:52 localhost kernel: e820: remove [mem 0x000a0000-0x000fffff] usable
3  10月 16 02:58:52 localhost kernel: last_pfn = 0x140000 max_arch_pfn = 0x400000000
4  lines 1-34
```

日志默认是按照时间顺序从第一行开始显示。输出界面最下方的 lines 1-34 表示显示的是 1 ~ 34 行，然后可以翻页显示剩余内容。

如果希望查看最新的日志内容，可以使用-e 选项直接跳转到最新的日志条目，从日志的末尾（END）开始浏览。

直接跳转查看最新的内核日志。

```
1  # 查看最新的内核日志
2  $ journalctl -xek
```

```
1  ...
2  10月 16 20:54:35 localhost kernel: vmxnet3 0000:03:00.0 ens160: NIC Link is Down
3  10月 16 20:54:35 localhost kernel: vmxnet3 0000:03:00.0 ens160: NIC Link is Up
   10000 Mbps
4  lines 967-1000/1000 (END)
```

输出界面最下面的 lines 967-1000/1000 (END)表示优先显示最后的 967 ~ 1000 行，最后一行是第 1000 行。

这种显示方式更方便我们快速定位、查找错误的信息。

使用-u 选项，后接服务单元（unit）名称，可以过滤出特定服务产生的日志。

【例 8.6】查看 sshd 服务的日志。

```
1  # 查看服务的日志
2  $ journalctl -xeu sshd
```

通过 systemctl status 命令也能查看到日志，但只能查看动态、实时的几条日志。

```
1  # 查看服务的实时日志
2  $ sudo systemctl status sshd
```

8.5 计划管理

计划管理

Linux 计划管理是系统管理中至关重要的一部分，它允许管理员自动执行各种任务，能够提高系统的自动化程度，减轻手动维护的负担。本节深入探讨 Linux 计划管理的核心工具和方法，包括 at、cron 等，以及如何使用它们来创建和管理计划任务。

8.5.1 at

at 命令用于在指定时间执行任务。该命令对于需要在未来某个时间执行任务，但不需要重复执行的场景非常有用，比如执行一次性的系统维护、备份或其他任务。

at 命令能够接受指定在当天的 hh:mm（小时:分钟）时间执行任务。假如该时间已过去，那么就放在第二天执行。当然也能够使用 midnight（深夜）、noon（中午）、teatime（饮茶时间，一般是下午 4

< 152 >

点）等比较模糊的词语来指定时间。用户还能够采用 12 小时计时制，即在时间后面加上 AM（上午）或 PM（下午）来说明是上午还是下午。 也能够指定命令执行的具体日期，指定格式为 month day（月日）或 mm/dd/yy（月/日/年）或 dd.mm.yy（日.月.年）。

使用 at 命令指定在未来的某个时间执行任务。

```
1  # 指定在未来某个时间执行任务
2  $ at [HH:MM] [yyyy-mm-dd]
```

指定的日期必须跟在指定时间的后面。

使用 at 命令来指定任务的执行时间，可以是具体的绝对日期和时间，也可以是相对的时间。

指定格式为：now + count time-units。now 就是当前时间，time-units 是时间单位，这里能够是 minutes（分钟）、hours（小时）、days（天）、weeks（星期）。count 是时间的数量，究竟是几天，还是几小时，等等。还有一种计时方法就是直接使用 today（今天）、tomorrow（明天）来指定完成命令的时间。

```
1  # 相对时间执行任务
2  $ at now + 2 minutes
```

上述命令表示在当前时间的两分钟后执行任务。

然后在执行 at 命令后输入任务的具体命令。

【例 8.7】安排执行任务。

```
1  at now + 2 minutes
2  > echo "Hello, this is a scheduled task." >> /tmp/scheduled_task.log
```

然后按快捷键[Ctrl + d]，结束输入。

该任务用于在两分钟后向/tmp/scheduled_task.log 文件中追加一条消息。

查看已计划的 at 任务列表。

```
1  # 查看 at 任务列表
2  $ atq
```

```
1  1      Tue Oct 17 02:16:00 2023 a root
```

这里列出任务的 ID、执行时间等信息。

显示已经设置的 at 任务内容。

```
1  # 显示 at 任务内容
2  $ at -c <任务 ID>
```

其中 <任务 ID> 是要查看的任务 ID。

取消一个已计划的 at 任务。

```
1  # 取消一个 at 任务
2  $ atrm <任务 ID>
```

8.5.2 cron

Linux 下的任务调度分为两类：系统任务调度和用户任务调度。

系统任务调度是指系统所要执行的周期性工作，比如写缓存数据到硬盘、日志清理等。在/etc 目录下有一个 crontab 文件，这个文件就是系统任务调度的配置文件。

/etc/crontab 文件包括下面几行。

```
1  SHELL=/bin/bash
2  PATH=/sbin:/bin:/usr/sbin:/usr/bin
```

< 153 >

```
3   MAILTO=root
4
5   # For details see man 4 crontabs
6
7   # Example of job definition:
8   # .---------------- minute (0 - 59)
9   # | .-------------- hour (0 - 23)
10  # | | .---------- day of month (1 - 31)
11  # | | | .------- month (1 - 12) OR jan,feb,mar,apr ...
12  # | | | | .---- day of week (0-6) (Sunday=0 or 7) OR sun,mon,tue,wed,thu,fri,sat
13  # | | | | |
14  # * * * * * user-name  command to be executed
15
16  # run-parts
17  51 * * * * root run-parts /etc/cron.hourly
18  24 7 * * * root run-parts /etc/cron.daily
19  22 4 * * 0 root run-parts /etc/cron.weekly
20  42 4 1 * * root run-parts /etc/cron.monthly
```

前 3 行是用来配置 cron 任务运行的环境变量，第一行 SHELL 变量指定了系统要使用哪个 Shell，这里是 Bash，第二行 PATH 变量指定了系统执行命令的路径，第三行 MAILTO 变量指定了 cron 的任务执行信息将通过电子邮件发送给 root 用户，如果 MAILTO 变量的值为空，则不发送任务执行信息给用户。第四行就可以开始编写计划任务。

用户任务调度是指用户定期要执行的工作，比如用户数据备份、定时邮件提醒等。用户可以使用 crontab 工具来定制自己的计划任务。所有用户定义的 crontab 文件都被保存在/var/spool/cron 目录中。

cron 是一个 Linux 下的定时执行工具，可以在无须人工干预的情况下执行任务。crontab 按照预先设置的时间周期（分钟、小时、日、月份、星期），重复执行用户指定的命令操作，属于周期性计划任务。

1. 编辑 crontab 文件

每个用户都可以使用 cron 来安排任务。每个用户都有一个 crontab 文件，其中包含用户安排的任务。要编辑用户的 crontab 文件，可以运行以下命令。

```
1   # 编辑计划任务
2   $ crontab -e
```

这将打开用户的 crontab 文件以供编辑。
如果希望以 root 用户的身份安排任务，可以运行以下命令。

```
1   # 编辑计划任务，-u：指定用户名
2   $ sudo crontab -e -u <用户名>
```

2. 编写 cron 任务

用户所建立的 crontab 文件中，每一行都代表一项任务，每行的每个字段代表一项设置，共分为 6 个字段，前 5 个是时间设定段，第 6 个是要执行的命令段，格式如下。

```
1   minute  hour  day  month  week  command_to_be_executed
```

含义如下。
- minute：表示分钟（0~59）。
- hour：表示小时（0~23）。
- day：表示日期，一个月中的哪一天（1~31）。
- month：表示月份（1~12）。
- week：表示星期几（0~7，其中 0 和 7 都表示星期日）。
- command_to_be_executed：要执行的命令，可以是系统命令，也可以是用户自己编写的脚本。

< 154 >

在以上各个字段中，还可以使用特殊字符设置时间和日期。

- ➤ * 表示匹配所有可能的值。例如，* 在分钟字段上表示每分钟都执行任务。
- ➤ */X 表示每隔 X 个时间单位执行任务一次。例如，*/15 在分钟字段上表示每隔 15 分钟执行任务一次。
- ➤ Y 表示一个特定的值。例如，0 在小时字段上表示每天的午夜 12 点执行任务。
- ➤ ,表示一个列表。例如，1,3,5 在分钟字段上表示在第 1、第 3 和第 5 分钟执行任务。
- ➤ -表示一个范围。例如，1-5 在分钟字段上表示在 1 到 5 分钟执行任务。

command_to_be_executed 命令可以是任意的 Linux 命令，如果要批量执行目录中的全部脚本，可以使用 run-parts 命令。

```
1  1 * * * * root run-parts /etc/cron.hourly
```

以上脚本表示每隔一个小时执行/etc/cron.hourly 目录内的脚本一次。

【例 8.8】编写 cron 任务。

每天早上 5 点重启 sshd 服务器。

```
1  0 5 * * * systemctl restart sshd
```

每隔一分钟执行一次任务。

```
1  * * * * * command_to_be_executed
```

每小时的第 3 和第 15 分钟执行任务。

```
1  3,15 * * * * command_to_be_executed
```

在上午 8 点到 11 点的第 3 和第 15 分钟执行任务。

```
1  3,15 8-11 * * * command_to_be_executed
```

每隔两天的上午 8 点到 11 点的第 3 和第 15 分钟执行任务。

```
1  3,15 8-11 */2 * * command_to_be_executed
```

每个星期一的上午 8 点到 11 点的第 3 和第 15 分钟执行任务。

```
1  3,15 8-11 * * 1 command_to_be_executed
```

每个星期周六、周日的 1:10 执行任务。

```
1  10 1 * * 6,0 command_to_be_executed
```

每天 18：00 至 23：00 之间每隔 30 分钟执行一次任务 。

```
1  0,30 18-23 * * * command_to_be_executed
```

每隔一小时执行一次任务。

```
1  * */1 * * * command_to_be_executed
```

晚上 11 点到早上 7 点之间，每隔一小时执行一次任务。

```
1  * 23-7/1 * * * command_to_be_executed
```

查看用户当前的 cron 任务列表。

```
1  # 查看任务列表
2  $ crontab -l
```

删除用户的 cron 任务列表。

```
1  # 删除任务列表
2  $ crontab -r
```

< 155 >

8.6　小结

服务管理和进程管理是服务器运维人员必须具备的技能，本章详细描述了主流 Linux 服务管理和进程管理方法，建议全部掌握。服务和进程除了可以手动调度之外，还可以按计划执行，常见的 at 和 cron 命令也需要熟练掌握；日志系统是排查系统故障的主要依据，是保证系统服务和进程的正常运行的基础。

8.7　习题

一、填空题

1. 服务_____是网络系统中应用层的基本单位，它通过与一个特定的端口_____绑定来对外提供服务。服务实现了最简单的_____，允许外部实体与服务器进行通信，它能够接收、处理并响应网络数据请求。

2. 服务机制实现对普通进程进行监管，确保进程能够不间断提供服务，服务又被称为_____。

3. 在新版 Linux 系统中，服务被 SystemD 统一管理，主要命令是_____。

4. _____命令是 Linux 系统中进程状态查看命令。

5. _____命令是 Linux 系统的动态任务管理器，可以实时动态地监视系统的运行状况。

6. _____是 systemd 套件的一个命令，是一个系统日志管理器。

二、判断题

1. 在 Linux 系统中，服务管理主要是通过命令行界面来完成的。　　　　　（　　　）
2. 进程管理是系统管理中不重要的一部分。　　　　　　　　　　　　　（　　　）
3. 在 Linux 系统中，top 命令不能用于查看当前运行的进程。　　　　　（　　　）
4. 日志文件对于系统管理员来说并不重要，因为它们不包含有关系统活动的有用信息。（　　　）
5. 在 Linux 系统中，提升系统安全性的一种方法是禁用不必要的服务。　（　　　）

三、选择题

1. 在 Linux 系统中，哪个命令可以查看当前系统中所有运行的进程？（　　　）
A. ps　　　　　　　　B. ls　　　　　　　　C. cd　　　　　　　　D. mkdir
2. 以下哪个命令可以用来设置周期性计划任务？（　　　）
A. at　　　　　　　　B. cron　　　　　　　C. ps　　　　　　　　D. top
3. 为了增强系统安全性，以下哪种做法是推荐的？（　　　）
A. 开放所有网络端口　　　　　　　　　　B. 使用弱密码
C. 定期更新和打补丁　　　　　　　　　　D. 禁用防火墙
4. 在 Linux 系统中，哪个命令可以查看进程的 CPU 和内存使用情况？（　　　）
A. ps aux　　　　　　B. ls -l　　　　　　　C. df -h　　　　　　　D. du -sh

< 156 >

第 **9** 章　网络管理与安全

Linux 网络管理与安全是 Linux 操作系统管理中至关重要的一部分。本章将深入探讨网络管理基本命令、防火墙配置以及路由配置，这些内容能够帮助读者确保系统网络通信的顺畅和安全。

9.1　引入

引入

网络安全是国防安全的重要组成部分。网络安全是指防范网络上的信息泄露、数据盗取、网络攻击等威胁，保护网络系统和信息安全。我们需要采取有效的措施来保护我们的网络环境。这包括但不限于：建立强大的防火墙和采取其他防御措施，以防止黑客入侵；实施严格的网络安全政策，以确保个人信息和数据的安全；培养公众的网络安全意识，以减少网络犯罪的发生；与其他国家和国际组织合作，共同应对全球性的网络安全挑战。

网络和信息安全牵涉到国家安全和社会稳定，是我们面临的新的综合性挑战。没有网络安全就没有国家安全，没有信息化就没有现代化。网络安全和信息化是一体之两翼、驱动之双轮。

9.2　网络配置

网络配置

在安装初期基本就已设定好网络，一般不需要再配置网络，但是如果安装时没有进行合理配置，就需要手动配置，并且"最小化安装"没有图形管理工具可以使用，只能通过配置文件按照格式规范进行底层的配置。所以一般不推荐采用"最小化安装"，推荐选择"服务器安装"，"服务器安装"能够保证基本的网络通信并配备网络配置工具。

Linux 网络使用 NetworkManager 服务进行管理，可以使用服务管理的方式查看网络状态或控制网络。

```
1  # 查看网络状态
2  $ sudo systemctl status NetworkManager
```

重启网络时，只需要重启 NetworkManager 服务，不需要重启服务器。

```
1  # 重启网络服务
2  $ sudo systemctl restart NetworkManager
```

9.2.1　nmtui

命令行界面下，常用的网络管理工具是 setup、nmtui。新版 Linux 操作系统都使用 nmtui 代替 setup 进行网络管理。

```
1   # 网络管理工具
2   $ setup
3   # 或
4   $ nmtui
```

nmtui 网络配置界面如图 9.1 所示。

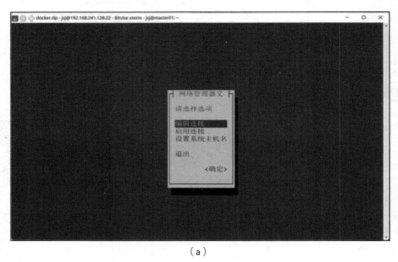

（a）

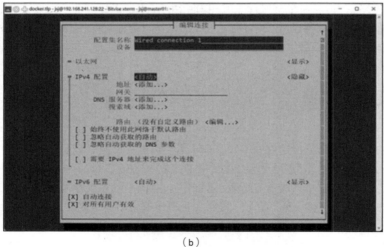

（b）

图 9.1　nmtui 网络配置界面

按照提示完成配置即可。

9.2.2　手动配置网络

在没有图形管理工具的情况下，需要手动配置网络。

主要的网络接口配置文件：

/etc/sysconfig/network-scripts/ifcfg-ensXX

其中 ensXX 是网络接口的名称。以下是常见的配置参数及其含义。

➢ DEVICE=ensXX：设备名称，与接口名称相同。

< 158 >

- ➤ ONBOOT=yes：在系统启动时是否启用该接口，yes 表示启用。
- ➤ NM_CONTROLLED=yes：是否由 NetworkManager 控制该接口，yes 表示由 NetworkManager 控制。
- ➤ BOOTPROTO=dhcp：启动时使用的协议，这里使用 DHCP 自动获取 IP 地址。
- ➤ BOOTPROTO=static：如果使用静态 IP 地址，则还需要设置以下参数。
  - ◆ IPADDR：IP 地址。
  - ◆ NETMASK：子网掩码。
  - ◆ GATEWAY：网关地址。
  - ◆ DNS1：首选 DNS 地址。
  - ◆ DNS2：备用 DNS 地址。

可以使用文本编辑器打开相应的配置文件，并按照上述参数进行设置。设置完成后，保存文件并重新启动网络服务即可使配置生效。

1．查看网络接口名称

在终端中运行以下命令以查看网络接口的名称。

```
1  # 查看网络接口名称
2  $ ip addr
```

通常，接口名称为 eth0 或 ensXX，其中 XX 是一个数字。

2．编辑网络配置文件

使用文本编辑器编辑网络配置文件。

```
1  # 编辑网络配置文件
2  $ sudo vim /etc/sysconfig/network-scripts/ifcfg-ensXX
```

需要替换 ensXX 为实际的网络接口名称。

3．配置网络接口

网络接口可以设定为自动获取 IP 地址，也可以静态设定 IP 地址。

（1）设定自动获取 IP 地址

设定自动获取 IP 地址可以使用以下配置。

```
1  # 设定自动获取 IP 地址
2  ONBOOT=yes
3  NM_CONTROLLED=yes
4  BOOTPROTO=dhcp
```

此配置含义如下。

- ➤ ONBOOT=yes 表示设置为网络自动连接。
- ➤ NM_CONTROLLED=yes 表示网卡由 NetworkManger 管理。
- ➤ BOOTPROTO=dhcp 表示自动获取 IP 地址。如果设定为 static 表示静态设定 IP 地址。

（2）静态设定 IP 地址

静态设定 IP 地址需要在文件中添加以下配置。

```
1  TYPE=Ethernet
2  BOOTPROTO=static
3  NAME=ensXX
4  DEVICE=ensXX
5  ONBOOT=yes
6  IPADDR=192.168.1.100
```

< 159 >

```
7   NETMASK=255.255.255.0
8   GATEWAY=192.168.1.1
9   DNS1=8.8.8.8
10  DNS2=8.8.4.4
```

注意，需要将 IP 地址、子网掩码、默认网关和 DNS 等更改为实际的网络设置。

GATEWAY 为本网卡网关，若为多网卡，还可以在/etc/sysconfig/network 中设置默认网关。

4．重启网络服务

运行以下命令以重启网络服务，使更改生效。

```
1   # 重启网络服务
2   $ sudo systemctl restart NetworkManager
```

5．验证网络设置

使用以下命令来验证网络设置是否正确。

```
1   # 验证网络设置
2   $ ping baidu.com
```

如果网络设置正确，应该能够连通网络。

9.2.3　配置网络相关的参数

网络相关的参数配置文件：

/etc/sysconfig/network

以下是 /etc/sysconfig/network 文件主要内容及参数解释。

➢ NETWORKING=yes：设置网络是否有效，yes 表示有效，no 表示无效。

➢ NETWORKING_IPV6=no：设置 IPv6 网络是否有效，yes 表示有效，no 表示无效。

➢ HOSTNAME=your_hostname：设置服务器的主机名，最好和/etc/hosts 里的设置一样，否则在使用一些程序的时候会有问题。

➢ GATEWAY=your_gateway：设置默认网关地址，如果有多个网关可以在此设置。

设置完成后，保存文件并重新启动网络服务即可使配置生效。

9.2.4　配置主机名

主机名用于在网络通信中标识计算机的身份，通过主机名，可以访问网络上的计算机。主机名通常由一串字符和数字组成，唯一地标识网络中的计算机。

主机名配置文件：

/etc/hostname

```
1   # 查看主机名
2   $ cat /etc/hostname
3   # 或
4   $ hostname
```

```
1   localhost
```

hostnamectl 命令可以用于修改主机名，永久生效。

```
1   # 修改主机名，永久生效
2   $ sudo hostnamectl set-hostname master
```

< 160 >

该命令将本机主机名改为 master。

9.2.5　配置 DNS

DNS 解析配置文件：

/etc/resolv.conf

/etc/resolv.conf 是 Linux 操作系统中 DNS 客户机的配置文件，用于设置 DNS 的 IP 地址及域名，还包含主机域名搜索顺序。通常包括以下关键字和参数。

- ➢ nameserver：定义 DNS 的 IP 地址。可以有多行 nameserver，每一行带一行 IP 地址。
- ➢ domain：定义本地域名。
- ➢ search：定义域名的搜索列表。
- ➢ sortlist：对返回的域名进行排序。

可以直接编辑该配置文件。

```
1   # 修改 DNS
2   $ sudo vim /etc/resolv.conf
```

以下是一个示例。

```
1   domain localdomain
2   search localdomain
3   nameserver 202.102.192.68
4   nameserver 202.102.192.69
```

在这个示例中，domain 关键字定义本地域名为 localdomain，search 关键字定义域名的搜索列表为 localdomain，而 nameserver 关键字定义两个 DNS 的 IP 地址，分别为 202.102.192.68 和 202.102.192.69。DNS 的 IP 地址最多只能指定 3 个，超过无效。

9.2.6　配置自定义域名解析

本机自定义域名解析配置文件：

/etc/hosts

/etc/hosts 文件记录了主机名与 IP 地址之间的映射关系。这个文件通常用于在没有 DNS 的情况下，将主机名解析为 IP 地址。每行包含一个 IP 地址和对应的主机名或别名，格式如下：

```
1   IP-Address   Hostname   [Aliases]   # Comments
```

以下是一个示例。

```
1   127.0.0.1   localhost localhost.localdomain localhost4 localhost4.localdomain4
2   ::1         localhost localhost.localdomain localhost6 localhost6.localdomain6
3   192.168.1.100  webserver
```

在这个示例中，第一行和第二行定义了本地主机的别名和 IP 地址之间的映射关系，第三行则定义了一个远程主机的别名和 IP 地址之间的映射关系。

查看自定义域名解析配置文件。

```
1   # 查看自定义域名解析配置文件
2   $ cat /etc/hosts
```

增加自定义的域名解析只需要在/etc/hosts 文件后添加解析信息即可。

```
1   $ sudo vim /etc/hosts
2   # 在文档后添加域名解析
```

< 161 >

```
3   192.168.10.128   master
4   192.168.10.129   node1
```

也可以使用命令添加域名解析。

```
1   # 用命令添加域名解析
2   cat <<EOF | sudo tee -a /etc/hosts
3   192.168.10.128   master
4   192.168.10.129   node1
5   EOF
```

9.3 网络管理基本命令

网络管理基本
命令

iproute2 是 Linux 操作系统中的高级网络管理工具。iproute2 的目标是替代先前用于配置网络接口、路由表和管理 ARP 表的标准 UNIX 网络工具套装（通常称为 net-tools）。

ip、ss 是 iproute2 的主要命令工具。

iproute2 默认已经安装，如果没有安装，执行以下命令安装。

```
1   # 在 openEuler/CentOS 中安装 iproute2
2   $ sudo yum install -y iproute2
3
4   # 在 Debian/Ubuntu 中安装 iproute2
5   $ sudo apt install -y iproute2
```

iproute2 命令与 net-tools 命令的对比如表 9.1 所示。

表 9.1　iproute2 命令与 net-tools 命令的对比

功能	iproute2	net-tools
查看 L2 链路层	ip link	ifconfg
查看 L3 网络地址	ip addr	ifconfg
网络接口统计信息	ip -s link	netstat -i
路由表	ip route	route 或 netstat -r
ARP 邻居表	ip neigh	arp
组播	ip maddr	netstat -g
隧道	ip tunnel	iptunnel
网络统计查询	ss	netstat

9.3.1　ip

ip 命令用于显示或操作路由（routing）、网络设备（network devices）、接口（interfaces）和隧道（tunnels），是 Linux 下新的功能强大的网络配置工具。

1. ip 命令语法

语法如下。

```
1   ip [选项] Object {命令| help }
```

Object 是显示或操作的对象，包括以下几种。

➤ link ：L2 链路层，即设备（device）接口（interface）。

< 162 >

> ➢ address：L3 的网络层，即 IP 层。
> ➢ addrlabel：IPv6 地址标签。
> ➢ route：路由。
> ➢ rule：策略路由。
> ➢ neigh：邻居 ARP。
> ➢ tunnel ：隧道。
> ➢ maddress ：组播。
> ➢ mroute：组播路由。
> ➢ mrule：组播策略路由。
> ➢ monitor：状态监控。
> ➢ xfrm：转换数据包格式。

对象执行的命令，包括以下几种。

> ➢ help：帮助。
> ➢ show/list/ls/l：显示。
> ➢ add：添加。
> ➢ delete/del：删除。
> ➢ set：设置。
> ➢ get：获取。
> ➢ save：保存。

对象和命令在没有歧义的情况下，都可以使用前几个字母简单代替。

```
1  # 以下命令效果相同
2  $ ip address show
3  $ ip address s
4  $ ip addr s
5  $ ip a s
6  $ ip a
```

2．查看 L2 链路层

查看 L2 链路层的物理设备（俗称网卡）。

```
1  # 查看 L2 链路层的物理设备
2  $ ip link
```

```
1  1: lo: <LOOPBACK,UP,LOWER_UP> mtu 65536 qdisc noqueue state UNKNOWN mode DEFAULT
   group default qlen 1000
2     link/loopback 00:00:00:00:00:00 brd 00:00:00:00:00:00
3  2: ens33: <BROADCAST,MULTICAST,UP,LOWER_UP> mtu 1500 qdisc pfifo_fast state UP
   mode DEFAULT group default qlen 1000
4     link/ether 00:0c:29:f7:cb:51 brd ff:ff:ff:ff:ff:ff
5     altname enp2s1
```

网卡都会有一个接口，该接口连接网络的另一个接口。以上结果显示此物理设备有两个网卡。

> ➢ lo：回环设备，一般用于主机内部通信。
> ➢ ens33：物理网卡，连接网络，一般用于主机外部网络通信。

ip -s 用于展示接口流量的统计信息。

```
1  # 展示接口流量的统计信息
2  $ ip -s link
3
4  # 查看特定接口的流量统计信息
```

< 163 >

```
5  $ ip -s link show dev ens33
```

```
1  2: ens33: <BROADCAST,MULTICAST,UP,LOWER_UP> mtu 1500 qdisc pfifo_fast state UP
   mode DEFAULT group default qlen 1000
2      link/ether 00:0c:29:f7:cb:51 brd ff:ff:ff:ff:ff:ff
3      RX: bytes  packets  errors  dropped missed  mcast
4      107364812  375688   0       0       0       0
5      TX: bytes  packets  errors  dropped carrier collsns
6      57600974   338176   0       0       0       0
7      altname enp2s1
```

重启网络，还可以重启单个网卡，不需要重启整个网络。

```
1  # 重启单个网卡，先禁用后激活
2  $ sudo ip link set ens33 down && \
3    sudo ip link set ens33 up
```

3. 查看 L3 网络层

查看 L3 网络层 IP 地址信息。

```
1  # 查看 L3 网络层 IP 地址信息
2  $ ip addr
```

```
1  ...
2  2: ens33: <BROADCAST,MULTICAST,UP,LOWER_UP> mtu 1500 qdisc pfifo_fast state UP
   group default qlen 1000
3      link/ether 00:0c:29:f7:cb:51 brd ff:ff:ff:ff:ff:ff
4      altname enp2s1
5      inet 192.168.10.128/24 brd 192.168.10.255 scope global dynamic noprefixroute
   ens33
6  ...
```

临时修改 IP 地址，要先查看特定接口的 IP 地址。

```
1  # 查看特定接口的 IP 地址
2  $ ip addr show dev ens33
```

```
1  ens33: <BROADCAST,MULTICAST,UP,LOWER_UP> mtu 1500 qdisc pfifo_fast state UP group
   default qlen 1000
2      link/ether 00:0c:29:f7:cb:51 brd ff:ff:ff:ff:ff:ff
3      altname enp2s1
4      inet 192.168.10.128/24 brd 192.168.10.255 scope global dynamic noprefixroute
   ens33
5         valid_lft 1297sec preferred_lft 1297sec
```

```
1  # 临时增加 IP 地址
2  $ sudo ip addr add 192.168.10.200/24 dev ens33
3
4  # 再次查看 IP 地址信息
5  $ ip addr show dev ens33
```

```
1  2: ens33: <BROADCAST,MULTICAST,UP,LOWER_UP> mtu 1500 qdisc pfifo_fast state UP
   group default qlen 1000
2      link/ether 00:0c:29:f7:cb:51 brd ff:ff:ff:ff:ff:ff
3      altname enp2s1
4      inet 192.168.10.128/24 brd 192.168.10.255 scope global dynamic noprefixroute
   ens33
5         valid_lft 1080sec preferred_lft 1080sec
6      inet 192.168.10.200/24 scope global secondary ens33
7         valid_lft forever preferred_lft forever
```

可以看出该网卡接口有两个 IP 地址，新增加的 IP 地址会在重启网络后消失，也可以手动删除。

< 164 >

```
1   # 删除接口上的 IP 地址
2   $ sudo ip addr del 192.168.10.200/24 dev ens33
3
4   # 再次查看 IP 地址信息
5   $ ip addr show dev ens33
```

4．查看网关路由

查看网关的路由信息。

```
1   # 查看网关的路由信息
2   $ ip route
```

```
1   ip route
2   default via 192.168.10.2 dev ens33 proto dhcp metric 100
3   192.168.10.0/24 dev ens33 proto kernel scope link src 192.168.10.128 metric 100
```

5．查看邻居表

通过 IP 地址能够反向解析（arp）相邻主机的网卡地址，即查询局域网全部机器的网卡信息。

```
1   # 查看邻居表
2   $ ip neigh
```

```
1   192.168.10.254 dev ens33 lladdr 00:50:56:f2:cf:80 STALE
2   192.168.10.2 dev ens33 lladdr 00:50:56:fc:3b:16 STALE
3   192.168.10.1 dev ens33 lladdr 00:50:56:c0:00:08 REACHABLE
```

9.3.2　ss

netstat 命令是一个用于监控 TCP/IP 网络的、非常有用的工具，它可以显示路由表、实际的网络连接以及每一个网络接口设备的状态信息。netstat 命令用于显示与 IP、TCP、UDP 和 ICMP 相关的统计数据，一般用于检验本机各端口的网络连接情况。

ss（socket statistics）命令是 iproute2 的一部分，也可以用来查看网络的状态。ss 命令可以用来获取 socket 统计信息，它显示的内容和 netstat 的类似。但 ss 命令的优势在于它能够显示更多、更详细的有关 TCP 和连接状态的信息，而且比 netstat 更快。

套接字（socket）是一个抽象层，原本用于网络通信，网络套接字是 IP 地址与端口的组合，套接字允许应用程序将 I/O 设备插入网络中，并与网络中的其他应用程序进行通信。套接字也支持进程间进行通信连接，应用程序可以通过它发送或接收数据，可对其进行像对文件一样的打开、读写和关闭等操作。

（1）语法

```
1   ss [选项]
```

（2）选项

-h：--help。

-t：--tcp，显示 TCP 的套接字。

-u：--udp，显示 UDP 的套接字。

-n：--numeric，不解析服务的名称，例如 22 端口不会显示成 sshd，只会显示 22。

-l：--listening，只显示处于监听状态的端口。

-p：--processes，显示监听端口的进程。

-a：--all，对 TCP 来说，既包含监听的端口，也包含建立的连接。

< 165 >

-r：--resolve，把 IP 地址解释为域名，把端口号解释为协议名称。

-o：用于显示计时器信息。

-w：用于字符串精确匹配。

1．查看监听端口

查看全部监听端口，包括 TCP、UDP 的端口。

作为服务进程要对外提供服务，必须监听一个或多个端口，供其他进程访问，所以 ss 命令是查询服务是否正常工作的常用命令。

```
1  # 查看全部监听端口
2  $ ss -tulnp
```

```
1  Netid    State       Recv-Q    Send-Q       Local Address:Port      Peer
   Address:Port    Process
2  udp      UNCONN      0         0                       [::]:46453
   [::]:*
3  tcp      LISTEN      0         4096         127.0.0.1:10248
   0.0.0.0:*
4  tcp      LISTEN      0         128                    0.0.0.0:22
   0.0.0.0:*
5  tcp      LISTEN      0         128                       [::]:22
   [::]:*
```

从输出结果可以看出：0.0.0.0:22 是一个网关端口，处于监听状态，允许任意一个 IP 地址访问 22 端口。127.0.0.1:10248 不是一个网关端口，只能通过本机访问该端口。

2．查询已建立的连接

```
1  # 查询已建立的连接
2  $ ss -nat
```

```
1  State        Recv-Q    Send-Q          Local Address:Port         Peer
   Address:Port    Process
2  LISTEN       0         4096            127.0.0.1:10259
   0.0.0.0:*
3  LISTEN       0         128                    0.0.0.0:22
   0.0.0.0:*
4  LISTEN       0         128             127.0.0.1:631
   0.0.0.0:*
5  LISTEN       0         20              127.0.0.1:25
   0.0.0.0:*
6  LISTEN       0         4096                   0.0.0.0:443
   0.0.0.0:*
7  ...
```

查询已经同某个具体端口建立的连接。

```
1  # 查询具体端口已建立的连接
2  $ ss -nat | grep ':22'
```

```
1  LISTEN    0    128    0.0.0.0:22            0.0.0.0:*
2  ESTAB     0    52     192.168.10.128:22     192.168.241.1:34310
3  LISTEN    0    128    [::]:22               [::]:*
```

3．输出统计数据

可以使用-s 来输出各种有用的统计数据。

```
1  # 输出统计数据
```

< 166 >

```
2  $ ss -s
```

```
1  Total: 1234 (kernel 5678)
2  TCP:    432 (estab 123, closed 45, orphaned 0, synrecv 0, timewait 0/0), ports 0
3
4  Transport Total     IP          IPv6
5  RAW       1         0           1
6  UDP       8         5           3
7  TCP       187       168         19
8  INET      196       173         23
9  FRAG      0         0           0
```

在这个例子中，第一行表示目前系统中的套接字总数（total）为 1234，其中内核（kernel）中的套接字数量为 5678。

第二行表示 TCP 总的套接字数量为 432，其中已建立连接的套接字（estab）数量为 123，已关闭的套接字（closed）数量为 45，没有关联到任何进程的孤儿套接字（orphaned）的数量为 0，正在接收 SYN 包的套接字（synrecv）数量为 0，处于 time wait 状态的套接字数量为 0，当前监听的 TCP 端口（ports）数量为 0。

接下来的信息分别列出了 RAW、UDP 和 TCP 的套接字数量及其详细状态。

9.3.3　ping

ping（packet internet groper）是一种网络包探索器，用于测试网络连接量。ping 是工作在 TCP/IP 网络体系结构中应用层的服务命令，向特定的目的主机发送 ICMP 请求报文，确定本地主机是否能与另一台主机成功交换（发送与接收）数据包，再根据返回的信息，推断 TCP/IP 参数是否设置正确，以及运行是否正常、网络是否通畅等。

```
1  # 测试网络是否可达
2  $ ping -c 3 baidu.com
```

```
1  PING baidu.com (110.242.68.66) 56(84) bytes of data.
2  64 bytes from baidu.com (110.242.68.66): icmp_seq=1 ttl=128 time=38.1 ms
3  64 bytes from baidu.com (110.242.68.66): icmp_seq=2 ttl=128 time=38.9 ms
4  64 bytes from baidu.com (110.242.68.66): icmp_seq=3 ttl=128 time=39.9 ms
5
6  --- baidu.com ping statistics ---
7  3 packets transmitted, 3 received, 0% packet loss, time 2003ms
8  rtt min/avg/max/mdev = 38.097/38.976/39.919/0.745 ms
```

命令结果说明，发送（transmitted）的数据全部收到了（received）应答数据，丢失率（packet loss）为 0%，说明网络是可达的。

如果出现网络故障，可以按照以下步骤进行查找。

```
1  # 测试回环设备
2  # -c 3，表示发送 3 次 ICMP 报文
3  $ ping -c 3 127.0.0.1
```

这条 ping 命令被送到本地计算机，计算机应该做出应答，如果没有，就表示 TCP/IP 的安装或运行存在某些基本的问题。

```
1  # 测试本机配置
2  $ ping -c 3 <本机 IP 地址>
```

这条命令被送到计算机所配置的 IP 地址，计算机应该做出应答，如果没有，则表示本地配置或安装存在某些问题，比如局域网出现相同 IP 地址。

< 167 >

```
1  # 测试局域网
2  $ ping -c 3 <局域网 IP 地址>
```

这条命令应该发送数据包离开计算机，经过网卡及网络电缆到达其他计算机，再返回。收到应答表明本地网络中的网卡和载体运行正确。但如果收到 0 个应答，那么表示子网掩码不正确、网卡配置错误或电缆系统有问题。

```
1  # 测试网关
2  $ ping -c 3 <网关 IP 地址>
```

如果这条命令的应答正确，表示局域网中的网关路由器正在运行并能够做出应答。

9.3.4 telnet

telnet 命令作为早期通信服务已经被淘汰，但是在 telnet 客户端可以作为测试端口命令。

```
1  # 测试目标端口是否可达
2  $ telnet <目标 IP 地址> <目标端口>
```

【例 9.1】测试目标服务器的 sshd 服务是否开启。

```
1  # 测试目标 22 端口
2  $ telnet 192.168.10.128 22
```

```
1  Trying 192.168.10.128...
2  Connected to 192.168.10.128.
3  Escape character is '^]'.
4  SSH-2.0-OpenSSH_8.8
```

光标闪动，等待客户端的请求数据，如果提示已经成功连接，说明目标端口已经开放。

```
1  Trying 192.168.10.128...
2  telnet: connect to address 192.168.241.140: Connection refused
```

如果提示连接被拒绝（Connection refused），说明目标端口可能未开放。

9.3.5 跟踪路由

traceroute 用于追踪网络数据包的路由途径。当然每次数据包由同样的出发点（source）到达同样的目的地（destination）走的路径可能会不一样，但基本上大部分时候所走的路径是相同的。traceroute 通过发送小的数据包到目的设备直到其返回，来测量其需要多长时间。一条路径上的每个设备 traceroute 要测 3 次。输出结果中包括每次测试的时间（单位为 ms）和设备的名称及 IP 地址。

traceroute 的安装：

```
1  # 在 openEuler/CentOS 中安装 traceroute
2  $ sudo yum install traceroute
3
4  # 在 Debian/Ubuntu 中安装 traceroute
5  $ sudo apt install traceroute
```

【例 9.2】以百度为例，使用 traceroute 跟踪访问远程设备。

```
1  # 在 Linux 中使用 traceroute
2  $ traceroute baidu.com
3
4  # Debian/Ubuntu 安装 traceroute
```

< 168 >

```
5  $ sudo apt install traceroute
```

通过最多 30 个跃点跟踪到 baidu.com [110.242.68.66] 的路由：

```
1   1      1 ms      3 ms     <1 ms    192.168.43.1
2   2      *         *         *       请求超时。
3   3     35 ms     36 ms     30 ms    10.138.76.197
4   4      *         *         *       请求超时。
5   5     24 ms     37 ms     42 ms    120.193.80.93
6   6      *         *         *       请求超时。
7   7     52 ms     47 ms     52 ms    221.183.40.33
8   8      *         *         *       请求超时。
9   9     54 ms     54 ms     79 ms    219.158.40.17
10  10     *        57 ms     55 ms    219.158.3.65
11  11     *        63 ms      *       219.158.11.86
12  12    63 ms     51 ms     55 ms    110.242.66.162
13  13     *         *         *       请求超时。
14  14     *         *         *       请求超时。
15  15     *         *         *       请求超时。
16  16     *         *         *       请求超时。
17  17    79 ms     68 ms     66 ms    110.242.68.66
18
```

跟踪完成。

9.3.6　实践：服务故障排查

【例 9.3】如果服务器无法连接或无法提供服务，可以按照下面顺序逐个排查。
首先查看服务是否启动，可以先查看服务的状态。

```
1  # 查看服务状态
2  $ sudo systemctl status sshd
```

其次查看服务所使用的端口是否开启。

```
1  # 查看端口
2  $ sudo ss -tulnp
3
4  # 查看特定端口
5  $ sudo ss -tulnp | grep ':22'
```

端口虽然开启，但可能不是被本服务占用，可以查看特定端口是由哪个进程占用。

```
1  # 查看端口被哪个进程占用
2  $ sudo lsof -i :22
3
4  # 查看端口被哪个进程占用
5  $ sudo fuser -vn tcp 22
```

如果服务还有问题，还可以查看服务的日志信息，从日志信息中查找错误原因。

```
1  # 查看服务日志
2  $ journalctl -xeu sshd
```

通过以上排查，基本可以断定服务启动有没有问题，如果还有问题，那么还可以排查网络问题，也许是网络故障。

< 169 >

```
1    # 查看服务器 IP 地址
2    $ ip addr
```

ping 目标 IP 地址，看是否通畅。

```
1    # 测试网络是否可达
2    $ ping -c3 <目标 IP 地址>
```

用 telnet 命令测试目标 IP 地址的目标端口是否通畅。

```
1    # 测试目标端口是否可达
2    $ telnet <目标 IP 地址> <目标端口>
```

使用 traceroute 排查中间路由节点的故障。

```
1    # 跟踪路由
2    $ traceroute <目标 IP 地址>
```

9.4　防火墙

防火墙

9.4.1　防火墙的概念

1．什么是防火墙

防火墙（firewall）是通过结合各类用于安全管理与筛选的软件和硬件设备，帮助计算机网络于其内、外网之间构建一道相对隔绝的保护屏障，以保护用户资料与信息安全的一种技术。

2．防火墙的分类

从逻辑上讲防火墙可以分为主机防火墙和网络防护墙。

➢ 主机防火墙：针对个别主机对出站入站的数据包进行过滤，操作对象为个体。

➢ 网络防火墙：处于网络边缘，针对网络入口进行防护，操作对象为整体。

从物理上讲防火墙可以分为硬件防火墙和软件防火墙。

➢ 硬件防火墙：通过硬件实现防火墙的功能，性能高，成本高。

➢ 软件防火墙：通过软件实现防火墙的功能，性能低，成本低。

3．防火墙的内核态和用户态

目前 Linux 中新的防火墙由 netfilter 和 iptables/nftables 构成。其中 iptables/nftables 提供给用户制定规则，所以又被称为防火墙的用户态；netfilter 实现防火墙底层机制并执行具体功能，故又被称为防火墙的内核态。简单地讲，iptables/nftables 制定规则，而 netfilter 执行规则。

防火墙的内核态发展就是从墙到链再到表的过程。防火墙内核态包过滤机制变化如下：

```
1    ipfirewall ➜ ipchains ➜ iptables ➜ nftables
```

Linux 2.0 内核中：包过滤机制为 ipfw，管理工具是 ipfwadm。

Linux 2.2 内核中：包过滤机制为 ipchain，管理工具是 ipchains。

Linux 2.4、2.6、3.0+内核中：包过滤机制为 netfilter，管理工具是 iptables。

Linux 3.13+内核中：包过滤机制为 netfilter，管理工具是 nftables。

包过滤机制 netfilter 支持包过滤、网络地址转换和其他数据包重整。netfilter 是 Linux 内核中的一组钩子，允许内核模块向网络堆栈注册回调函数，然后，遍历网络堆栈内的相应挂钩的每个数据包，

< 170 >

回调注册的回调函数。

用户态工具集包括 iptables、nftables 等。iptables 是用户空间命令行程序，用于配置 netfilter 包过滤规则集。nftables 旨在取代现有的 iptables、ip6tables、arptables、etables 表框架。

4．防火墙前端工具

为了使用简单以及兼容 iptables 和 nftables 底层差异，可以启用防火墙前端工具 FirewallD、UFW。FirewallD 引入了区域的概念，可以动态配置，让防火墙配置及使用变得简便。

UFW 的英文全称为 Uncomplicated Firewall，是 Ubuntu 系统上默认的防火墙组件，是为了轻量化配置 iptables 而开发的一款工具。UFW 提供一个非常友好的界面用于创建基于 IPv4/IPv6 的防火墙规则。

5．如何学好防火墙的配置

（1）掌握 OSI/RM 七层模型以及各层对应的协议。

（2）掌握 TCP/IP 三次握手、四次断开的过程、TCP HEADER、状态转换。

（3）熟悉常用的服务端口。

（4）掌握常用服务协议的原理，特别是 HTTP、ICMP。

（5）能够熟练地利用 tcpdump 和 Wireshark 进行抓包并分析。

（6）熟悉常见的计算机网络，熟悉基本的路由交换。

6．防火墙配置原则

（1）尽可能不给服务器配置外网 IP 地址，可以设置代理转发或地址映射访问内网服务。

（2）并发不大的场景，可以开启软件防火墙。

（3）并发很大的场景，不建议开启软件防火墙，影响性能，可以开启硬件防火墙提升系统安全。

9.4.2　FirewallD

FirewallD 防火墙属于智能化的 iptables/nftables 规则管理服务，它的底层功能实现依旧是 iptables/nftables。

1．FirewallD 防火墙的安装

默认情况下，不启用防火墙，在特定的需要防火墙的情况下，才考虑安装并启用防火墙。

```
1   # 在 openEuler/CentOS 中安装 FirewallD 防火墙
2   $ sudo yum install firewalld
3
4   # 在 Debian/Ubuntu 中安装 FirewallD 防火墙
5   $ sudo apt install firewalld
6
7   # 查看防火墙状态
8   $ sudo systemctl status firewalld
9
10  # 立即开启防火墙
11  $ sudo systemctl start firewalld
12
13  # 开启开机自启动服务
14  $ sudo systemctl enable firewalld
```

使用 FirewallD 防火墙之后，建议禁用 iptables/nftables 用户态管理工具，直接使用前端 FirewallD。

```
1   # 禁用 iptables/nftables
2   $ sudo systemctl mask iptables
3   $ sudo systemctl mask nftables
```

< 171 >

用 mask 命令禁用 iptables/nftables 服务之后，无法用 start 命令启动 iptables/nftables 服务，必须先执行 unmask 命令才可以启动该服务。

如果不用防火墙，可以关闭防火墙。

```
1   # 立即关闭防火墙
2   $ sudo systemctl stop firewalld
3
4   # 关闭开机自启动服务
5   $ sudo systemctl disable firewalld
```

2．firewall-config

FirewallD 配备了 firewall-config（图形界面）、firewall-cmd（命令行）两个工具，只有 FirewallD 服务启动了，才能使用这两个工具。

图形界面工具 firewall-config 还需要单独安装，因此一般用 firewall-cmd 命令行工具。

```
1   # 在 openEuler/CentOS 中安装 FirewallD 图形界面管理工具
2   $ sudo yum install firewall-config
3
4   # 在 Debian/Ubuntu 中安装 FirewallD 图形界面管理工具
5   $ sudo apt install firewall-config
```

安装之后，就可以在图形界面下使用防火墙管理工具，管理界面如图 9.2 所示。

图 9.2　firewall-config 管理界面

3．区域的概念

FirewallD 引入了区域的概念，FirewallD 中的区域相当于策略集，不同类型的区域分别对应不同的策略。

一个区域就是一个场景，如工作场景、隔离场景、信任场景等。

只有一个区域生效，可以通过切换默认区域，使不同的策略生效。

```
1   # 查看所有区域
2   $ sudo firewall-cmd --list-all-zones
```

< 172 >

系统提供的常见区域有以下几种。

➢ 丢弃区域（drop zone，信任级别 1）：任何无连接状态接收的包都被丢弃，没有任何回复；有连接状态的包可进入；向外连接的包可放行。target 为 reject，不管是否选中，都默认拒绝，即选不选无效果。

➢ 阻塞区域（block zone，信任级别 2）：拒绝所有无连接状态并主动连入的报文，且返回 icmp-host-prohibited；有连接状态的包可进入；向外连接的包可放行。target 为 drop，不管是否选中，都默认拒绝，即选不选无效果。

➢ 信任区域（trusted zone，信任级别 9）：允许所有网络连接通过。target 为 accept，不管是否选中，都默认允许，即选不选无效果。

➢ 隔离区域（dmz zone，信任级别 5）：如果只允许部分服务能被外部访问，可以在 DMZ 中定义。target 为 default，支持只允许选中的连接特性，默认只允许连接 ssh 服务。

➢ 外部区域（external zone，信任级别 4）：该区域与公共区域几乎无区别，仅是启用了伪装（masquerading）选项。target 为 default，支持只允许选中的连接特性，默认只允许连接 ssh 服务。

➢ 公共区域（public zone，信任级别 3）/工作区域（work zone，信任级别 6）/家庭区域（home zone，信任级别 7）/内部区域（internal zone，信任级别 8）：这 4 个区域几乎无区别，target 均为 default，均支持只允许被选中的连接，默认只允许连接 ssh、dhcpv6-client、mdsn、samba-client 服务。

一般情况下，默认区域为公共区域。

```
1  # 查看默认区域
2  $ sudo firewall-cmd --get-default-zone
```

```
1  public
```

激活区域指的就是默认区域，查看激活区域。

```
1  # 查看激活区域附带区域网卡列表
2  $ sudo firewall-cmd --get-active-zones
```

```
1  public
2    interfaces: ens33
```

一个网卡接口只能加入一个区域；一个区域可以有多个网卡接口加入。

```
1  # 查看网卡加入了哪个区域
2  $ sudo firewall-cmd --get-zone-of-interface=ens33
```

```
1  public
```

```
1  # 查看指定区域的网卡列表
2  $ sudo firewall-cmd --list-interfaces --zone=public
```

```
1  ens33
```

一般网卡接口初始都会加入默认区域，接受该区域策略管理。如果没有加入，可以用 add 方式手动加入，如果该接口已加入一个区域，会有警告信息。

```
1  # 用 add 方式加入区域
2  $ sudo firewall-cmd \
3    --zone=public \
4    --add-interface=lo
```

```
1  success
```

如果一个网卡接口已经加入一个区域，不可以通过 add 方式将其加入另一个区域，必须通过 change 方式修改加入，这时候会从其他区域删除该网卡接口。

< 173 >

```
1  # 用 change 方式加入区域
2  $ sudo firewall-cmd \
3    --zone=public \
4    --change-interface=lo
```

```
1  success
```

还可以直接从区域中删除网卡接口，然后加入其他区域。

```
1  # 从区域中删除网卡
2  $ sudo firewall-cmd \
3    --zone=public \
4    --remove-interface=lo
```

```
1  success
```

4．临时配置和永久配置

FirewallD 有两种配置类型：Runtime、Permanent。

Runtime：临时配置，立即生效。在 Runtime 模式下进行的修改，执行重载（firewall-cmd --reload）或主机重启之后将全部丢失。

Permanent：添加选项--permanent，让配置写入配置文件，永久配置，手动触发生效。在 Permanent 模式下进行的修改，只有执行重载或重启之后，修改项才会在本机生效。

```
1  # 重载防火墙，更新防火墙规则，使永久配置立即生效
2  $ sudo firewall-cmd -reload
3  # 说明：重载防火墙会直接丢弃 Runtime 配置。
4
5  # 将 Runtime 设定为永久配置
6  $ sudo firewall-cmd --runtime-to-permanent
```

5．服务设置

防火墙一般不拦截对外的连接，对于外来连接可以以服务、端口、协议等方式设置过滤规则。

服务、端口、协议等规则是"或"关系，只要有一个设置放行外来连接，防火墙就会放行。

查看全部放行规则。

```
1  # 查看当前区域全部放行规则
2  $ sudo firewall-cmd --list-all
3  $ sudo firewall-cmd --list-all --zone=public
```

```
1  public (active)
2    target: default
3    icmp-block-inversion: no
4    interfaces: ens33
5    sources:
6    services: dhcpv6-client ssh
7    ports:
8    protocols:
9    forward: no
10   masquerade: no
11   forward-ports:
12   source-ports:
13   icmp-blocks:
14   rich rules:
```

其中服务和端口是十分常见和简单的防火墙设置方式。

查看 FirewallD 支持的服务集合。

< 174 >

```
1  # 查看 FirewallD 支持的服务集合
2  $ sudo firewall-cmd --get-services
```

```
1  RH-Satellite-6 RH-Satellite-6-capsule amanda-client amanda-k5-client amqp amqps
   apcupsd audit bacula bacula-client bb bgp bitcoin bitcoin-rpc
2  ...
3  xdmcp xmpp-bosh xmpp-client xmpp-local xmpp-server zabbix-agent zabbix-server
```

查看当前区域下放行的服务。

```
1  # 查看当前区域下放行的服务
2  $ sudo firewall-cmd --list-services
```

```
1  dhcpv6-client ssh
```

将服务永久增加到区域下，一般意味着对该服务放行。

```
1   # 将服务永久增加到区域下放行
2   $ sudo firewall-cmd \
3     --permanent \
4     --zone=public \
5     --add-service=http
6
7   # 重载防火墙，使永久配置立即生效
8   $ sudo firewall-cmd --reload
9
10  # 查看当前区域下放行的服务
11  $ sudo firewall-cmd --list-services
```

```
1  dhcpv6-client http ssh
```

此时已经可以看到放行的 http 服务。

还可以删除放行的服务，这样防火墙就会挡住外网的访问。

```
1   # 删除放行的服务
2   $ sudo firewall-cmd \
3     --permanent \
4     --zone=public \
5     --remove-service=http
6
7   # 重载防火墙
8   $ sudo firewall-cmd --reload
9
10  # 查看当前区域下放行的服务
11  $ sudo firewall-cmd --list-services
```

```
1  dhcpv6-client ssh
```

此时已经看不到放行的 http 服务，http 服务禁止外网访问。

6．端口设置

基于端口设置防火墙规则也是十分常见和简单的方式。

```
1  # 查看防火墙放行的端口列表
2  $ sudo firewall-cmd --list-ports
```

还可以查询指定端口的放行情况。

```
1  # 查询端口是否开放
2  $ sudo firewall-cmd --query-port=8080/tcp
```

< 175 >

```
1   no
```

在区域下添加端口，一般意味着对该端口放行。

```
1   # 永久添加端口放行，默认区域
2   $ sudo firewall-cmd \
3     --permanent \
4     --add-port=8080/tcp
5
6   # 永久添加端口放行，指定区域
7   $ sudo firewall-cmd \
8     --permanent \
9     --zone=public \
10    --add-port=8080/tcp
11
12  # 永久添加端口放行，连续端口
13  $ sudo firewall-cmd \
14    --permanent \
15    --zone=public \
16    --add-port=8085-8090/tcp
17
18  # 重载防火墙
19  $ sudo firewall-cmd --reload
20
21  # 查看防火墙放行的端口列表
22  $ sudo firewall-cmd --list-ports
```

```
1   8080/tcp 8085-8090/tcp
```

删除端口放行。

```
1   # 永久删除端口放行，默认区域
2   $ sudo firewall-cmd \
3     --permanent \
4     --remove-port=8080/tcp
5
6   # 永久删除端口放行，指定区域
7   $ sudo firewall-cmd \
8     --permanent \
9     --zone=public \
10    --remove-port=8080/tcp
11
12  # 永久删除端口放行，连续端口
13  $ sudo firewall-cmd \
14    --permanent \
15    --zone=public \
16    --remove-port=8085-8090/tcp
17
18  # 重载防火墙
19  $ sudo firewall-cmd --reload
20
21  # 查看防火墙放行的端口列表
22  $ sudo firewall-cmd --list-ports
```

7．来源 IP 地址

FirewallD 还允许快速启用开放来源 IP 地址/地址段或特定端口的所有外来连接请求。

```
1   # 添加开放来源 IP 地址
2   $ sudo firewall-cmd \
```

< 176 >

```
3    --zone=public \
4    --add-source=192.168.10.1
5
6  # 添加开放来源 IP 地址段
7  $ sudo firewall-cmd \
8    --zone=public \
9    --add-source=192.168.10.0/24
10
11 # 查看当前区域全部放行配置
12 $ sudo firewall-cmd --list-all
```

删除开放来源 IP 地址。

```
1  # 删除开放来源 IP 地址
2  $ sudo firewall-cmd \
3    --zone=public \
4    --remove-source=192.168.10.1
```

8．富规则

FirewallD 的富规则可以定义更复杂、强大的防火墙规则。

操作的元素对象包括以下几种。

➢ service：服务。

➢ port：端口。

➢ protocol：协议。

➢ icmp-block：ICMP 拦截。

➢ masquerade：伪装。

➢ forward-port：端口转发。

富规则除了可以指定接收外来连接外，还可以拒绝、丢弃外来连接。

➢ accept：接收。

➢ reject：直接拒绝，返回拒绝。

➢ drop：丢弃，不返回拒绝，直到超时。

➢ mark：标记。

富规则语法：

```
1  rule
2    # 协议族
3    family="ipv4|ipv6"
4    # 来源 IP 地址/地址段
5    source address="address"
6    # 目标 IP 地址/地址段
7    destination address="address"
8    # 元素：服务
9    service name="service name"
10   # 元素：端口
11   port
12     port="port value"
13     protocol="tcp|udp"
14   # 元素：协议
15   protocol value="protocol value"
16   # 操作
17   accept|reject|drop|mark
18   # 端口转发
```

< 177 >

```
19   forward-port
20      port="port value"
21      protocol="tcp|udp"
22      to-port="port value"
23      to-addr="address"
24    # 日志
25    log
26      prefix="prefix text"
27      level="log level"
28      limit value="rate/duration"
29    # 审计
30    audit
31      limit value="rate/duration"
```

【例9.4】 富规则设置实例。

拒绝 192.168.241.0/24 访问 9999 端口。

```
1   # 拒绝 192.168.241.0/24 访问 9999 端口
2   $ sudo firewall-cmd --add-rich-rule='rule family=ipv4 source
    address=192.168.241.0/ 24 port port=9999 protocol=tcp reject'
```

防火墙配置网站禁 ping。

```
1   # 防火墙配置网站禁 ping
2   $ sudo firewall-cmd --add-rich-rule='rule family=ipv4 protocol value=icmp drop'
```

富规则设定的 IP 地址有两类。

➢ source address：来源地址，是指网络从外部接入时连接的外部 IP 地址。

➢ destination address：目标地址，是指网络从内部访问外部网络时的外部 IP 地址。

还可以通过目标地址限制出行。

```
1   # 禁止访问外部网络
2   $ sudo firewall-cmd --add-rich-rule='rule family=ipv4 destination
    address= 192.168.241.1 port protocol=tcp port=9999 reject'
```

目前保留了该规则，但并没有生效，可以使用直接接口实现。

9. 直接规则

FirewallD 提供了直接接口（direct interface）， 它允许管理员手动编写 iptables/nftables 规则插入 FirewallD 管理的区域中。直接规则适用于应用程序，而不是用户。如果对 iptables/nftables 不熟悉，不建议使用直接接口。

10. 应急模式

开启应急模式，会阻断一切网络，包括已经建立的连接，远程管理时慎用。

```
1   # 开启应急模式
2   $ sudo firewall-cmd --panic-on
3
4   # 关闭应急模式
5   $ sudo firewall-cmd --panic-off
```

< 178 >

9.5 路由配置

路由配置

　　跨越从源主机到目标主机的互联网络来转发数据包的过程，称为路由。路由器根据路由表选择到达目标网络的最佳路径的过程，称为路由选择。

　　从源主机到目标主机有多条路径，在这些路径中总有一条路径是最好/最快的。因此，为了尽可能地提高网络访问速度，就需要一种方法来判断从源主机到目标主机的最佳路径是哪条，从而进行数据转发。这种找最佳路径的技术，就叫路由技术。比如 RIP、OSPF 等协议，就是具体的路由技术。

　　专业路由器因品牌不同、设置方式不同，需要有针对性地学习。本节介绍本机的路由设置方式。

9.5.1 Linux 路由设置

　　ip route 命令用于查看网关的路由。

```
1  # 查看网关的路由
2  $ ip route
```

```
1  172.17.0.0/16 dev docker0 proto kernel scope link src 172.17.0.1
2  192.168.241.0/24 dev ens160 proto kernel scope link src 192.168.241.148 metric 100
```

　　路由需要指定特定网段的数据该往哪个网络接口走，或往哪个网关走。

```
1  # 设置完整路由
2  $ sudo ip route add 172.20.0.0/16 dev eth0 via 172.20.0.1
```

　　上述命令设置 172.20.0.0/16 网段的网关为 172.20.0.1，数据走 eth0 接口。

　　添加路由时可以仅指定一个网关 IP 地址或接口。

```
1  # 添加路由时可以仅指定一个网关 IP 地址或接口
2  $ sudo ip route add 172.20.0.0/16 via 172.20.0.1
3  # 或
4  $ sudo ip route add 172.20.0.0/16 dev eth0
```

　　多余或无意义的路由会影响路由选择，建议尽量删除多余的路由。

```
1  # 删除路由
2  $ sudo ip route del 172.20.0.0/16
3  # 或
4  $ sudo ip route del 172.20.0.0/16 dev eth0
```

　　上述命令用于删除 172.20.0.0/16 网段的路由。

　　ip route 命令对路由的修改是临时的，机器重启或者网卡重启后路由就失效。

　　路由的知识非常庞杂，不要轻易设置，示例中设置的路由走本网段的网关，这种设置是无意义的，因为很多智能路由都可以自动寻找路径。路由设置是在网络不能自动识别的情况下，人为指定路由路径。

9.5.2 Windows 路由设置 *

　　在为虚拟机配置网络时，可能需要通过 Windows 路由直接访问内部虚拟机。配合 Windows 和 Linux

< 179 >

路由设置，可以更好地理解路由的概念。

Windows 路由必须有管理员权限才可以设置。

```
1   # 添加路由，临时
2   > route add 172.17.0.0/16 192.168.241.140
3
4   # 添加路由，-p：永久保存
5   > route -p add 172.17.0.0/16 192.168.241.140
6
7   # 删除路由，永久
8   > route delete 172.17.0.0/16
9
10  # 查看路由表
11  > route print
```

9.6　小结

本章深入研究了 Linux 操作系统的网络管理与安全，介绍了网络管理基本命令，这些命令能够监控和配置网络接口、查看网络状态以及进行网络故障排除；还详细介绍了如何使用防火墙规则来过滤网络流量，以保护系统免受潜在的网络威胁；最后，深入研究了路由配置，讲解了如何设置路由规则以确保数据包在网络中正确传输。

9.7　习题

一、填空题

1. Linux 网络使用＿＿＿＿＿＿＿＿服务进行管理，可以使用服务管理的方式查看网络状态或控制网络。

2. iproute2 是一个在 Linux 下的高级网络管理工具软件，主要命令工具是＿＿＿＿＿＿＿＿、＿＿＿＿＿＿＿＿。

3. 查看 L2 链路层的物理设备网络命令是 ip ＿＿＿＿＿＿＿＿。

4. 查看 L3 网络层 IP 信息网络命令是 ip ＿＿＿＿＿＿＿＿。

5. 查看网关的路由信息网络命令是 ip ＿＿＿＿＿＿＿＿。

6. 查看邻居表网络命令是 ip ＿＿＿＿＿＿＿＿。

7. 查看全部监听的端口网络命令是 ss ＿＿＿＿＿＿＿＿。

8. 查询已建立的连接网络命令是 ss ＿＿＿＿＿＿＿＿。

9. ＿＿＿＿＿＿＿＿指令追踪网络数据包的路由途径。

二、判断题

1. 在 Linux 系统中，可以使用 iptables 命令来配置和管理防火墙规则。　　　　（　　）

2. 防火墙的主要作用是防止外部网络对内部网络的非法访问。　　　　（　　）

3. 路由配置主要是指定数据包在网络中的传输路径。　　　　（　　）

< 180 >

4. 为了保证网络安全，应该禁用所有的网络服务以减少攻击面。　　　　　　　　（　　　）

5. 在 Linux 系统中，route 命令可以用来查看和修改路由表。　　　　　　　　　（　　　）

三、选择题

1. 在 openEuler 系统中，哪个文件通常用于配置网络接口？（　　　）

A. /etc/network/interfaces　　　　　　　B. /etc/sysconfig/network-scripts/ifcfg-

C. /etc/resolv.conf　　　　　　　　　　D. /etc/hosts

2. 在 Linux 系统中，哪个命令用于测试网络的连通性？（　　　）

A. telnet　　　　　　B. ssh　　　　　　C. ping　　　　　　D. ftp

3. 以下哪个不是网络管理的基本命令？（　　　）

A. ping　　　　　　B. traceroute　　　　C. ls　　　　　　D. netstat

4. 在 Linux 系统中，哪个命令可以显示当前系统中活动的网络连接、监听的端口以及网络服务？（　　　）

A. ifconfig　　　　　B. netstat 或 ss　　　C. route　　　　　D. iptables

5. 关于路由配置，以下哪个说法是正确的？（　　　）

A. 路由配置主要是设置 DNS 服务器地址

B. 路由配置不需要知道目的网络的地址

C. 路由配置用于指定数据包在网络中的最佳传输路径

D. 路由配置是为了提高网络的下载速度

< 181 >

第 10 章　Shell 编程

Shell 是一个用 C 语言编写的程序，它是用户使用 Linux 的桥梁。Shell 既是一种命令语言，也是一种程序设计语言。本章主要讲解 Shell 脚本的概念及常用的语法，这是 Linux 操作系统运维中必须掌握的知识，也是 Linux 学习的重点和难点。

10.1　引入

引入

1．减轻学习和工作负担

学习 Shell 脚本就相当于又学习了一门编程语言，那么为什么要学习 Shell 编程？

学习 Shell 编程不是为了增加学习负担，而是灵活运用以前学习的各种命令，以前学习的 Shell 命令都可以在脚本中使用。学习 Shell 编程是为了记录用户的操作，再烦琐的问题，除了第一次可能会遇到困难，以后重复实现都只需要进行复制/粘贴操作。

脚本命令除了记录各种人工操作命令，更多的是协调多命令之间的输入输出，使命令之间无缝衔接，实现自动化执行代替人工操作，减轻工作负担，提高工作效率。

Shell 脚本可以轻松实现多主机维护，一个脚本可以同时作用于多台主机。Shell 脚本也可以通过设置直接在 Windows 系统中使用。

2．知识的传播与积累

使用脚本的方式随时记录学习的内容，可以积累知识。交流学到的知识可使知识得以传播。

3．计算机中的科学问题

计算机科学的一个主要目标就是让计算机能够代替人类完成一些枯燥、烦琐的任务，使用计算机这一工具解决科学问题，很重要的一个工作就是寻找和拆解任务中可以机械式重复执行的任务单元，由计算机代替人工操作。在许多情况下，计算机可以比人类更快、更准确地完成一些重复性的工作。例如，可以编写一个程序来自动处理大量的数据，而不需要人工逐一检查和处理；也可以编写一个脚本来定期备份文件，或者监控系统的运行状态，这样就不需要人工频繁地进行相应的操作。

10.2　Shell 概述

Shell 概述

Shell 是一种应用程序，这个应用程序提供了一个界面，用户通过这个界面访问操作系统内核的服务。

Shell 程序位于操作系统内核与用户之间，负责接收用户输入的命令，对已输入命令进行解释，将需要执行的命令传递给操作系统内核执行，因此 Shell 程序实现了"命令解释器"功能。Shell 的功能如图 10.1 所示。

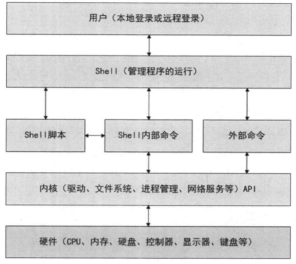

图 10.1　Shell 的功能

肯尼斯·汤普森的 sh 是第一种 UNIX Shell；Windows 资源管理器（Windows explorer）是一个典型的图形界面 Shell。

10.2.1　Shell 脚本

Shell 有两种执行命令的方式。
➢ 交互式（interactive）：解释执行用户的命令，用户输入一条命令，Shell 就解释执行一条。
➢ 批处理（batch）：用户事先写一个 Shell 脚本（script），其中有很多条命令，让 Shell 一次性把这些命令执行完。

前文介绍的都是交互式命令，本章开始介绍批处理的 Shell 脚本。需要注意的是，学习 Shell 脚本，不是单纯为了编程，而是为了辅助用户操作，不宜设计得过于复杂。

10.2.2　Shell 环境

Shell 脚本的执行需要一个能解释执行的脚本解释器，即 Shell 运行环境。

UNIX/Linux 上常见的 Shell 脚本解释器有 Bash、sh、Csh、ash、ksh、tcsh、Zsh 等几种，习惯上统称它们为 Shell。

（1）Bash

sh 即 Bourne Shell，又称 bsh，是 UNIX 最初使用的 Shell，而且在每种 UNIX 上都可以使用。sh 在 Shell 编程方面相当优秀，但在与用户交互方面的表现不如其他几种 Shell，所以一般脚本为了兼容会声明使用 sh 作为脚本解释器。

Bash，也就是 Bourne Again Shell，是对 sh 的扩展和继续。由于在用户交互方面具有易用性，Bash 在日常工作中被广泛使用。目前大多数 Linux 发行版都使用 Bash 作为默认的 Shell，也是本书学习的主用 Shell。

（2）Csh

Csh 是 C Shell 的缩写，是比尔·乔伊于 20 世纪 80 年代早期，在美国加利福尼亚大学伯克利分校

< 183 >

开发完成的。Csh 使用 C 语言的语法风格，并因此得名。Csh 在用户的命令行交互界面上进行了很多改进，并增加了命令历史、别名、文件名替换、任务控制等功能。tcsh 是 Csh 的兼容升级版本，因此有些系统运行 Csh 时将直接运行 tcsh。Csh 是 FreeBSD 的默认 Shell。

（3）ksh

ksh 是 Korn Shell 的缩写，是由美国 AT&T 公司的贝尔实验室的大卫·科恩（David Korn）开发的，因此以 Korn Shell 命名。ksh 是在 sh 和 Csh 之后出现的，它结合了 sh 和 Csh 的功能优势，兼具 sh 的语法和 Csh 的交互特性，因此受到了用户的广泛欢迎。ksh 是 UNIX 的默认 Shell。

（4）Zsh

Zsh 是一种类 UNIX 操作系统下的比较前沿的 Shell，它是 sh 的一个替代品，并且它的设计目的是成为一个更加强大和易于使用的 Shell。和 bash 相比，Zsh 具有更多的特性和更好的自定义选项，例如更好的自动补全功能、更好的命令别名等。新版 macOS 的默认 Shell 已经从 Bash 改为 Zsh。

在 Linux 操作系统中，默认选用 Bash 作为标准的 Shell，当然也可以选择功能更强大的 Shell。

可以通过执行如下命令来查看系统支持的 Shell 列表。

```
1  # 查看系统支持的 Shell 列表
2  $ cat /etc/shells
```

```
1  /bin/sh
2  /bin/bash
3  /sbin/nologin
4  /bin/dash
5  /bin/tcsh
6  /bin/csh
```

临时切换 Shell，可以执行上面结果中的任意一个。

其中/sbin/nologin 不是真实 Shell，只是限制用户登录，在禁止用户登录时，就是将该用户 Shell 设置为/sbin/nologin。

可以使用以下命令永久修改用户使用的 Shell。

```
1  # 永久修改自己的 Shell
2  $ chsh -s /bin/sh
3
4  # 永久修改他人的 Shell
5  $ sudo usermod -s /bin/bash jsj
```

必须具有管理员权限才能修改 Shell，包括修改自己的 Shell。

10.2.3 第一个 Shell 脚本

使用文本编辑器新建一个脚本文件 hello.sh，脚本文件可以加任意扩展名（如.sh），也可以不使用扩展名，没有强制性要求。

```
1  # 新建脚本文件
2  $ vi hello.sh
```

hello.sh 文件内容如下。

```
1  #!/bin/bash
2  echo 'Hello World !'
```

#!是一个注解，指定当前脚本运行需要的 Shell 环境，即当前脚本需要使用哪个 Shell 解释器执行。

echo 命令用于实现简单的文本回显，在显示器中显示文本内容，是脚本的执行语句。执行语句是脚本中重要的组成部分，是真正需要在 Shell 中解释执行的内容，一个脚本一般有多条执行语句。

< 184 >

输入如上内容后，按[Esc]键，退出编辑模式，再按:wq，保存并退出 Vi。

如果在 Windows 中编写 Shell 脚本，还需要注意以下几点。

➢ 文件的编码必须采用 UTF-8。

➢ 换行符必须是 UNIX 换行符。

用 Windows 记事本创建的文件，默认使用 ASCII，中文字符转换成 ASCII 就会变成乱码。若有中文字符出现在文本中建议使用统一的 UTF-8 编码。

换行符是一个特殊的字符或字符序列，表示一行文本的结尾，标志下一行文本的开始。换行符的实际代码因操作系统而异，如下所示。

➢ Windows 使用回车符 + 换行符。

➢ UNIX 和 Linux 使用换行符。

➢ macOS 使用回车符。

回车符即 ASCII 的 0x0D（\r），换行符即 ASCII 的 0x0A（\n），Windows 系统下使用（\r\n），类 UNIX 系统下使用（\n），Windows 系统下的\r 在类 UNIX 系统下会被显示为^M。

回车符在 Shell 脚本文件中会被视为非法字符，所以换行符必须是 UNIX 换行符。

10.2.4　执行 Shell 脚本

执行 Shell 脚本有以下 3 种方式。

1．以可执行方式执行

```
1  # 添加可执行权限
2  $ chmod +x ./hello.sh
3
4  # 执行脚本
5  $ ./hello.sh
6  Hello World !
```

直接执行具有 x 权限的脚本文件，当前路径必须使用./指明，因为 Linux 不同于 Windows，Linux 是优先执行系统路径下的程序，所以要想执行当前路径程序，必须明确声明。

2．作为解释器参数执行

脚本作为解释器参数，需调用正确的解释器。

```
1  # 脚本作为解释器参数
2  $ bash hello.sh
3  # 或
4  $ /bin/bash hello.sh
```

使用指定的解释器程序执行脚本内容，不需要脚本具有可执行权限。

3．作为子程序调用执行

将脚本作为其他脚本的子程序进行调用。

```
1  # 作为子程序调用执行
2  $ source hello.sh
3  # 或
4  $ .  hello.sh
5  # 或
6  $ .  ./hello.sh
```

在 Shell 环境中，也可以直接使用 source 调用主程序，那么主程序就作为当前 Bash 的一个子程序

< 185 >

运行，会继承当前 Bash 的全局变量，而在生产环境中可能没有这些全局变量，运行可能无法通过。所以一般不建议使用该方式直接执行脚本，都是在脚本中使用 source 调用子程序。

10.3 Shell 变量

Shell 变量

在 Shell 的使用中，不可避免地要遇到 Shell 变量的概念，Shell 变量用于在 Shell 程序中保存系统和用户需要使用的值，Shell 变量可分为如下 4 种类型：环境变量、预定义变量、位置变量和用户自定义变量。

10.3.1 变量的定义与赋值

Shell 编程中，用户自定义变量无须事先声明，需要时随时赋值定义。

Shell 用户自定义变量格式如下：

```
1   变量名=变量值
```

变量名的命名遵循如下规则。

➢ 变量名只能使用英文字母、数字和下画线，首个字符不能为数字。

➢ 中间不能有空格，可以使用下画线（_）。

➢ 不能使用标点符号。

➢ 不能使用 Bash 里的关键字。

Shell 变量默认都是字符串类型，Shell 字符串可以使用单引号或双引号作为定界符。在没有特殊符号的情况下，也可以不使用引号。

```
1   # 自定义变量
2   your_name=jsj
3   your_name='jsj'
4   your_name="jsj"
```

> 注意

> 等号两边都不能有空格。定义变量时，变量名前不加$符号。

10.3.2 变量的读取与引用

读取一个定义过的变量，变量名前需加$符号。

```
1   # 读取变量，并将变量显示到显示器
2   echo $your_name
3   echo ${your_name}
```

变量名外面的大括号是可选的，加不加都行，加大括号是为了帮助解释器识别变量的边界。读取变量时给所有变量加上大括号是好的编程习惯。

已定义的变量，可以被重新定义或赋值，定义变量时都不需要加$符号。

```
1   your_name='zs001'
2   echo ${your_name}
3
4   your_name='zs002'
5   echo ${your_name}
```

< 186 >

10.3.3　从键盘读取输入值

使用 read 命令可以从键盘读取输入值并将其赋值给变量。

```
1  # 从键盘读取输入值并将其赋值给变量
2  read your_name
```

这时候系统会有光标闪烁提示用户输入变量值，这里输入：

```
1  计算机
```

```
1  # 显示
2  echo ${your_name}
```

输出结果：

```
1  计算机
```

可以看出，程序正确获取了输入值并赋值给变量。但是在提示输入时，提示不够明显，建议加 -p 选项添加提示信息。

```
1  # 从键盘读取输入值，-p: 提示用户输入信息
2  read -p '请输入您的名字:' your_name
```

```
1  请输入您的名字:
```

运行到此语句，终端会提示用户输入的是名字这一信息，否则即使有光标闪烁提示，不清楚程序流程的用户也并不知道自己要输入什么内容。

10.3.4　只读变量

使用 readonly 命令可以将变量设置为只读变量，只读变量的值不能被改变。

```
1  # 定义变量
2  myUrl='http://www.baidu.com'
3
4  # 设置为只读变量
5  readonly myUrl
6
7  # 尝试修改
8  myUrl='http://www.163.com'
```

当尝试修改变量的值时，系统报错。

```
1  -bash: myUrl: 只读变量
```

10.3.5　变量的取消

可以使用 unset 命令取消变量。
取消变量即让该变量的生命周期提前结束，取消后就不可以再读取该变量。

```
1  # 取消变量
2  unset your_name
3
4  # 再次显示
5  echo ${your_name}
```

< 187 >

取消变量后，再读取该变量显示就变成空白了，执行将没有任何输出。

unset 命令不能取消只读变量。

```
1  # 取消变量
2  unset myUrl
```

```
1  -bash: unset: myUrl: 无法取消设定: 只读 variable
```

10.3.6 Shell 字符串

字符串是 Shell 编程中常用的数据类型之一，也是默认的数据类型。Shell 基本没有其他数据类型，包括数值类型也不是必需的，数值的计算也可以通过字符串进行。

字符串的定界符可以是单引号，也可以是双引号，也可以不用引号。

（1）单引号定界的字符串不解析变量，字符串中的任何字符都会原样输出。

```
1  # 定义变量
2  your_name=jsj
3
4  # 单引号定界包含变量的字符串
5  echo '您好:${your_name}'
```

输出如下结果:

```
1  您好:${your_name}
```

（2）双引号定界的字符串会解析变量。

```
1  # 双引号定界包含变量的字符串
2  echo "您好:${your_name}"
```

输出如下结果:

```
1  您好:jsj
```

其实，单引号与双引号的区别并不明显，使用单引号也可以解析变量。

```
1  # 如果要用单引号解析变量，可以将变量写在字符串外，进行拼接
2  echo '您好:'${your_name}
```

这样也能解析出变量的值。

需要注意的是，Shell 的字符串拼接不需要使用+符号，只需要写在一起就可以了。

为了区别编译型主语言，解释型脚本建议使用单引号作为字符串的定界符。

10.3.7 Shell 宏

宏是 Shell 编程中一种比较极端的处理技巧，Shell 宏是优先于整个脚本命令的，首先执行宏，然后将宏的输出作为脚本命令的一部分，然后拼凑成一个新的命令执行。

Shell 宏使用反引号`定界，非常像字符串，但是跟字符串有着本质区别。

【例 10.1】将当前路径赋值给变量。

```
1  # 将当前路径赋值给变量
2  cur_path=`pwd`
```

当前路径的获取可以使用命令 pwd，但是 pwd 获取的结果是一个文件，并且默认输出到显示器，

< 188 >

但文件不可以赋值给变量。这里借助宏，不再将输出结果重定向到显示器，而是插入脚本代码中，从而生成新的代码。

```
1    # 优先执行第一条命令
2    $ pwd
3    /home/jsj
4
5    # 将结果插入代码中，进行替换
6    # cur_path=`pwd`
7    cur_path=/home/jsj
8
9    # 执行上面最后生成的新代码
```

可以看出，执行一个宏，实际是执行了两段代码。

为了显示变量的值，执行下面代码，查看结果。

```
1    # 显示
2    echo ${cur_path}
```

输出如下结果：

```
1    /home/jsj
```

可以看出，当前路径的值已经赋值给变量 cur_path。

宏生成的新命令是由宏输出的内容构造而成的，如果这个宏中有用户输入的数据，则用户完全可以通过技巧在系统中执行特殊命令，从而获取系统管理权限。

建议使用$()代替`，$()是一种安全宏。

```
1    # 不安全宏
2    cur_path=`pwd`
3
4    # 建议使用安全宏
5    cur_path=$(pwd)
```

安全宏不仅安全，语法也更友好，不理解宏的用户也可以推测出这是一种对函数的封装，将命令变成了假函数。Linux 命令的接口基本都是文件重定向到文件，使用宏可以实现输出到文件变成输出到脚本，模拟函数返回值的规则。

```
1    # 宏将命令封装成假函数
2    cur_path=$(cmd)
3
4    # 比较内存变量的读取语法
5    cur_path=${val}
```

 注 意

宏可以放置在语句的任意位置而不会报错，但是不要滥用这种技巧，尽量遵循传统的编写代码习惯，提高代码的可阅读性。

10.3.8　数值计算

在 Shell 脚本中所有默认定义的变量其实都是字符串类型，包括数字，没办法进行原生数值计算。

1．expr

expr 是一款表达式计算工具，使用它能完成整数表达式的求值操作。

< 189 >

【例 10.2】 两个数相加。

```
1   sum=1+2
2   echo "两数之和为: $sum"
```

```
1   两数之和为: 1+2
```

可以看出，变量被正确解析，但并没有进行数值计算。

```
1   # 使用安全宏封装成假函数
2   sum=$(expr 1 + 2)
3   echo "两数之和为: $sum"
```

```
1   两数之和为: 3
```

所有宏中的表达式和运算符之间要有空格，例如 1+2 是不对的，必须写成如下形式：

```
1   # ··: 表示空格
2   expr··1··+··2
```

expr 中可以使用的运算符号包括加号（+）、减号（-）、乘号（*）、除号（/）、取余数号（%）等。注意乘号是*，而不是*，因为*符号在字符串中有特殊意义，必须转义使用。

【例 10.3】 四则运算。

```
1   expr 1 + 2
2   expr 2 - 1
3   expr 2 \* 2
4   expr 1 / 2
5   expr 1 % 2
```

expr 不能进行浮点数运算，如果需要使用浮点数运算就需要借助 bc 计算器。

2．bc

bc 是 Linux 中的简单计算器，可以使用的运算符号包括加号（+）、减号（-）、乘号（*）、除号（/）、指数号（^）、取余数号（%）等。bc 计算器的表达式可以是正常的数学表达式，没有空格限制。

【例 10.4】 计算器的使用。

```
1   # 直接计算并输出结果
2   $ echo "2*3/4-5" | bc
3   # 输出: -4
4
5   # 除法默认就是整除，-1: 使用预定义数学库实现浮点数运算
6   $ echo "2*3/4-5" | bc -l
7   # 输出: -3.50000000000000000000
8
9   # 保留小数位，也可以实现浮点数运算
10  # scale=2，表示保留两位小数
11  $ echo "scale=2; 2*3/4-5" | bc
12  # 输出: -3.50
```

bc 计算器不能使用一个参数作为计算表达式，需要一个文件。echo 命令将一个变量转换为一个文件输出，借助管道就可以作为 bc 计算器的参数。

将计算结果赋值给变量，则需要借助宏技巧将文件转换为内存变量。

【例 10.5】 使用宏。

```
1   # 宏接收 bc 计算器的结果并赋值
2   a=$(echo "scale=2; 2*3/4-5" | bc)
```

< 190 >

从上面几个例子可以看出，echo 命令和宏是非常重要的。echo 命令实现了将脚本中的内存变量转换为外部文件，实现可以调用任意外部命令的功能；宏实现了将外部命令输出的结果转换为可以赋值给变量的值。

3．let

let 语句是 Shell 中用于计算的工具，用于执行一个或多个表达式，变量计算中不需要加上$来表示变量。

let 语句只能计算整数。

如果表达式中包含空格或其他特殊字符，则必须引起来。

【例 10.6】let 举例。

```
1   let a=1+2
2   # a=3
3
4   let "b=2+3"
5   # b=5
6
7   let c=a+1
8   # c=4
9
10  let c++
11  # c=5
12
13  let c+=2
14  # c=7
```

let 不是外部命令，let 语句处理的对象是内部变量，不是文件，这一点同 expr、bc 等外部命令工具是不一样的。

10.3.9 数组

数组中可以存放多个值。Bash Shell 只支持一维数组，不支持多维数组，初始化时不需要定义数组大小。

数组元素的索引由 0 开始。

Shell 数组用括号来表示，元素用空格分割开，语法格式如下：

```
1   array_name=(value1 value2 ... valueN)
```

【例 10.7】创建一个简单的数组。

```
1   # 创建数组
2   array_01=(A B C D)
```

也可以随时使用索引创建数组，索引不需要考虑顺序关系。

```
1   # 使用索引创建数组
2   array_02[3]='d'
3   array_02[5]=6
```

读取数组的值。

```
1   echo ${array_01[2]}     # C
2   echo ${array_02[3]}     # d
3   echo ${array_02[5]}     # 6
4   echo ${array_02[1]}     #
```

其中，array_02[1]没有赋值，所以值为空白，没有输出。

< 191 >

10.3.10 字符串操作

前文介绍使用${var}表示读取和引用变量，实际也可以理解为对变量的操作处理，即字符串伪函数。

【例 10.8】字符串操作。

读取字符串原值。

```
1   # 读取字符串原值
2   str="aabbccdd"
3   echo ${str}
```

${str}表示不处理字符串，读取原值。

还可以通过添加其他符号的方式表示对变量的操作。

获取字符串长度。

```
1   # 获取字符串长度
2   str="aabbccdd"
3   echo ${#str}
4   # 输出: 8
```

提取子字符串。

```
1   str="aabbccdd"
2   # 从字符串第 3 个字符开始截取 3 个字符
3   echo ${str:2:3}
4   # 输出: bbc
5
6   # 从字符串第 3 个字符开始截取到结尾
7   echo ${str:2}
8   # 输出: bbccdd
```

替换子字符串。

```
1   str="aabbccdd"
2   # //: 表示将全部的 a 替换成 A
3   echo ${str//a/A}
4   # 输出: AAbbccdd
5
6   # /: 表示将从左到右的第一个 a 替换成 A
7   echo ${str/a/A}
8   # 输出: Aabbccdd
```

替换操作，原变量值并不变，只是输出的结果发生变化。

删除子字符串。

```
1   str="aabbccdd"
2   # '#': 从字符串的第一个字符开始匹配，删除匹配部分
3   echo ${str#a}
4   # 输出: abbccdd
5
6   # 不匹配则不删除
7   echo ${str#b}
8   # 输出: aabbccdd
```

#符号表示从字符串的第一个字符开始匹配，如果匹配则删除，如果不匹配则不删除。

删除操作还支持匹配符，*：表示匹配任意个任意字符。匹配符是通配符，而不是正则表达式。

< 192 >

```
1  filename=testfile.tar.gz
2  # '#': 表示尽可能少匹配*
3  # *.: 表示从开始匹配任意个字符, 直到遇到.符号
4  echo ${filename#*.}
5  # 输出: tar.gz
6
7  # ##: 表示尽可能多匹配*
8  echo ${filename##*.}
9  # 输出: gz
```

字符串的删除操作都必须是从左边的第一个字符开始匹配, 匹配删除最左边一部分。
%支持从右开始匹配, 然后匹配删除最右边的一部分。

```
1  filename=testfile.tar.gz
2  # %: 表示尽可能少匹配*
3  # .*: 表示从开始匹配任意个字符, 直到遇到.符号
4  # 注意*和.的顺序
5  echo ${filename%.*}
6  # 输出: testfile.tar
7
8  # %%: 表示尽可能多匹配*
9  echo ${filename%%.*}
10 # 输出: testfile
```

思考

如何删除中间一部分字符串呢?

使用替换删除中间部分字符串。

```
1  str="aabbccdd"
2  # 删除全部b 字符
3  echo ${str//b/}
4  # 输出: aaccdd
```

对空值的处理, 一直是逻辑处理中容易遗漏或出错的地方, Shell 设定了默认值防止未赋值的情况。

```
1  a=${b:-3}
2  # 如果b 已定义, 返回b; 如果b 没有定义, 返回-3, 即a=-3, b仍然没有定义
3
4  a=${b:=3}
5  # 如果b 已定义, 返回b; 如果b 没有定义, 返回3, 即a=b=3
```

10.3.11 变量的作用域

Shell 变量有 3 种作用域。

➤ 局部变量: 局部变量在脚本或命令中定义, 仅在当前程序实例中有效, 其他程序实例启动的程序不能访问局部变量。

➤ 全局变量: 导出的全局变量, 在子 Bash 中仍然有效, 在其他 Bash 中无效。

➤ 环境变量: 在环境变量配置文件 (/etc/profile) 中定义, 所有程序实例都能访问环境变量, 有些程序需要环境变量来保证其正常运行。

在程序实例中调用的 Bash 后生成的 Bash 就是程序实例的子 Bash。

< 193 >

【例 10.9】Shell 变量作用域。

```
1  $ DAY=Sunday
2  $ echo Today is ${DAY}
3  Today is Sunday
4
5  $ bash
6  $ echo Today is ${DAY}
7  Today is
8  # 说明：在子 Bash 中，无法识别变量 DAY。
```

如果想同子 Bash 共享变量，可以借助 export 命令将变量导出为全局变量。

```
1   # 退出子 Bash
2   $ exit↵
3
4   # 用 export 命令导出为全局变量
5   $ export DAY
6
7   $ bash
8   $ echo Today is ${DAY}
9   Today is Sunday
10  # 说明：新的子 Bash 已可以识别 DAY 变量。
```

注意，用 export 命令导出的全局变量只能在自己或自己的子 Bash 中使用，其他程序实例仍然无法使用，如果要让所有的程序实例可用，必须到/etc/profile 中注册、导出，将其变成环境变量。

10.3.12　环境变量

环境变量是用户登录时 Linux 操作系统为用户预先设定好的一类 Shell 变量。环境变量的功能是设置用户在当前 Shell 中的工作环境，包括用户主目录、命令查找路径、用户当前目录等。

常见环境变量有$USER、$LOGNAME、$UID、$SHELL、$HOME、$PWD、$PATH、$PS1、$PS2等。其中，$PS1 为默认提示符；$PS2 为辅助提示符，即第一行没输完，等待第二行输入的提示符。

环境变量具有如下特点。

➢ 环境变量的名称通常由大写字母、数字和其他字符组成，不使用小写字母。

➢ 环境变量在 Linux 操作系统中拥有固定的含义，因此环境变量的名称是固定的。

➢ 环境变量的值通常由 Linux 操作系统自动维护，无须用户人工设置。

```
1   # 查看全部环境变量
2   $ env
```

```
1   SHELL=/bin/bash
2   PWD=/home/jsj
3   LOGNAME=jsj
4   XDG_SESSION_TYPE=tty
5   MOTD_SHOWN=pam
6   HOME=/home/jsj
7   LANG=zh_CN.UTF-8
8   ...
9   XDG_SESSION_CLASS=user
10  TERM=xterm
11  USER=jsj
12  SHLVL=1
13  XDG_SESSION_ID=75
14  XDG_RUNTIME_DIR=/run/user/1000
15  SSH_CLIENT=192.168.10.1 42305 22
16  PATH=/usr/local/bin:/usr/bin:/bin:/usr/local/games:/usr/games
```

< 194 >

```
17  DBUS_SESSION_BUS_ADDRESS=unix:path=/run/user/1000/bus
18  SSH_TTY=/dev/pts/0
19  _=/usr/bin/env
```

具体的环境变量还可以直接读取查看。

```
1  $ echo $USER
2  jsj
3
4  $ echo $PATH
5  /usr/local/bin:/usr/bin:/bin:/usr/local/games:/usr/games
6
7  $ echo $LANG
8  zh_CN.UTF-8
9
10 $ echo $PS1
11 [\u@\h \W]\$
12
13 $ echo $PS2
14 >
```

Linux 操作系统中环境变量是通过配置文件实现的，环境变量配置可分为 3 种。

➢ 系统配置。

➢ 用户配置。

➢ Bash 配置。

系统配置使用/etc/profile 文件，Linux 操作系统启动时都会执行系统配置文件的内容设置环境变量，使得系统中所有的程序都可以访问该类环境变量。

/etc/profile：系统配置文件。

【例 10.10】修改系统配置文件设置环境变量。

打开/etc/profile 文件，添加环境变量。

```
1  $ sudo vi /etc/profile
```

在文件结尾添加如下内容。

```
1  export MY_VAR='Welcome to Linux!'
2
3  # 将自己的主目录添加到系统 PATH 中
4  export PATH=/home/jsj:$PATH
```

系统配置在保存后，重启系统后生效。如果要立即生效，执行如下命令。

```
1  # 系统配置立即生效
2  $ source /etc/profile
```

然后执行如下命令查看结果。

```
1  $ echo $MY_VAR
2  Welcome to Linux!
3
4  # 执行脚本，主目录中程序执行不再需要指定路径
5  $ hello.sh
6  Hello World !
```

非系统级配置信息，非必要不要添加到系统配置文件中，否则容易对系统环境变量造成污染。

用户配置文件主要用于设置用户环境变量和 Shell 选项，有以下 3 个。

（1）~/.bash_profile 是 Bash Shell 的一个特定配置文件，主要用于命令行界面环境。当用户登录到系统时，这个文件会被读取和执行。

< 195 >

（2）~/.bash_login 也是 Bash Shell 的一个配置文件，功能与~/.bash_profile 类似。但是，如果~/.bash_profile 存在，那么~/.bash_login 将不会被加载。只有当~/.bash_profile 不存在时，系统才会去查找并加载~/.bash_login。

（3）~/.profile 是更通用的一个配置文件，不仅适用于 Bash Shell，也适用于其他一些 Shell（如 sh、ksh 等）。在图形用户界面环境下登录时，这个文件会被读取和执行。如果~/.bash_profile 或~/.bash_login 存在，那么~/.profile 可能不会被加载。

用户配置文件仅有一个会被加载，具体加载哪一个配置文件要看系统运行级别，所以很有可能出现未加载的情况，需要根据情况设置。不涉及具体的运行级别，建议不要使用用户配置。

还有一种 Bash 级配置文件，每启动一个 Bash 就会加载一次 Bash 级配置文件。

~/.bashrc 是 Bash Shell 的特定配置文件，主要在交互式非登录 Shell 中被加载。这个文件包含用户个人的 Bash 设置，如命令别名、Shell 函数、环境变量定义以及其他的 Shell 自定义选项。

需要注意的是，~/.bashrc 文件不会在登录 Shell 时自动加载。如果希望在登录 Shell 时也应用这些设置，可以在 ~/.bash_profile 或 ~/.profile 文件中加入 source ~/.bashrc 命令，这样在登录时就会读取并执行 ~/.bashrc 中的配置。

10.3.13 位置变量

位置变量（位置参数）一般用于实现过程函数之间参数的传递。位置变量同执行 Shell 脚本时所使用的命令参数相对应，命令行中的参数按照从左到右的顺序赋值给位置变量。位置变量名称的格式是 $n，其中 n 是参数的位置序号，位置变量的 n 是从 1 开始的，例如：$1、$2、$3 分别代表命令的第 1、第 2、第 3 个参数，位置变量最多使用到$9。

$0 代表所执行命令的名称，虽然$0 与位置变量的格式相同，但是$0 属于预定义变量而不是位置变量。

【例 10.11】编写 loc.sh 脚本。

```
1  $ vim loc.sh
```

loc.sh 内容如下。

```
1  #!/bin/bash
2  echo '脚本名$0: '$0
3  echo '第一个参数$1: '$1
4  echo '第二个参数$2: '$2
```

保存后，退出，调用脚本。

```
1  # 添加可执行权限
2  $ chmod +x loc.sh
3  # 执行
4  $ ./loc.sh a b
```

输出以下结果：

```
1  脚本名$0: ./loc.sh
2  第一个参数$1: a
3  第二个参数$2: b
```

10.3.14 预定义变量

预定义变量是 Linux 操作系统中已定义好的变量，用户只能使用预定义变量，而不能创建或赋值预定

< 196 >

义变量。所有的预定义变量都是由$符号和另一个符号组成的，常用的 Shell 预定义变量有以下几种。

> $0: 表示当前执行的进程名。
> $$: 表示当前进程的进程号。
> $#: 表示位置参数的数量。
> $*: 表示所有位置参数的内容。
> $?: 表示命令执行后返回的状态，用于检查上一条命令的执行是否正确；在 Linux 中，命令退出状态为 0 表示命令正确执行，任何非 0 值均表示命令执行错误。
> $!: 表示后台运行的最后一个进程号。

预定义变量通常使用在 Shell 脚本中，在 Shell 交互命令中使用并不常见，但是仍然可以使用 echo 命令查看预定义变量的值。

【例 10.12】编写 pre.sh 脚本。

```
1  vi pre.sh
```

pre.sh 脚本内容如下。

```
1  #!/bin/bash
2  echo '脚本名$0: '$0
3  echo '脚本进程号$$: '$$
4  echo '参数总个数$#: '$#
5  echo '参数的内容$*: '$*
```

保存后，退出，调用脚本。

```
1  # 添加可执行权限
2  $ chmod +x pre.sh
3  # 执行
4  $ ./pre.sh a b 1 3
```

输出以下结果：

```
1  脚本名$0: ./pre.sh
2  脚本进程号$$: 16271
3  参数总个数$#: 4
4  参数的内容$*: a b 1 3
```

10.4　顺序结构

顺序结构

编程语言中处理的主要对象一般都是内存变量，但是 Linux 设计的 Shell 命令处理的对象，包括输入参数和输出结果基本都是文件，文件是 Linux 重要的资源对象。Linux 中一切资源皆文件的理念填平了文件与设备之间的鸿沟。

简单的命令格式：

```
1  命令 参数
```

命令的参数是操作的对象，即指定的输入文件。

命令的处理过程如图 10.2 所示。

图 10.2　命令的处理过程

< 197 >

输入的文件数据经过命令处理，变成文件数据输出。

输出的结果文件如何进行下一步处理，是一个开放状态，可以重定向（输出）到另一个文件或设备；也可以交给下一条命令进行再处理。

重定向是输入输出更规范的术语，实现了文件与设备之间的复制存储的过程统一。

命令重定向格式：

```
1   命令 > 文件
```

重定向使用>、>>、<等符号表示。

带上重定向的处理过程如图 10.3 所示。

图 10.3　带上重定向的处理过程

输出的文件如果还要交给下一条命令继续处理，则要借助管道技术，管道连接两条命令，将上一条命令的输出作为下一条命令的输入，命令对中间数据的处理好比管道中的过滤工序，所以又被称为过滤器。

Linux 的命令不再是单独完成一项任务，而是可以像流水线一样几道工序一起完成一项任务，脚本尽可能将相关工序组合在一起变成一道工艺，对同一个数据进行多道工序的处理就是一道工艺。

多重工序命令格式：

```
1   命令1 | 命令2 | ... | 命令 n > 文件
```

多重工序处理过程如图 10.4 所示。

图 10.4　多重工序处理过程

重定向到文件或设备意味着该工艺的结束。

10.4.1　echo

echo 命令用于在 Shell 中输出 Shell 变量的值，或者直接输出指定的字符串，一般起到提示的作用。

echo 命令使用-e 选项激活转义字符，若字符串中出现转义字符，则特别加以处理，而不会将它当成一般文字输出。

【例 10.13】echo 命令的使用。

用 echo 命令输出带有色彩的文字。

```
1   # 用 echo 命令输出带有色彩的文字
2   $ echo -e "\e[1;31m这是一段红色文本\e[0m"
```

```
1   这是一段红色文本
```

输出的结果是红色的文本。

➤　\e[1;31m：将颜色设置为红色。

➤　\e[0m：将颜色置回默认色。

颜色码：重置=0，黑色=30，红色=31，绿色=32，黄色=33，蓝色=34，洋红=35，青色=36，白色=37。

设置背景色。

< 198 >

```
1    # 设置背景色
2    $ echo -e "\e[1;42m绿色背景\e[0m"
```

```
1    绿色背景
```

输出的结果带有绿色的背景色。

颜色码：重置=0，黑色=40，红色=41，绿色=42，黄色=43，蓝色=44，洋红=45，青色=46，白色=47。

文字闪动效果。

```
1    # 文字闪动效果
2    $ echo -e "\033[37;31;5m闪烁的文本...\033[39;49;0m"
```

```
1    闪烁的文本...
```

输出的结果一直在闪烁（如果客户端无法显示闪烁，可以打开 Linux 终端执行）。

还有其他数字参数：0 关闭所有属性，1 设置高亮度（加粗），4 下画线，5 闪烁，7 反显，8 消隐。

echo 命令虽然简单，但是在 Shell 编程中却起到非常重要的作用。Shell 无法直接将字符串交给外部程序处理，echo、printf 等命令却可以将字符串转换成文件，然后就可以像调用函数一样调用外部程序进行处理。

【例 10.14】统计字数。

wc 命令是统计文件行、词、字数的工具，但是不支持将字符串作为参数。这里可以借助 echo 命令将内存变量变成文件输出。

```
1    # wc 命令不支持将字符串作为参数
2    $ wc -c '123456'
3    wc: 123456: 没有那个文件或目录
4
5    # 利用 echo 命令将字符串变成文件输出
6    $ echo '123456' | wc -c
7    7
```

10.4.2　printf

printf 命令用于格式化并输出结果。printf 命令模仿 C 语言程序库里的 printf() 函数。printf 命令由 POSIX 标准所定义，因此使用 printf 命令的脚本比使用 echo 命令的脚本的移植性好。

printf 命令使用引用文本或空格分隔参数，可以在 printf 命令中使用格式化字符串，还可以设定字符串的宽度、左右对齐方式等。printf 命令默认不会像 echo 命令一样自动添加换行符，可以手动添加\n。

【例 10.15】输出示例。

```
1    # %-5s 格式为左对齐且宽度为 5 的字符串代替（-表示左对齐），不使用则默认右对齐
2    # %-4.2f 格式为左对齐且宽度为 4，保留两位小数
3    printf "%-5s %-10s %-4s\n" NO. Name Mark
4    printf "%-5s %-10s %-4.2f\n" 01 Tom 90.3456
5    printf "%-5s %-10s %-4.2f\n" 02 Jack 89.2345
6    printf "%-5s %-10s %-4.2f\n" 03 Jeff 98.4323
```

输出：

```
1    NO.    Name       Mark
2    01     Tom        90.35
3    02     Jack       89.23
```

< 199 >

```
4   03     Jeff        98.43
```

10.4.3 重定向

重定向一般是一条命令的结束，表示如何将处理的最终结果文件显示或存储，是对文件和设备之间互操作的统一规范。

一般情况下，每条 Linux 命令运行时都会打开 3 个文件。

➢ 标准输入（/dev/stdin）的文件编号是 0，默认的设备是键盘。

➢ 标准输出（/dev/stdout）的文件编号是 1，默认的设备是显示器。

➢ 标准错误（/dev/stderr）的文件编号是 2，默认的设备是显示器。

标准输入、标准输出和标准错误默认使用键盘和显示器作为关联的设备。命令执行时，如果没有指定输入文件，就从键盘读取；如果没有指定输出文件，就直接显示到显示器上。

如果输入、输出时不使用默认的设备，而使用指定的文件，就是重定向。

（1）输入重定向

输入重定向就是将命令中接收输入的设备由默认的键盘更改（重定向）为指定的文件，由文件作为输入。输入重定向需要使用<重定向操作符。

（2）输出重定向

输出重定向是将命令的输出结果保存（重定向）到指定的文件中，不再输出到默认的显示器中。输出重定向使用>或>>。

如果>后指定的文件不存在，在命令执行时创建该文件；如果>后指定的文件存在，命令执行时将清空文件的内容。>>不清空操作符后指定文件的内容。

（3）错误输出重定向

Linux 命令的输出结果分为一般输出（stdout）和错误输出（stderr），错误输出也显示在屏幕上，从输出结果看分不清两者的区别。可以将错误信息重定向到指定的文件，这样的操作叫作错误输出重定向。

错误输出重定向需要使用2>操作符，其中 2 表示错误，>表示用于重定向到文件。

2>操作符会像>操作符一样先清空指定文件的内容；2>>不清空操作符后指定文件的内容。

cat（catenate）命令是重定向的指令名，但是更多的情况下，利用>、>>等重定向符号表示重定向是工序命令的最终处理阶段。

1．标准输入与重定向输入

cat 就是一个标准输入的重定向命令。

```
1   # 标准输入
2   $ cat > file.txt
3   This is new file!
4   exit↵
```

>符号指定左边为输入，右边为输出；未指定输入即标准输入，通过键盘输入。按[Ctrl + d]快捷键结束输入。

```
1   # 重定向输入
2   $ cat file.txt
3   # 等价于
4   $ cat < file.txt
```

```
1   This is new file!
```

< 200 >

这是用 cat 命令简单输出至小文件的方法。上面两者等价，<符号指定右边为输入，左边为输出；指定了输入，即重定向了输入，使用指定的文件代替默认的标准输入。整条命令的意思就是将文件显示到默认的显示器上，此时<可以省略。

2．标准输出与重定向输出

标准输出，即默认输出到显示器。

```
1  # 标准输出
2  $ cat file.txt
```

```
1  This is new file!
```

重定向了输出，屏幕将不再显示文件内容。

```
1  # 重定向输出
2  $ cat file.txt > file2.txt
3  # 等价于
4  $ cat file.txt 1> file2.txt
```

```
1
```

cat 命令重定向输出实现了简单的复制功能。屏幕没有输出，结果写入 file2.txt 文件中。默认的重定向>，其实就是 1>，表示标准输出重定向，两者等价。

```
1  # 查看 file2.txt 中的内容
2  $ cat file2.txt
```

```
1  This is new file!
```

结果只有一行记录，第二次操作清空了第一次重定向的内容。

追加重定向，不清空以前的内容。

```
1  # 追加重定向
2  $ cat file.txt >>file2.txt
3
4  # 查看 file2.txt 中的内容
5  $ cat file2.txt
```

```
1  This is new file!
2  This is new file!
```

将字符串转换成文件保存，可以借助 echo 命令和使用重定向。

```
1   # 用 echo 命令显示简单文本
2   $ echo 'hello,world!'
3   hello,world!
4
5   # 用 echo 命令将文本重定向到文件
6   $ echo 'hello,world!' > file.txt
7
8   # 查看 file.txt 内容
9   $ cat file.txt
10  hello,world!
```

3．标准错误输出与重定向错误输出

错误输出也是输出到屏幕，从结果看是分不清一般输出和错误输出的。

```
1  # 标准错误输出
2  $ ls file.txt nofile.txt
```

< 201 >

```
1    ls: 无法访问 'nofile.txt': 没有那个文件或目录
2    file.txt
```

输出结果第一行是标准错误输出，第二行是标准输出，但是我们无法区分。

```
1    # 重定向错误输出
2    $ ls file.txt nofile.txt 2>> file.txt
3    file.txt
4
5    # 查看 file.txt 中的内容
6    $ cat file.txt
7    ls: 无法访问 'nofile.txt': 没有那个文件或目录
```

结果只有一个正确输出，因为错误输出被重定向到了 file.txt 中。

4．输出重定向和错误输出重定向的组合使用

同一条命令可以同时指定输出重定向和错误输出重定向。

```
1    # 同时指定输出重定向和错误输出重定向
2    $ ls file.txt nofile.txt 1> file.txt 2> file2.txt
3    # 无输出
4
5    # 查看 file.txt 中的内容
6    $ cat file.txt
7    file.txt
8
9    # 查看 file2.txt 中的内容
10   $ cat file2.txt
11   ls: 无法访问 'nofile.txt': 没有那个文件或目录
```

从输出结果可以看出已经实现了一般输出和错误输出的分类。一般输出重定向到了 file.txt，错误输出重定向到了 file2.txt。

标准输出和标准错误一起重定向到同一个文件使用&>。

```
1    # 标准输出和标准错误一起重定向
2    $ ls file.txt nofile.txt &> file.txt
3
4    # 查看 file.txt 中的内容
5    $ cat file.txt
6    ls: 无法访问 'nofile.txt': 没有那个文件或目录
7    file.txt
```

2>&1 将错误输出的性质改为一般输出，所以重定向错误输出会失效。

```
1    # 将错误输出的性质改为一般输出
2    $ ls file.txt nofile.txt 1>file.txt 2> file2.txt 2>&1
3
4    # 查看 file.txt 中的内容
5    $ cat file.txt
6    ls: 无法访问 'nofile.txt': 没有那个文件或目录
7    file.txt
8
9    # 查看 file2.txt 中的内容
10   $ cat file2.txt
11   # 无输出
```

< 202 >

5. 禁止输出

如果希望执行某条命令，不希望在屏幕上显示输出结果，那么可以将输出重定向到 /dev/null。

可将/dev/null 看作一个黑洞，所有导入的内容都会消失，所以常用来禁止向屏幕输出内容。/dev/null 是输出设备，同/dev/zero 很像，但是/dev/zero 是输入设备，常用来初始化文件。

```
1   # 查看 file.txt 中的内容
2   $ cat file.txt > /dev/null
3   # 无输出
```

10.4.4　管道

管道是 Linux 操作系统的一大特色，可以把多条简单的命令连接起来实现对同一数据进行多道工序的处理功能。

管道使用竖线|将两条命令隔开，竖线左边命令的输出就会作为竖线右边命令的输入。连续使用竖线表示第一条命令的输出会作为第二条命令的输入，第二条命令的输出又会作为第三条命令的输入，以此类推。就像由多条小的管道左右相连组成一条长的管线，数据从管线的最左边经过每一个管道节点（命令）的处理，最终输送到管线的最右端。

能够接收数据，过滤（处理或筛选）后再输出的命令，就可以被称为过滤器。本章会简单介绍一些本章会用到的过滤器，关于更复杂的过滤器将在第 11 章详细介绍。

管道与重定向的不同之处在于重定向是连接文件或设备的显示或存储，管道是连接命令之间的输入或输出。管道是处理工艺的中间工序，|符号后接过滤器命令；重定向是工艺的最后一道工序，>、>> 符号后接文件。

【例 10.16】管道使用示例。

```
1    # 借助 bc 计算器进行计算
2    $ echo "scale=2; 2*3/4-5" | bc
3    -3.50
4
5    # 查询/etc 目录下排序第二的文件名
6    $ ls /etc/ | head -2 | tail -1
7    adjtime
8
9    # 查询 IP 地址
10   $ ip a | grep inet | grep -v inet6
11       inet 127.0.0.1/8 scope host lo
12       inet 192.168.241.129/24 brd 192.168.241.255 scope global dynamic noprefixroute
     ens33
```

10.4.5　分流 tee

将输出的结果分为几个分流（每个分流内容都一样），就需要使用 tee。

tee 就是一个 T 形分流管，使用符号 |tee 表示。

tee 分流既是管道，又是重定向。分流后有流出，所以还可以接管道继续处理。

tee 后接文件，tee 不影响原来的输入输出流向，只是在输出的基础上增加一个或几个类似重定向的分流。

【例 10.17】分流。

```
1   # 输出并分流
2   $ cat file.txt | tee file2.txt
```

< 203 >

```
3   # 等价于
4   $ cat file.txt ; cat file.txt > file2.txt
5   # 在标准输出的同时分支流向 file2.txt
```

追加分流不能借助>>符号，只能使用-a 表示追加分流，不清空分流文件的内容。

```
1   # 追加分流，-a：追加分流
2   $ cat file.txt | tee -a file2.txt
3   # 等价于
4   $ cat file.txt
5   $ cat file.txt >> file2.txt
6   # 在标准输出的同时追加分支流向 file2.txt
```

分流还支持多个分流。

```
1   # 多个分流
2   $ cat file.txt | tee file2.txt -a file3.txt
3   # 等价于
4   $ cat file.txt
5   $ cat file.txt >  file2.txt
6   $ cat file.txt >> file3.txt
7   # 在标准输出的同时增加两个支流
```

10.5 选择结构

选择结构

传统的编程语言使用 if 条件语句或 case 多分支语句表示选择结构。Linux Shell 也支持，但是不推荐，一般使用条件测试语句代替。

10.5.1 条件测试

条件测试是 Shell 编程中非常重要的选择结构，一般都可以使用条件测试代替其他选择结构。Shell 中变量类型都是字符串类型，同样没有数值类型。

最早使用 test 测试语句。

【例 10.18】测试 1<3 是否正确。

```
1   # 测试 1<3
2   $ test 1 -lt 3
```

test 测试后返回一个值给系统，下一条命令可以借助$?查看。

```
1   $ echo $?
2   0
```

$?为预定义变量，用于显示命令的执行结果，命令退出状态为 0 表示命令正确执行，任何非 0 值均表示命令执行或测试有错误。显示 0，表示有 0 个错误，即没有错。

这样的测试语句，非常烦琐，而且对于空格有严格的要求。

test 的完整格式如下：

```
1   # ··: 表示空格。test 语句中元素前后都必须有空格
2   test··1··-lt··3
```

为了改进 test 测试语句，引入下列符号简化并增强 test 功能。

< 204 >

```
1  # 语法1: 简化test, 可以用, 但不推荐
2  [··1··-lt··3··]
3
4  # 语法2: 增强test, 字符串测试, 推荐
5  [[··1··-lt··3··]]
6
7  # 语法3: 增强test, 数值测试, 推荐
8  ((1<3))
```

语法 2 中的测试，是对语法 1 的延伸，两者基本一致，语句中元素前后都必须有空格。语法 2 能够防止脚本中的许多逻辑错误，比如，&&、||、<、>等操作符能够正常存在于[[ ]]条件判断结构中，但是如果出现在[ ]结构中，会报错。

语法 3 只能用来进行数值测试，字符串测试无效，但是对于空格的要求不严格，可以完全按照数学表达式书写，不用特意加空格。

1．整数值比较

表 10.1 所示为常用的整数值比较操作符。

表 10.1　整数值比较操作符

整数值比较操作符	含义
-eq	等于（Equal）
-ne	不等于（Not Equal）
-gt	大于（Greater Than）
-lt	小于（Lesser Than）
-le	小于或等于（Lesser or Equal）
-ge	大于或等于（Greater or Equal）

2．条件短路

利用"与""或"条件测试的短路，可以实现分支的选择。在 Shell 选择结构中，这是非常重要的技巧。

&&表示"与"操作，两个子表达式为真，结果才为真。当第一条语句为真，则执行第二条语句，当第一条语句不为真，则不执行第二条语句，实现了简单的 if…then 功能。

【例 10.19】条件短路。

```
1  # 测试1<3, ··: 表示空格
2  [[··1··-lt··3··]] && echo 'yes'
3
4  # 测试4<3
5  ((4<3)) && echo 'yes'
```

||表示"或" 操作，两个子表达式为假，结果才为假。当第一条语句为真，则不执行第二条语句，当第一条语句不为真，则执行第二条语句，实现了简单的 if not…then 功能。

```
1  # 测试4<3
2  ((4<3)) || echo 'no'
```

||语句在一般编程语句中少见，不建议使用，建议还是使用&&修改逻辑。

&&与||还可以组合实现简单的 if…else…双分支结构。

```
1  # 测试4<3
2  ((4<3)) && echo 'yes' || echo 'no'
3  ①              ②              ③
```

< 205 >

这条语句的逻辑判断相对比较复杂。"与"的优先级低于"或"，||将①②分为一条子句，将③分为一条子句。

①②子句先执行①子句，当①子句为真，还需要执行②子句，②子句必为真，整个①②子句为真，此时①②③结果已经确定为真，则③子句短路，不会被执行。变相符合了①为真，执行②子句，不执行③子句。

当①子句为假，整个①②子句必为假，②子句被短路不会被执行。①②③结果还需要通过③子句判断，故执行③子句。变相符合了①为假，执行③子句，不执行②子句。

整条语句的语义就是：如果子句①为真，执行②分支子句；如果子句①为假，执行③分支子句。这条语句是固定的，不可以随意更改。

 思考

分析以下语句的判断执行情况。

```
1   # 分析语句的判断执行情况
2   ((4<3)) || echo 'no' && echo 'yes'
```

3．字符串比较

表 10.2 所示为常用的字符串比较操作符。

表 10.2　字符串比较操作符

字符串比较操作符	含义
=	判断字符串内容是否相同
==	判断字符串内容是否相同
!=	字符串内容不同，!号表示相反的意思
-z	判断字符串内容是否为空（Zore），未定义的变量为空
-n	判断字符串内容是否非空（Nonzore）
=~	左侧字符串是否能被右侧的字符串所匹配

【例 10.20】请用户做出选择，要求明确输入 y 才表示用户同意。

```
1   # 读取用户输入
2   read -p '请输入y|n:' yn
3   # ·:表示空格
4   [[··${yn}··=··'y'··]] && echo 'yes' || echo 'no'
```

【例 10.21】如果当前的语言环境不是 en_US，则输出 LANG 变量的值。

```
1   # 如果当前的语言环境不是 en_US，则输出 LANG 变量的值
2   [[··$LANG··!=··'en.US'··]] && echo $LANG
```

【例 10.22】在 Shell 中变量未定义视内容为空，内容为空可以认为未定义。

```
1   MY_VAR='自定义变量'
2   [[··-n··${MY_VAR}··]] && echo '已定义' || echo '未定义'
3   # 输出：已定义
4
5   MY_VAR=''
6   [[··-n··${MY_VAR}··]] && echo '已定义' || echo '未定义'
7   # 输出：未定义
```

< 206 >

【例 10.23】检测系统中是否存在 jsj 用户。

```
1   # 检测系统中是否存在jsj用户
2   [[··-z··$(grep jsj /etc/passwd)··]] && echo "不存在用户：jsj"
```

增强型条件测试还支持简单固定匹配，查看左侧字符串是否能被右侧的字符串所匹配。

【例 10.24】查看匹配。

```
1   # 查看左侧字符串是否能被右侧的字符串所匹配
2   [[··'abc123'··=~··'abc'··]] && echo '匹配'
```

4．逻辑测试

表 10.3 所示为常用的逻辑操作符。

表 10.3　逻辑操作符

逻辑操作符	含义
-a	逻辑与，只能用于[]测试中
-o	逻辑或，只能用于[]测试中
!	逻辑否
&&	逻辑与，只能用于[[]]、(())测试中
‖	逻辑或，只能用于[[]]、(())测试中

【例 10.25】请用户做出选择，要求明确输入 y 或 Y 才表示用户同意。

```
1   # 读取用户输入
2   read -p '请输入y|n:' yn
3   # ··：表示空格
4   [[··${yn}··=··'y'··||··${yn}··=··'Y'··]] && echo 'yes' || echo 'no'
```

思考

判断以下语句的输出结果。

```
1   # 思考并判断结果，\：表示续行
2   [··1··le··2··-o··1··le··3··-a··1··-gt··4··] \
3     && echo 'yes' \
4     || echo 'no'
```

5．测试文件状态

表 10.4 所示为常用的文件状态测试操作符。

表 10.4　文件状态测试操作符

文件测试操作符	含义
-d	测试是否为目录（Directory）
-f	测试是否为文件（File）
-L	测试是否为符号链接文件（Link），同-h
-r	测试当前用户是否有权限读取（Read）
-w	测试当前用户是否有权限写入（Write）
-x	测试当前用户是否可以执行该文件（eXcute）
-k	测试目录是否有黏滞位（sticKy）

< 207 >

续表

文件测试操作符	含义
-u	测试可执行文件中是否有用户 SET 位（set-User-id）
-g	测试可执行文件中是否有组 SET 位（set-Group-id）
-O	测试文件的所有者是否为当前用户（Owner）
-G	测试文件的所属组是否为当前用户所属组（Group）
-e	测试目录或文件是否存在（Exist）
-s	测试文件是否为非空（Size）

【例 10.26】测试是否有/media/cdrom 文件。

```
1  # 测试是否有/media/cdrom 文件
2  [··-e··/media/cdrom··] && echo "yes"
```

10.5.2　if 条件语句

条件测试语句是 if 语句的一部分，由于测试语句比较灵活，所以通常都单独用于简单的条件判断，如果是复杂的条件语句，可以考虑使用完整的 if 语句。

1．单分支结构

当条件成立时执行相应的操作。

if 语句语法格式：

```
1  if [ 条件测试命令 ]
2  then
3      命令序列
4  fi
```

末尾的 fi 就是 if 倒过来拼写。

then 语句另起一行的习惯不好，也不美观，可以放置在 if 子句之后，格式如下：

```
1  if [ 条件测试命令 ]; then
2      命令序列
3  fi
```

测试语句后必须加分号，表示换行。

如果条件测试里只有数值比较，可以使用((...))作为判断语句，大于小于可以直接使用>、<符号。

【例 10.27】单分支结构示例。

```
1  #!/bin/bash
2
3  a=10
4  b=20
5
6  if (( ${a} < ${b} ));then
7      echo 'a 小于 b'
8  fi
```

2．双分支结构

当条件成立、条件不成立时执行不同操作。

if ... else ... 语句的语法格式：

< 208 >

```
1  if [ 条件测试命令 ] ; then
2    命令序列 1
3  else
4    命令序列 2
5  fi
```

【例 10.28】双分支结构示例。

```
1   #!/bin/bash
2
3   a=10
4   b=20
5
6   if (( ${a} < ${b} ));then
7     echo 'a 小于 b'
8   else
9     echo 'a 大于 b'
10  fi
```

3．多分支结构

if … elif … else … 语句针对多个条件执行不同操作。

语法格式如下：

```
1  if [ 条件测试命令 1 ] ; then
2    命令序列 1
3  elif [ 条件测试命令 2 ] ; then
4    命令序列 2
5  elif...
6    命令序列.
7  else
8    命令序列 n
9  fi
```

【例 10.29】多分支结构示例。

```
1   #!/bin/bash
2
3   a=10
4   b=20
5
6   if (( ${a} < ${b} ));then
7     echo 'a 小于 b'
8   elif (( ${a} > ${b} ));then
9     echo 'a 大于 b'
10  else
11    echo 'a 等于 b'
12  fi
```

如果有多个分支，或多重分支，建议整理成多分支结构，再复杂的 if 语句嵌套，都可以整理成一层多分支结构。

10.5.3　case 多分支语句

若判断条件是离散可枚举类型，使用 case 语句能够让代码结构更清晰，是特殊情况下 if 语句的非常好的一个替代。

< 209 >

case 语句的语法格式如下：

```
1   case 变量值 in
2      模式1)
3         命令序列1
4      ;;
5
6      模式2)
7         命令序列2
8      ;;
9
10     ...
11     ;;
12
13     *)
14        默认执行的命令序列
15
16  esac
```

其中，esac 是 case 的倒写，表示 case 语句结束。;;表示分支的结束，带有 break 功能，能防止一个条件进入多个分支通道的情况。

【例 10.30】模仿系统服务框架，编写 myserver.sh 脚本，使用 start、stop、restart 等参数来控制服务。myserver.sh 的完整代码如下：

```
1   #!/bin/bash
2
3   case $1 in
4      start)
5            echo    "启动 MyServer 服务."
6      ;;
7      stop)
8            echo    "停止 MyServer 服务."
9      ;;
10     restart)
11           echo    "停止 MyServer 服务."
12           echo    "启动 MyServer 服务."
13     ;;
14     *)
15           echo    "语法: $0 start|stop|restart"
16     ;;
17  esac
```

保存后，添加可执行权限。

```
1   # 添加可执行权限
2   $ chmod +x myserver.sh
```

然后分别执行以下代码，查看结果。

```
1   # 启动 MyServer
2   $ ./myserver.sh start
3   启动 MyServer 服务.
4
5   # 停止 MyServer
6   $ ./myserver.sh stop
7   停止 MyServer 服务.
8
```

< 210 >

```
 9    # 重启MyServer
10    $ ./myserver.sh restart
11    停止 MyServer 服务.
12    启动 MyServer 服务.
13
14    # 查看帮助
15    $ ./myserver.sh help
16    语法: ./myserver.sh start|stop|restart
```

10.6 循环结构

循环结构

对于重复执行的循环结构，Shell 提供了 for、while 等循环语句。

10.6.1 for 循环语句

与其他编程语言类似，Shell 也支持 for 循环语句。for 循环语句根据变量的不同取值，重复执行一组命令操作。

for 循环语句的一般格式为：

```
1    for 变量名 in 取值列表
2    do
3        命令序列
4    done
```

当变量值在列表里，for 循环语句执行一次所有命令，使用变量名获取列表中的当前取值。命令可为任何有效的 Shell 命令或语句。in 列表可以包含字符串或文件名。

【例 10.31】for 循环语句示例。

```
1    #!/bin/bash
2
3    for loop in 1 2 3 4 5
4    do
5        echo "The value is: $loop"
6    done
```

输出的结果为：

```
1    The value is: 1
2    The value is: 2
3    The value is: 3
4    The value is: 4
5    The value is: 5
```

in 列表是可选的，如果不用它，for 循环语句使用命令行的位置参数。

for2.sh 的完整代码如下：

```
1    #!/bin/bash
2
3    for loop
4    do
5        echo "参数: $loop"
6    done
```

执行如下代码：

< 211 >

```
1  $ bash for2.sh a b c 1 2
```

输出结果如下:

```
1  参数: a
2  参数: b
3  参数: c
4  参数: 1
5  参数: 2
```

10.6.2 while 循环语句

while 循环语句重复测试指定的条件，只要条件成立则反复执行对应的命令操作。

其语法格式为:

```
1  while [ 命令或表达式 ]
2  do
3     命令列表
4  done
```

【例 10.32】使用 while 循环语句输出 1～5。

```
1  #!/bin/bash
2
3  i=1
4  while (( ${i}<=5 ))
5  do
6      echo $i
7      let i++
8  done
```

运行脚本，输出:

```
1  1
2  2
3  3
4  4
5  5
```

10.6.3 until 循环语句

until 循环语句根据条件执行重复操作。until 循环语句的结构与 while 循环语句的类似，until 执行循环直到测试条件成立时终止循环，而 while 是当测试条件成立时进行循环。

while 循环优于 until 循环，一般不建议使用 until 循环。

until 循环语句语法格式:

```
1  until [ 条件测试命令 ]
2  do
3     命令序列
4  done
```

【例 10.33】使用 until 循环语句输出 1～5。

```
1  #!/bin/bash
2
3  i=1
4  until (( ${i}>5 ))
```

< 212 >

```
5  do
6      echo $i
7      let i++
8  done
```

运行脚本，输出：

```
1  1
2  2
3  3
4  4
5  5
```

10.6.4　shift 迁移语句

shift 迁移语句用于对参数进行移动（左移），通常用于在不知道传入参数个数的情况下依次遍历每一个参数然后进行相应处理。

例如：若当前脚本获得的位置变量如下。

```
1  $1=a、$2=b、$3=c、$4=d、$5=e
```

执行一次 shift 命令后，各位置变量为：

```
1  $1=b、$2=c、$3=d、$4=e
```

再次执行一次 shift 命令后，各位置变量为：

```
1  $1=c、$2=d、$3=e
```

从中可以看出，shift 迁移语句的关键是第一个位置参数$1。

【例 10.34】编写 shift.sh 观察参数变化。

shift.sh 的完整代码如下：

```
1  #!/bin/bash
2
3  i=1
4  while (( $# > 0 ))
5  do
6  echo $@
7      echo "第一个参数为：$1；参数个数为：$#"
8      shift
9  done
```

执行：

```
1  $ bash shift.sh a b c d e
```

输出：

```
1   a b c d e
2   第一个参数为：a；参数个数为：5
3   b c d e
4   第一个参数为：b；参数个数为：4
5   c d e
6   第一个参数为：c；参数个数为：3
7   d e
8   第一个参数为：d；参数个数为：2
9   e
10  第一个参数为：e；参数个数为：1
```

< 213 >

10.6.5 循环控制语句

在循环过程中，有时候需要在未达到循环结束条件时强制跳出循环，Shell 使用两条命令来实现该功能：break 和 continue。

➤ break 命令跳出当前所在的循环体，终止执行后面的所有循环，继续执行循环体后的语句。

➤ continue 命令跳过当次循环余下的语句，重新判断条件以便进入下一次循环。

【例 10.35】使用 while 循环输出 1~5。要求如果遇到 2，不输出；遇到 4，终止循环。

```
1   #!/bin/bash
2
3   i=1
4   while (( ${i}<=5 ))
5   do
6       # i=2, 不输出
7       if(( ${i}==2 ));then
8         let i++;
9         continue;
10      fi
11
12      # i=4, 中止
13      (( ${i}==4 )) && break
14
15      # 其他情况
16      echo $i
17      let i++
18  done
```

运行脚本，输出：

```
1   1
2   3
```

10.7 函数

函数

在编写 Shell 脚本时，将一些需要重复使用的命令操作，定义为公共使用的语句块，这个语句块称为函数。

Shell 中函数的定义格式如下：

```
1   function 函数名() {
2     命令序列
3     [return int]
4   }
```

其中，function 可以省略，但是不建议省略。

return 后跟数值 n（0~255），表示该函数体是否正确执行或测试结果是否为真。0 表示执行正确或测试结果为真。需要注意的是，return 不具备普通函数的返回值功能，return 语句的返回值无法被调用函数直接获取。

调用函数的方式同调用命令的方式。

```
1   函数名  参数1  参数2  ...
```

【例 10.36】编写 p1.sh 文件，查看如何调用函数。

< 214 >

```
1   #!/bin/bash
2
3   function f1(){
4       # 参数不需要显示定义，通过$1、$2 等接收参数
5       echo "第一个参数：$1"
6       echo "第二个参数：$2"
7       let sum=$1+$2
8       echo "求和为：${sum}"
9       # return 的值无法带回，返回 0 表示没有错误
10      return 0
11  }
12
13  echo "这是主程序，开始调用函数"
14  # 调用函数的方式同调用命令
15  f1 1 2
```

执行：

```
1   # 执行
2   $ bash p1.sh
```

结果如下：

```
1   这是主程序，开始调用函数
2   第一个参数：1
3   第二个参数：2
4   求和为：3
```

　注 意

　　return 的值会被预定义变量#?获取，函数调用不能作为表达式的值被捕获，这一机制使得 Shell 函数更像过程而不是函数。

　　为了像 C 程序一样可以将返回值赋值给变量，利用 echo 命令将变量转换为文件输出到标准输出设备，利用宏拦截标准输出转而将其输出到脚本中，重新组成新的命令。

　　重改 p1.sh 为 p2.sh，代码如下：

```
1   #!/bin/bash
2
3   function add(){
4       # 参数不需要显示定义，通过$1、$2 等接收参数
5       let sum=$1+$2
6       # 将结果变成文件输出到标准输出
7       echo ${sum}
8       # return 的值无法带回，返回 0 表示没有错误
9       return 0
10  }
11
12  echo "这是主程序，开始调用函数"
13  # 调用函数，利用宏拦截函数的标准输出
14  s=$(add 1 2)
15  echo ${s}
```

　　可以看出，Shell 函数使用 echo 命令加 return 才能实现 C 程序的函数值返回，调用函数使用宏模拟 C 程序函数调用。

< 215 >

10.8 Shell 文件包含

Shell 文件包含

和其他语言一样，Shell 也可以包含外部文件，这样可以很方便地封装一些公用的
代码为一个独立的文件。

Shell 文件包含的语法格式如下：

```
1  # 包含外部文件
2  source filename
3  # 或
4  . filename
```

注意第二个格式的点号（.）和文件名中间有一个空格，建议使用 source 包含文件。

【例 10.37】Shell 文件包含示例。

创建两个 Shell 脚本文件。

sub.sh 的代码如下：

```
1  #!/bin/bash
2
3  Welcome='Welcome to Linux !'
```

main.sh 的代码如下：

```
1  #!/bin/bash
2
3  # 包含子文件
4  source ./sub.sh
5  # 包含后子文件就成了主文件的一部分
6
7  # 可以直接使用子文件中的变量
8  echo ${Welcome}
```

执行：

```
1  # 执行
2  $ bash main.sh
```

结果如下：

```
1  Welcome to Linux !
```

10.9 小结

Shell 最大的亮点是 Linux 命令都可以直接脚本化，但是要将各种命令糅在一起，还必须掌握必要
的概念和技巧。本章主要讲解了 Shell 脚本的概念及常用的语法，这些都是 Linux 操作系统维护中必须
掌握的知识，也是 Linux 学习的重点和难点。Shell 的概念主要涉及变量，输入输出的重定向，以及管
道的使用技巧；Shell 的技巧涉及使用条件测试代替很多场合的 if 语句，功能强大，书写简单，需要多
次练习才能熟练掌握。Shell 的其他语句基本等同于其他语言的语句，只要具备一定的 C 语言基础就可
以掌握。

< 216 >

10.10　习题

一、填空题

1. Shell 变量可分为如下 4 种类型：_____、_____、_____和用户自定义变量。

2. Shell 中读取一个定义过的变量，变量名前需加_____。

3. Shell 中使用_____可以从键盘读取输入值并赋值给变量。

4. Shell 变量有 3 种作用域：_____、_____和_____。

5. 如果希望执行某个命令，不希望在屏幕上显示输出结果，那么可以将输出重定向到_____。

6. test 测试后返回一个值给系统，下一个命令可以借助于_____查看。

7. Shell 中函数的_____值会被预定义变量#?获取。

二、判断题

1. Shell 是一种命令行解释器，它允许用户与操作系统进行交互。　　（　　）

2. Shell 脚本不具有编程语言的特性，如变量、控制结构等。　　（　　）

3. 在 Shell 脚本中，变量名区分大小写。　　（　　）

4. Shell 函数可以在脚本中被调用，但不能在命令行中直接调用。　　（　　）

5. Shell 脚本中的文件包含是指将一个脚本文件的内容包含到另一个脚本文件中。　　（　　）

6. Shell 变量可以被赋值为命令的执行结果。　　（　　）

7. Shell 脚本在执行时不需要任何解释器，可以直接运行。　　（　　）

三、选择题

1. Shell 中的测试命令是（　　　）。

A. testparm　　　　　　B. test　　　　　　C. read　　　　　　D. man

2. 可以使用什么命令对 Shell 变量进行算术运算？（　　　）

A. readonly　　　　　　B. export　　　　　　C. expr　　　　　　D. read

3. 在 Shell 程序中，要访问命令行第 9 个参数之后的参数，就必须使用什么命令？（　　　）

A. export　　　　　　B. shift　　　　　　C. expr　　　　　　D. read

4. 下列哪个是 Shell 的功能？（　　　）

A. 图形界面设计　　　　　　　　　　B. 文本编辑器

C. 命令行解释器　　　　　　　　　　D. 数据库管理系统

5. 在 Shell 脚本中，如何定义一个变量？（　　　）

A. var = value　　　　B. var=value　　　　C. $var=value　　　　D. var == value

< 217 >

第11章 过滤器

过滤器和管道是 Linux 操作系统的一大特色，可以把多条简单的命令连接起来对同一数据进行多道工序的处理。本章主要介绍各种常用的过滤器，例如 grep、cut、sed、awk 等，它们是 Linux Shell 中非常强大、实用的工具，是整个 Linux 以及 Shell 编程的核心内容。

11.1 引入

引入

1. 流水线工作

过滤器可以对文件或对象进行多道工序的过滤或处理。过滤器对一个对象进行多道工序的流水化操作。如自来水净化工作就经过吸附、沉淀、过滤、蒸馏、杀菌等多道工序。计算机数据过滤也包含数据清洗、整理、处理、统计等多个步骤。

2. 协调发展

新发展理念即创新、协调、绿色、开放、共享。创新发展注重的是解决发展动力问题，协调发展注重的是解决发展不平衡问题。流水线工作中的很多工艺是符合流水操作要求的，但还是有很多工作不符合流水操作要求，这就是工作中的不平衡问题。我们需要协调命令，通过过滤器加上一些宏命令就是为了解决人工协调命令的不平衡问题。

11.2 简单过滤器

简单过滤器

如果一条命令能够接收输入数据，并能产生输出数据，那么这条命令就被称为过滤器。过滤器可以把多条命令连接起来对同一数据进行多道工序的处理。

过滤器是 Shell 中十分强大、实用的工具，是整个 Linux 学习的核心内容。

11.2.1 cat

严格意义上来说，cat 也是一个过滤器，但是它不对数据进行任何处理，只起重定向的作用，一般用于多道工序命令的结尾，表示工艺的结束。

cat 中还有一些非常强大的功能。

【例 11.1】用 cat 连接键盘和显示器。

```
1  # 用 cat 连接键盘和显示器
2  $ cat
3  # 等价于
4  $ cat >
```

通过键盘输入的任何内容，都会在显示器中再次回显，按[Ctrl＋d]快捷键结束输入。

【例 11.2】cat 还可以按照脚本内容原样创建文件，这样可以直接将文件嵌入脚本中。

```
1   # cat 按照脚本原样创建文件
2   cat > Version.txt <<EOF
3   Author:gchxcn
4   EMAIL:gchxcn@126.com
5   EOF
```

这样就可以创建一个文件，文件内容就是脚本后续的内容，遇到 EOF 表示文档的结束。

在重定向写入文档的时候，还可以用 tee 在屏幕中回显。

```
1   # tee 按照脚本原样创建文件
2   tee Version.txt <<EOF
3   Author:gchxcn
4   EMAIL:gchxcn@126.com
5   EOF
```

还可以将 cat、tee 组合使用，将创建的文件名放置在最后。

```
1   # cat、tee 组合
2   cat <<EOF | tee Version.txt
3   Author:gchxcn
4   EMAIL:gchxcn@126.com
5   EOF
```

在文件尾部追加内容，可以使用 -a 选项。

```
1   # tee -a: 在文件尾部追加内容
2   cat <<EOF | tee -a Version.txt
3   Version:1.0
4   EOF
```

脚本中嵌入的文本内容支持变量。符号$、\等是元字符，如果需要这些符号本身，需要使用\$、\\ 进行转义。

```
1   # 脚本声明变量
2   Author=gchxcn
3   EMAIL=gchxcn@126.com
4
5   # 将变量值写入文件
6   cat <<EOF | tee Version.txt
7   Author:${Author}
8   EMAIL:${EMAIL}
9   EOF
```

可以使用管理员权限强制修改文件内容。

```
1   # 用管理员权限强制修改文件内容, 注意 sudo 的位置
2   cat <<EOF | sudo tee <文件名>
3
4   # tee -a: 在文件尾部追加内容
5   cat <<EOF | sudo tee -a <文件名>
```

11.2.2　head

从数据开头（head）选择数据行， 默认选择 10 行。

【例 11.3】查询根目录，只显示前 5 行。

< 219 >

```
1  # 查询根目录，只显示前 5 行
2  $ ls / | head -5
```

```
1  bin
2  boot
3  dev
4  etc
5  home
```

11.2.3 tail

从数据结尾（tail）选择数据行，默认选择 10 行。

【例 11.4】查询根目录，只显示第 3~5 行。

```
1  # 查询根目录，只显示第 3~5 行
2  $ ls / | head -5 | tail -3
```

```
1  dev
2  etc
3  home
```

11.2.4 nl

nl（number lines）命令用于在每行命令前面加一个字段，显示行号，作用同 cat -n。

【例 11.5】查询根目录，只显示第 3~5 行，并显示行号。

```
1  # 查询根目录，只显示第 3~5 行，并显示行号
2  $ ls / | head -5 | tail -3 | nl
```

```
1      1  dev
2      2  etc
3      3  home
```

11.2.5 tac

反转文本行的顺序，tac 是 cat 的反写。

【例 11.6】查询根目录，只显示第 3~5 行，显示行号，并倒序。

```
1  # 查询根目录，只显示第 3~5 行，显示行号，并倒序
2  $ ls / | head -5 | tail -3 | nl | tac
```

```
1      3  home
2      2  etc
3      1  dev
```

11.2.6 rev

rev（reverse）命令将文件中的每行内容以字符为单位反序输出，即第一个字符最后输出，最后一个字符最先输出，行序不变。

【例 11.7】查询根目录，只显示第 3~5 行，显示行号，并倒序，再反转字符。

```
1  # 查询根目录，只显示第 3~5 行，显示行号，并倒序，再反转字符
2  $ ls / | head -5 | tail -3 | nl | tac | rev
```

< 220 >

```
1  emoh     3
2  cte      2
3  ved      1
```

11.2.7　wc

wc（words count）命令用于统计指定文件中的字节数、字符数、行数等，并将统计结果输出。

```
1  -c, --bytes                输出字节数。
2  -m, --chars                输出字符数。
3  -l, --lines                输出行数。
4  -L, --max-line-length      显示最长行的长度。
5  -w, --words                显示单词数。
```

【例 11.8】统计数量。

```
1  $ wc /etc/passwd
2  # 输出结果
3   42   67 2373 /etc/passwd
4  # 行数 单词数 字节数 文件名
5
6  # 统计行数
7  $ wc -l /etc/passwd
8  42 /etc/passwd
9
10 # 统计行数，且结果中不显示文件名
11 $ wc -l < /etc/passwd
12 42
```

统计当前登录到系统的用户数。

```
1  # 统计当前登录到系统的用户数
2  $ who | wc -l
3  2
```

统计当前目录下的文件（不包含隐藏文件）数，要去除统计行。

```
1  # 统计当前目录下的文件数
2  $ expr $(ls -l | wc -l) - 1
3  8
```

11.2.8　sort

sort 命令用于对文件进行排序，并将结果输出。sort 命令既可以从特定的文件中获取输入，也可以从标准输入中获取输入。

```
1  -b, --ignore-leading-blanks    忽略前导的空白区域。
2  -d, --dictionary-order         只考虑空白区域和字母字符。
3  -f, --ignore-case              忽略字母大小写。
4  -g, --general-numeric-sort     按一般数值比较。
5  -i, --ignore-nonprinting       忽略非打印字符。
6  -M, --month-sort               将前面 3 个字母依照月份的缩写进行排序。
7  -h, --human-numeric-sort       使用易读性数字（例如：2K 1G）。
8  -n, --numeric-sort             依照数值的大小排序。
9  -r, --reverse                  以相反的顺序来排序。
10 -V, --version-sort             在文本内进行自然版本排序。
```

< 221 >

【例 11.9】查看系统中所有的账号名称，并按名称的字母顺序排序。

```
1   # 查看系统中所有的账号名称，并排序，取前 5 输出
2   $ awk -F: '{print $1}' /etc/passwd | sort | head -5
```

```
1   avahi
2   backup
3   bin
4   colord
5   daemon
```

11.2.9　uniq

uniq 命令用于报告或忽略文件中的重复行，一般与 sort 命令结合使用。

```
1   -c, --count                    在每列旁边显示该行重复出现的次数。
2   -d, --repeated                 仅显示重复出现的行列。
3   -f, --skip-fields=N            不要比较前 N 个域。
4   -i, --ignore-case              比较时忽略大小写。
5   -s, --skip-chars=N             不要比较起始的 N 个字符。
6   -u, --unique                   只输出不重复（内容唯一）的行。
7   -z, --zero-terminated          以 NUL 空字符而非换行符作为行尾分隔符。
8   -w, --check-chars=N            每行第 N 个字符以后的内容不做对照。
```

【例 11.10】列出当前账号常使用的 5 条命令。

```
1   # 列出当前账号常使用的 5 条命令
2   $ history | awk '{print $2}' | sort | uniq -c | sort -rn | head -5
```

```
1       136 echo
2       129 ls
3        86 sudo
4        66 cat
5        38 vi
```

sort 命令默认将使用次数从低到高排序，sort -rn 用于将使用次数从高到低排序。

正则表达式

11.3　正则表达式

正则表达式（regular expression）是一种文本模式，正则表达式由一些普通字符和一些元字符（meta characters）组成。正则表达式使用单个字符串来描述，匹配一系列句法规则的字符串。正则表达式是烦琐的，但功能非常强大，程序设计语言基本都支持利用正则表达式进行字符串操作。

要使用 Linux Shell 中的 grep、sed、awk 等工具，就需要熟练掌握正则表达式的知识，本节介绍正则表达式的原理，后续介绍正则表达式的具体应用。

11.3.1　基本元字符

普通字符表示符号的本意，包括字母或数字符号本身；元字符则具有特殊的含义，需要进行解析。常见的基本元字符如表 11.1 所示。

< 222 >

表 11.1　常见的基本元字符

元字符	说明
.	匹配任意的单个字符
|	逻辑或、分支运算符
[]	匹配该字符集合中的一个字符
[^]	排除该字符集合
-	定义一个范围（例如[A-Z]）
\	对下一个字符进行转义

1．匹配纯文本

正则表达式可以包含纯文本。

【例 11.11】匹配纯文本。

文本内容：

```
1  Hello, my name is gchxcn.
2  My E-mail is gchxcn@126.com.
```

正则表达式：

```
1  gchxcn
```

匹配结果：

```
1  Hello, my name is gchxcn.
2  My E-mail is gchxcn@126.com.
```

这里使用的正则表达式是纯文本，它将匹配原始文本里的 gchxcn。

2．匹配任意字符

在正则表达式里，.字符（英文句号）可以匹配任意一个单个的字符。

【例 11.12】匹配任意字符。

文本内容：

```
1  ababc.txt
2  cat.txt
3  cat1.txt
4  na1.txt
5  sa1.txt
6  sam.txt
```

正则表达式：

```
1  cat.
```

匹配结果：

```
1  cat.txt
2  cat1.txt
```

正则表达式 cat.把由字符串 cat 和另外一个字符构成的文件名查找出来。用正则表达式 cat.进行的搜索将匹配到 cat.和 cat1 等，还会匹配到一些毫无意义的单词。

.字符可以匹配任何单个的字符，包括字母、数字，甚至是.字符本身。

正则表达式：

```
1  .a.
```

匹配结果：

< 223 >

```
1    abab c.txt
2    cat.txt
3    cat1.txt
4    na1.txt
5    sa1.txt
6    sam.txt
```

正则表达式.a.将与第 2 个字符是 a 的任意 3 个字符相匹配。

3．转义字符

.字符在正则表达式里有着特殊的含义。如果模式里需要有一个.，就要想办法来告诉正则表达式需要的是.字符本身而不是它在正则表达式里的特殊含义。为此，必须在.的前面加上一个\（反斜杠）字符来对它进行转义。

【例 11.13】转义字符。

正则表达式：

```
1    .a.\.txt
```

匹配结果：

```
1    cat.txt
2    na1.txt
3    sa1.txt
4    sam.txt
```

结果显示 cat1.txt 不满足匹配条件，被过滤了。

在正则表达式里，`\字符永远出现在一个有着特殊含义的字符序列的开头，这个序列可以由一个或多个字符构成。\. 匹配文件名与扩展名之间的分隔符.本身。

4．匹配多个字符中的某一个

在正则表达式里，可以使用元字符[和]来定义一个字符集合。在由[和]定义的字符集合里，这两个元字符之间的所有字符都是该集合的组成部分，字符集合的匹配结果是能够与该集合里的任意一个成员相匹配的文本。

【例 11.14】匹配字符集合。

正则表达式：

```
1    [ns]a.\.txt
```

匹配结果：

```
1    na1.txt
2    sa1.txt
3    sam.txt
```

这里使用的正则表达式以[ns]开头，这个集合将匹配字符 n 或 s，但不匹配其他字符。[和]不匹配任何字符，它们只负责定义一个字符集合。

如果只想匹配 a 后是数字的文件，则正则表达式可以改写为：

```
1    [ns]a[0123456789]\.txt
```

匹配结果：

```
1    na1.txt
2    sa1.txt
```

这样文件名 sam.txt 就不会出现在匹配结果里，这是因为 m 与给定的字符集合（10 个数字）不匹配。

在使用正则表达式的时候，会频繁地用到一些字符区间（0～9、A～Z 等）。为了简化字符区间的

< 224 >

定义，正则表达式提供了一个特殊的元字符，字符区间可以用-（连字符）来定义。

上例的正则表达式可以改写为：

```
1    [ns]a[0-9]\.txt
```

字符区间并不仅限于数字，　以下这些都是合法的字符区间。

> **A-Z：** 匹配从 A 到 Z 的所有大写字母。

> **a-z：** 匹配从 a 到 z 的所有小写字母。

字符区间的首、尾字符可以是 ASCII 字符表里的任意字符。但在实际工作中，常用的字符区间还是数字字符区间和字母字符区间。

在同一个字符集合里可以给出多个字符区间。例如：

```
1    [A-Za-z0-9]
```

5．取非匹配

字符集合通常用来指定一组必须匹配其中之一的字符。但在某些场合，我们需要反过来做，除了字符集合里的字符，其他字符都可以匹配。

用元字符 ^ 来表明想对一个字符集合进行取非匹配。

【例 11.15】取非匹配。

正则表达式：

```
1    [ns]a[^0-9]\.txt
```

匹配结果：

```
1    sam.txt
```

11.3.2　特殊元字符

在进行正则表达式搜索的时候，我们经常会遇到需要对原始文本里的非打印空白字符进行匹配的情况。比如说，我们可能需要把所有的制表符找出来，这类字符很难被直接输入一个正则表达式里，但我们可以使用特殊元字符来表示它们。特殊元字符如表 11.2 所示。

表 11.2　特殊元字符

元字符	说明
[\b]	退格字符
\c	匹配一个控制字符
\d	匹配任意数字字符
\D	\d 的反义
\f	换页符
\n	换行符
\r	回车符
\s	匹配任意空白字符
\t	制表符（Tab 键）
\v	垂直制表符
\w	匹配任意字母字符、数字字符或下画线字符
\W	\w 的反义
\x	匹配一个十六进制数字
\0	匹配一个八进制数字
\u	匹配一个用 4 个十六进制数字表示的 Unicode 字符

< 225 >

在正则表达式里，控制字符即 ASCII 中的 0～31，再加上 ASCII 中的 127。

在正则表达式里，十六进制数值要添加前缀\x，十六进制转义值必须为确定的两个数字。例如，\x41 匹配 A；\x0A 对应 ASCII 字符 10（换行符），其效果等价于\n。

在正则表达式里，八进制数值要添加前缀\0，数值本身可以是两位或三位数字。比如，\011 对应 ASCII 字符 9（制表符），其效果等价于\t。

如果要匹配 Unicode 字符编码，前缀要添加\u，后接 4 个十六进制数字表示是 Unicode 字符。例如，\u00A9 匹配版权符号（©）。

中文字符匹配就涉及 Unicode 编码，详见：

https://www.regular-expressions.info/unicode.html

支持的 Unicode 属性的常见元字符集合有：

```
1   # 中文汉字集合
2   [\p{Han}]
3
4   # 中英文标点符号集合
5   [\p{P}]
```

11.3.3　POSIX 字符类

特殊字符还可以使用 POSIX 字符类表示。POSIX 字符类是正则表达式中用于匹配特定类型字符的预定义命名集。在兼容 POSIX 的正则表达式引擎中，这些字符类以特殊的格式[[:classname:]]提供，其中 classname 是表示特定字符类型的名称。POSIX 字符类如表 11.3 所示。

表 11.3　POSIX 字符类

字符类	说明
[:alnum:]	任何一个字母或数字（等价于[a-zA-Z0-9]）
[:alpha:]	任何一个字母（等价于[a-zA-Z]）
[:blank:]	空格或制表符（等价于[\t]）
[:cntrl:]	ASCII 控制字符（ASCII 0 到 31，再加上 ASCII 127）
[:digit:]	任何一个数字（等价于[0-9]）
[:graph:]	和[:print:]一样，但不包括空格
[:lower:]	任何一个小写字母（等价于[a-z]）
[:print:]	任何一个可打印字符
[:punct:]	既不属于[:alnum:]，也不属于[:cntrl:]的任何一个字符
[:space:]	任何一个空白字符，包括空格（等价于[\f\n\r\t\v]）
[:upper:]	任何一个大写字母（等价于[A-Z]）
[:xdigit:]	任何一个十六进制数字（等价于[a-fA-F0-9]）

11.3.4　重复量词

若要匹配多个重复出现的字符或字符集合，可使用量词元字符。支持重复匹配的量词元字符如表 11.4 所示。

表 11.4　支持重复匹配的量词元字符

元字符	说明
*	匹配前一个字符（子表达式）的零次或多次重复

< 226 >

续表

元字符	说明
*?	*的惰型版本
*+	*的支配版本
+	匹配前一个字符（子表达式）的一次或多次重复
+?	+的惰型版本
++	+的支配版本
?	匹配前一个字符（子表达式）的零次或一次重复
{n}	匹配前一个字符（子表达式）的 n 次重复
{m,n}	匹配前一个字符（子表达式）的至少 m 次且至多 n 次重复
{n,}	匹配前一个字符（子表达式）的 n 次或更多次重复
{n, }?	{n, }的惰性版本
{n, }+	{n, }的支配版本

1．匹配一个或多个字符

+用于匹配一个或多个字符，不用于匹配零个的情况。

例如：a 匹配 a 本身，　a+匹配一个或多个连续出现的 a。

字符集合使用[]将多个字符组合起来。如\w 匹配任意字母、数字或下画线，但是不匹配.这个符号，此时就可以用字符集合[\w.]表示匹配任意字母、数字或下画线，外加.这个符号。

字符集合中的元字符可以转义也可以不转义，即[\w.]与[\w\.]等价。

[\w.]+匹配字符集合[\w.]的一次或多次重复出现。

2．匹配零个或多个字符

把*元字符放在一个字符或一个字符集合的后面，实现匹配连续出现零次或多次的情况。

例如：a*将匹配零个或多个连续出现的 a，包括空字符串。

3．匹配零个或一个字符

把?元字符放在一个字符或一个字符集合的后面，实现匹配连续出现零次或一次的情况。

例如：　a?将匹配 a 或空字符串。

4．匹配的重复次数

为了对重复性匹配有更多的控制，正则表达式提供了一个用来设定重复次数的语法。重复次数要用{和}字符来给出，把数值写在它们之间。

{n}表示将重复匹配次数设定为一个精确的值 n。例如：{3}意味着模式里的前一个字符或字符集合必须重复出现 3 次才匹配；如果只重复了 2 次，则不匹配。

{n,m}语法还可以用来为重复匹配次数设定区间，也就是为重复匹配次数设定一个最小值和一个最大值。例如：{2,4}表示最少重复 2 次、最多重复 4 次。

{n,}给出一个最少的重复次数。例如：{2,}表示最少重复 2 次。

{,m}给出一个最多的重复次数。例如：{,4}表示最多重复 4 次。

5．惰性量词

默认的*、+、?、{n}、{n,}、{n,m}等量词都是贪婪量词，贪婪且回溯，是默认的搜索模式。

当?字符紧跟在任何一个其他限制符*、+、?、{n}、{n,}、{n,m}后面时，匹配模式是非贪婪的惰性模式。惰性模式尽可能少地匹配所搜索的字符串，而默认的贪婪模式则尽可能多地匹配所搜索的字符串。

< 227 >

例如：fo{1,3}匹配 fooooood 中的前 3 个 o；fo{1,3}?匹配 fooooood 中的第一个 o。

当+字符紧跟在任何一个其他限制符*、+、?、{n}、{n,}、{n,m}后面时，匹配模式是支配模式，贪婪非回溯。

例如：fo+o 匹配 fooooood 时，前面 fo+搜索时会匹配全部的 6 个 o，但是为了匹配 o+o 中的最后一个 o，会回溯到只匹配前 5 个 o。

而支配模式 fo++o 匹配 fooooood 时，前面 fo+搜索时会贪婪地匹配全部的 6 个 o，不会回溯，所以 fo++o 中最后一个 o 没找到匹配，最终是不匹配。

11.3.5 位置匹配

模式匹配时字符或字符集合可以出现在原始文本里的任意位置，但有些场合只需要对特定位置的文本进行匹配，这就是位置匹配。位置匹配元字符如表 11.5 所示。

表 11.5　位置匹配元字符

元字符	说明
^	匹配字符串（行）的开头
\A	匹配字符串（行）的开头
$	匹配字符串（行）的结尾
\z	匹配字符串（行）的结尾
<	匹配单词的开头
>	匹配单词的结尾
\b	匹配单词的边界（开头和结尾）
\B	\b 的反义

^匹配输入字符串（行）的开始位置。

$匹配输入字符串（行）的结束位置。

\b 匹配单词边界，也就是单词挨着空格的内容。例如：er\b 可以匹配 never 中的 er，但不能匹配 verb 中的 er。

\B 匹配非单词边界。例如：er\B 能匹配 verb 中的 er，但不能匹配 never 中的 er。

如果只要匹配一个单词 cat，而不是中间的位置，可以用正则表达式\bcat\b。

如果是多行文本，一般以行为单位进行分别匹配，但是部分解释器不分行，就要借助(?m)进行强制分行，多行模式元字符如表 11.6 所示。

表 11.6　多行模式元字符

元字符	说明
(?m)	多行模式，将换行符视为字符串分隔符

(?m)一般写在正则表达式最前面作为前缀。

例如：匹配 Javascript 的注释行使用^\s*//.*$正则表达式。其中，^匹配一个字符串的开始，然后\s*表示任意多个空白字符，再后面是//的注释标签，再往后是任意文本，最后是一个字符串的结束。不过，这个模式只能找出第一条注释，并认为这条注释将一直延续到文件的末尾，因为*是一个贪婪型元字符。

加上(?m)前缀之后，(?m)^\s*//.*$将把换行符视为一个字符串分隔符，这样就可以把每一行注释都匹配出来了。

不过很多语言，包括 Linux Shell 中的^、$就已经表示了行首行尾，所以不用加(?m)前缀。

< 228 >

11.3.6 子表达式和分支

子表达式是一个更大的表达式的一部分，把一个表达式划分为一系列子表达式的目的是把子表达式当作一个独立元素来使用。子表达式必须用(和)括起来，子表达式元字符如表 11.7 所示。

表 11.7 子表达式元字符

元字符	说明
()	定义一个子表达式
|	分支，优先级很低
(?:)	定义子表达式，但是不作为捕获组

1. 子表达式

子表达式将固定组合在一起的表达式捆绑在一起，可以一起进行重复性描述。

【例 11.16】匹配一个 IP 地址。

IP 地址形如 192.168.1.1，则正则表达式可以写成：

```
1   \d{1,3}\.\d{1,3}\.\d{1,3}\.\d{1,3}
```

由于前面 3 组都是一个 3 位数之内的数字加一个.，因此可以组成一个子表达式一起描述，借助(和)则正则表达式可以写成：

```
1   (\d{1,3}\.){3}\d{1,3}
```

2. 分支

分支是几种情况的分别描述。

【例 11.17】查询年份，这里限定只查询以 19 或 20 开头的 4 位数年份。

正则表达式可以写成如下几种形式：

```
1   19\d{2}|20\d{2}
2   (19|20)\d{2}
```

分支的优先级很低，使用小括号才能强行提高优先级，(19|20)表示在数字 19、20 里面选一个匹配。注意分支有以下几个错误的理解。

```
1   19|2023  # 表示 19 或 2023，而不是 1923 或 2023
2   [19|20]  # 表示在数字 1、9、2、0 中匹配一个，而不是在 19、20 中匹配一个
```

11.3.7 回调引用

1. 回调引用概念

假设有一段文本，如果想把这段文本里所有重复出现的单词找出来。显然，在搜索某个单词是否第二次出现时，这个单词必须是已知的。回调引用允许正则表达式引用前面的匹配结果。回调引用相关的元字符如表 11.8 所示。

表 11.8 回调引用相关的元字符

元字符	说明
()	定义一个子表达式
\1	匹配第一个子表达式；\2 匹配第二个子表达式，以此类推

【例 11.18】在下列文本中搜索类似于 1919、2020，这样的前后两个字符重复的数字。

< 229 >

```
1   1989 1919 1920 2020 2021
```

如果正则表达式写成如下形式：

```
1   (\d\d){2}
```

输出的结果是全部数字都被匹配。

```
1   1989 1919 1920 2020 2021
```

我们需要 19 后面的数字还是 19，而不是随意的两个数字。

这里借助捕获组的功能，一般一个子表达式就是一个捕获组。

使用小括号指定一个子表达式后，这个子表达式中的文本（即捕获的内容）保存到一个临时区域，可以在后续表达式中进行进一步的处理。默认情况下，每个捕获组会自动拥有一个组号，规则是：从左向右，以分组的左括号为标志，第一个出现的分组的组号为 1，第二个为 2，以此类推，一个正则表达式中最多可以保存 9 个捕获组。

回调引用用于重复搜索与前面捕获组匹配的文本，它们可以用\1 到 9 符号来引用。

【例 11.19】捕获组编号及回调。

在正则表达式((A)(B(C)))中有如下 4 个捕获组：

```
1   (    (A   )    (B   (C   )    )    )
2   ①   ②   ②    ③   ④   ④   ③   ①
```

那么：

\1 捕获的内容是((A)(B(C)))；

\2 捕获的内容是(A)；

\3 捕获的内容是(B(C))；

\4 捕获的内容是(C)。

在许多实现里，第 0 个匹配\0 可以用来代表整个正则表达式。

那么例 11.18 中的正则表达式可以写成：

```
1   (\d\d)\1
```

最后匹配的结果是：

```
1   1919 2020
```

2．回调引用在替换操作中的应用

正则表达式不仅可以用来执行搜索，还可以用来完成各种复杂的替换操作，尤其是需要使用回调引用的场合。

【例 11.20】回调引用在替换操作中的应用。

若有以下文本：

```
1   Name="Aura Sink" IdLvl="1102,3"
2   Name="aura Sink" IdLvl="1103,4"
3   Name="aura Sink" IdLvl="1104,5"
```

由于这些表达不规范，需要改写成如下规范形式：

```
1   Name="Aura Sink" Id="1102" Lvl="3"
```

直接查找替换肯定是不合适的，需要使用回调引用。

查找表达式如下：

```
1   IdLvl="(\d+),(\d+)"
```

查找表达式需要捕获两个数据用于重组，分别是 Id 的值和 Lvl 的值。上式\1 就捕获了 Id 的值，\2

< 230 >

就捕获了 Lvl 的值。

替换表达式如下：

```
1  Id="\1" Lvl="\2"
```

替换后的结果如下：

```
1  Name="Aura Sink" Id="1102" Lvl="3"
2  Name="aura Sink" Id="1103" Lvl="4"
3  Name="aura Sink" Id="1104" Lvl="5"
```

还可用回调引用进行大小写转换，元字符如表 11.9 所示。

表 11.9　回调引用大小写转换元字符

元字符	说明
\E	结束\L 或 \U 转换
\l	把下一个字符转换为小写
\L	把后面的字符转换为小写，直到遇到 \E
\u	把下一个字符转换为大写
\U	把后面的字符转换为大写，直到遇到 \E

上例中 Name 属性的部分值没有遵循首字符大写的形式，可以使用大小写转换元字符转换。

查找表达式如下：

```
1  Name="(.*)" IdLvl="(\d+),(\d+)"
```

查找表达式捕获了 3 组数据，\1 捕获了 Name 的值，\2 捕获了 Id 的值，\3 捕获了 Lvl 的值。

替换表达式如下：

```
1  Name="(\u\1\E)" Id="\2" Lvl="\3"
```

替换后的结果如下：

```
1  Name="Aura Sink" Id="1102" Lvl="3"
2  Name="Aura Sink" Id="1103" Lvl="4"
3  Name="Aura Sink" Id="1104" Lvl="5"
```

这里注意一个小知识点，在前文介绍的分支概念中，(19|20)表示两个分支，从捕获组角度看，占用一个捕获组，但这里捕获无意义。如果不想被捕获，可以改写成：

```
1  (?:19|20)
```

11.3.8　前后预查

1．消费与不消费的概念

有时候查找包含匹配的内容并不是我们需要的效果，而是用于确定正确的匹配边界位置，它并不是匹配结果的一部分。

【例 11.21】消费与不消费。

若有如下文本数据：

```
1  Windows2000
2  Windows3.1
```

正则表达式：

```
1  Windows(95|98|NT|2000)
```

< 231 >

查询匹配结果是：

```
1  Windows2000
```

从结果看，2000 被匹配了，这就表示这些字符被"消费"了。如果我们只想表示 Windows 满足条件后只匹配 Windows，而不匹配后面的版本号，这种情况就是预查询。2000 只是查找的边界内容，预查询"不消费"查找的边界内容。

预查询是一个非捕获匹配，也就是说，该匹配不需要捕获，以后也不需要使用。

正则表达式改为：

```
1  Windows(?=95|98|NT|2000)
```

查询匹配结果是：

```
1  Windows2000
```

通过对比发现，预查询不消费 2000。

2．预查询元字符

预查询相关的元字符如表 11.10 所示。

表 11.10　预查询相关的元字符

元字符	说明
?=	正向肯定预查询
?<=	反向肯定预查询
?!	正向否定预查询
?<!	反向否定预查询

正向肯定预查询指定了一个必须匹配但不在结果中返回的模式，例 11.21 就是正向肯定预查询的例子。

正向否定预查询就是在任何不匹配的字符串开始处匹配查找字符串，不消费预查询内容，不捕获。正向否定预查询操作符是?!。

将上例正则表达式改为：

```
1  Windows(?!95|98|NT|2000)
```

查询匹配结果是：

```
1  Windows3.1
```

除了可以正向否定预查询，还可以反向肯定预查询，也就是查找出现在被匹配文本之前的字符，但不消费预查询内容，反向肯定预查询操作符是?<=。

【例 11.22】 反向肯定预查询。

若有如下文本数据：

```
1  2000Windows
2  3.1Windows
```

正则表达式：

```
1  (?<=95|98|NT|2000)Windows
```

查询匹配结果是：

```
1  2000Windows
```

反向否定预查与正向否定预查询类似，只是方向相反。反向否定预查询操作符是?<!。

正则表达式：

< 232 >

```
1  (?<!95|98|NT|2000)Windows
```

查询匹配结果是：

```
1  3.1Windows
```

11.3.9　回调条件

正则表达式还有一种强大的功能，能在表达式的内部嵌入条件。回调条件元字符如表 11.11 所示。

表 11.11　回调条件元字符

元字符	说明
()?	()表示捕获一个组，加?表示是否存在匹配，一起使用表示捕获并储存
?(1)	第一个捕获条件，是否有匹配，有则执行后面的匹配（if then ...）。?(2)表示第二个捕获条件，以此类推
?(1)|	第一个捕获条件（if then ... else ...）

【例 11.23】回调条件元字符。

国内电话格式有：

```
1  0556-4000086
2  (0556)-4000088
3  (0556-4000090
4  0556)-4000092
```

我们需要匹配正确的电话号码，为了让问题更简单，只考虑 4 位区号的情况，正则表达式可以写成如下形式：

```
1  # 只考虑 4 位区号的情况
2  \(?\d{4}\)?-\d{7}
```

匹配结果是：

```
1  0556-4000086
2  (0556)-4000088
3  (0556-4000090
4  0556)-4000092
```

其中，0556)-4000092 也被匹配进去了，因为?表示匹配 0~1 次，所以(与)可有可无。那么如何保证(与)同时匹配呢？即如果出现了(，后面的)必须匹配，这就需要引入回调条件。

捕获条件用()?表示，即捕获一个子表达式，看是否能捕获到。表达式(\()?表示是否能捕获一个(。匹配)时，就要看前面的(有没有被捕获到，被捕获到回调条件返回真，没有捕获到回调条件返回假。表达式为(?(1)\))表示如果第一个捕获条件为真，就必须匹配)。

那么整个正则表达式就是：

```
1  (\()?\d{4}(?(1)\))-\d{7}
```

匹配结果是：

```
1  0556-4000086
2  (0556)-4000088
3  (0556-4000090
```

 思考

为什么(0556-4000090 还在结果里面？

< 233 >

正则表达式更多情况下只是筛选，保证正确的内容被匹配到，但有可能非法的结果也被保留。在使用正则表达式筛选时不一定要等价匹配，按要求达到一定精度即可。

11.4 grep 正则表达式

grep 正则表达式

Linux/UNIX 系统下使用广泛的 3 个命令行工具：grep、sed 和 awk。它们都是文本处理工具，可以用于快速搜索、替换和处理大量文本数据。从处理功能上看跟 Vim 编辑器非常相似，但是过滤器是在内存中进行流处理，不需要打开编辑器。

grep（global search regular expression and print out the line，全面搜索正则表达式并把行输出出来）是一种强大的文本搜索工具，它能使用正则表达式搜索文本，并把匹配的行输出出来，用于过滤/搜索特定字符。

11.4.1 grep 家族

UNIX 的 grep 家族包括 grep、egrep 和 fgrep，另外 Perl 语言的正则功能非常强大，支持最多的正则语义，grep 也集成了 Perl 语言的正则表达式。

（1）grep

grep 就是 ggrep，是基本的正则表达式，只支持^、$、.、[、]、*等元字符，其他的所有字符都被识别为普通字符。

（2）egrep

egrep 是 grep 的扩展形式，在基本正则表达式的基础上增加对(、)、{、}、?、+、|等元字符的支持。

可以直接调用或通过选项调用 egrep。

```
1  # 调用 egrep 的两种方式
2  $ egrep
3  # 或
4  $ grep -E
```

（3）pgrep

pgrep 就是 Perl 语言支持的正则表达式，表达的功能、语义最齐全，是编者推荐的方式。

可以直接调用或通过选项调用 pgrep。

```
1  # 调用 pgrep 的两种方式
2  $ pgrep
3  # 或
4  $ grep -P
```

（4）fgrep

fgrep（fixed grep、fast grep），就是快速固定匹配，它把所有的字母都看作单词，没有元字符。虽然功能受限，但是查找速度快，适合固定匹配。

可以直接调用或通过选项调用 fgrep。

```
1  # 调用 fgrep 的两种方式
2  $ fgrep
3  # 或
4  $ grep -F
```

由于 grep 家族支持的元字符不一样，语法差异较大，建议使用 Perl 正则表达式，即 pgrep，该工

< 234 >

具功能强大，语法简单，本书后续内容都基于 Perl 正则表达式介绍相关知识。

 注 意

- -F、-E、-P，3 个选项只能启用一个，建议使用-P。

11.4.2　grep 语法

1．语法

```
1  grep [选项]... 模式 [文件]...
```
在每个文件中查找给定的模式（正则表达式）。

2．选项

```
1   模式选择与解释：
2     -E, --extended-regexp      <模式> 是扩展正则表达式。
3     -F, --fixed-strings        <模式> 是字符串。
4     -G, --basic-regexp         <模式> 是基本正则表达式。
5     -P, --perl-regexp          <模式> 是 Perl 正则表达式。
6     -e, --regexp=<模式>        用指定的<模式>字符串来进行匹配操作。
7     -f, --file=<文件>          从给定<文件>中取得<模式>。
8     -i, --ignore-case          在模式和数据中忽略大小写。
9         --no-ignore-case              不要忽略大小写（默认）。
10    -w, --word-regexp          强制<模式>，仅完全匹配字词。
11    -x, --line-regexp          强制<模式>，仅完全匹配整行。
12    -z, --null-data            数据行以一个 0 字节结束，而非换行符。
13
14  杂项：
15    -s, --no-messages          不显示错误信息。
16    -v, --invert-match         选中不匹配的行。
17    -V, --version              显示版本信息并退出。
18        --help                 显示此帮助并退出。
19
20  输出控制：
21    -m, --max-count=<次数>     进行给定<次数>次匹配后停止。
22    -b, --byte-offset          输出的同时输出字节偏移。
23    -n, --line-number          输出的同时输出行号。
24    --line-buffered            每行输出后刷新输出缓冲区。
25    -H, --with-filename        为输出行输出文件名。
26    -h, --no-filename          输出时不显示文件名前缀。
27    --label=<标签>             将给定<标签>作为标准输入文件名前缀。
28    -o, --only-matching        只显示行中非空匹配部分。
29    -q, --quiet, --silent      不显示所有常规输出。
30    --binary-files=TYPE        设定二进制文件的 TYPE（类型）；
31                               TYPE 可以是 'binary'、'text' 或 'without-match'.
32    -a, --text                 作用等同于 --binary-files=text.
33    -I                         作用等同于 --binary-files=without-match.
34    -d, --directories=ACTION   读取目录的方式；
35                               ACTION 可以是'read'、'recurse'或'skip'.
```

< 235 >

```
36    -D, --devices=ACTION        读取设备、先入先出队列、套接字的方式；
37                                ACTION 可以是'read'或'skip'。
38    -r, --recursive             作用等同于--directories=recurse。
39    -R, --dereference-recursive         同上，但遍历所有符号链接。
40        --include=GLOB          只查找匹配 GLOB（文件模式）的文件。
41        --exclude=GLOB          跳过匹配 GLOB 的文件。
42        --exclude-from=FILE     跳过所有匹配给定文件内容中任意模式的文件。
43        --exclude-dir=GLOB      跳过所有匹配 GLOB 的目录。
44    -L, --files-without-match   只输出没有匹配上的<文件>的名称。
45    -l, --files-with-matches    只输出匹配的<文件>的名称。
46    -c, --count                 只输出每个<文件>中的匹配行数目。
47    -T, --initial-tab           行首制表符对齐（如有必要）。
48    -Z, --null                  在<文件>名最后输出空字符。
49
50  文件控制：
51    -B, --before-context=NUM    输出匹配文本及其前面 NUM 行。
52    -A, --after-context=NUM     输出匹配文本及其后面 NUM 行。
53    -C, --context=NUM           输出 NUM 行文本。
54    -NUM                        作用等同于--context=NUM。
55        --color[=WHEN]/
56        --colour[=WHEN]         使用标记高亮匹配字串；
57                                WHEN 可以是'always'、'never'或'auto'。
58    -U, --binary                不要清除行尾的回车字符（MSDOS/Windows）。
```

11.4.3　grep 实例

grep 以行为单位过滤文档内容，将所有符合正则表达式的行输出。

【例 11.24】grep 实例。

查找匹配/etc/passwd 文件中包含 root 的行。

```
1  # 建议使用 Perl 正则表达式；--color：高亮显示查找结果
2  $ grep -P --color 'root' /etc/passwd
```

```
1  root:x:0:0:root:/root:/bin/bash
2  operator:x:11:0:operator:/root:/sbin/nologin
```

查找匹配/etc/passwd 文件中以 root 开头的行。

```
1  # 查找匹配以 root 开头的行
2  $ grep -P --color '^root' /etc/passwd
```

```
1  root:x:0:0:root:/root:/bin/bash
```

匹配查找/etc/passwd 文件中以 sync 结束的行。

```
1  # 查找匹配以 sync 结束的行
2  $ grep -P --color 'sync$' /etc/passwd
```

```
1  sync:x:5:0:sync:/sbin:/bin/sync
```

查找/etc/passwd 文件中包含 4 位数的数字行。

```
1  # 查找包含 4 位数的数字行
2  $ grep -P --color '\d{4}' /etc/passwd
```

```
1  sync:x:4:65534:sync:/bin:/bin/sync
```

< 236 >

```
2  sshd:x:108:65534::/run/sshd:/usr/sbin/nologin
3  jsj:x:1000:1000:jsj,,,:/home/jsj:/bin/bash
4  ...
```

查找匹配/etc/passwd 文件中形如 1000:1000 连续两个数字相同的 4 位数行。

```
1  # 查找匹配形如 1000:1000 连续两个数字相同的 4 位数行
2  $ grep -P --color '(\d{4}):\1' /etc/passwd
```

```
1  jsj:x:1000:1000:jsj,,,:/home/jsj:/bin/bash
```

递归遍历/etc 目录，包括子目录，全文查找匹配 abc 行的文件，并输出全部文件名。

```
1  # 全文查找
2  # -r: 递归，目录操作。-l: file List，只输出文件名，不输出匹配行文本
3  $ sudo grep -rl 'abcd' /etc
```

```
1  /etc/bluetooth/main.conf
2  /etc/network/if-up.d/ethtool
3  /etc/default/grub
4  /etc/X11/app-defaults/XFontSel
```

grep 输入参数可以是任何命令的输出。

```
1  # 查询 IP 地址。-i: 忽略大小写。-n: 显示行号。-v: 取反
2  $ ip a | grep 'inet' | grep -inv 'inet6'
```

```
1  1:    inet 127.0.0.1/8 scope host lo
2  3:    inet 192.168.10.129/24 brd 192.168.10.255 scope global dynamic no prefixroute
   ens33
```

grep 命令只能以行为单位进行筛选，查询到的结果并不理想。如果希望结果中只保留 IP 地址信息，就需要在行内部进行分割选择。

11.5　sed 流编辑

sed（stream editor）是一种流编辑器，它是文本处理中非常重要的工具，能够完美地配合正则表达式使用，功能非常强大。同 Vim 相比，sed 是非交互式的，处理时，把当前处理的行存储在临时缓冲区中，该缓冲区称为模式空间（pattern space）。接着用 sed 命令处理缓冲区中的内容，处理完成后，把缓冲区的内容输出。再处理下一行，这样不断重复，直到文件末尾。文件内容并没有改变，除非使用重定向存储输出。sed 命令主要用来自动编辑一个或多个文件，简化对文件的反复操作。

11.5.1　sed 语法

1. 语法

```
1    sed [选项]... {脚本（如果没有其他脚本）} [输入文件]...
```

2. 选项

```
1  -n/--quiet/--silent
2                 取消自动输出模式空间内容。
3    --debug
4                 标注程序执行过程。
5  -e 脚本: --expression=脚本
```

< 237 >

```
 6                      添加"脚本"到程序的运行列表。
 7  -f 脚本文件：--file=脚本文件
 8                      添加"脚本文件"到程序的运行列表。
 9  --follow-symlinks
10                      直接修改文件时跟随软链接。
11  -i[扩展名]：--in-place[=扩展名]
12                      直接修改文件（如果指定扩展名则备份文件）。
13  -l N：--line-length=N
14                      指定 l 命令的换行期望长度。
15  --posix
16                      关闭所有 GNU 扩展。
17  -E/-r：--regexp-extended
18                      在脚本中使用扩展正则表达式
19                      （为保证可移植性使用 POSIX -E）。
20  -s：--separate
21                      将输入文件视为多个独立的文件而不是单个、长的连续输入流。
22  --sandbox
23                      在沙盒模式中进行操作（禁用 e/r/w 命令）。
24  -u：--unbuffered
25                      从输入文件中读取最少的数据，更频繁地刷新输出。
26  -z：--null-data
27                      使用 NUL 字符分隔各行。
```

11.5.2　sed 内部命令

sed 核心的地方就是使用一段内部命令的脚本，在内存中对文本进行编辑处理。

sed 内部命令有以下几种。

```
 1  a\ # 在当前行下面插入文本；
 2  i\ # 在当前行上面插入文本；
 3  c\ # 把选定的行改为新的文本；
 4  d # 删除选择的行；
 5  D # 删除模板块的第一行；
 6  s # 替换指定字符；
 7  h # 拷贝模板块的内容到内存中的缓冲区；
 8  H # 追加模板块的内容到内存中的缓冲区；
 9  g # 获得内存缓冲区的内容，并替代当前模板块中的文本；
10  G # 获得内存缓冲区的内容，并追加到当前模板块文本的后面；
11  # 列表不能打印字符的清单；
12  n # 读取下一个输入行，用下一个命令处理新的行而不是用第一个命令；
13  N # 追加下一个输入行到模板块后面并在二者间嵌入一个新行，改变当前行号码；
14  p # 打印模板块的行；
15  P # (大写) 打印模板块的第一行；
16  q # 退出 Sed；
17  b lable # 分支到脚本中带有标记的地方，如果分支不存在则分支到脚本的末尾；
18  r file # 从 file 中读行；
19  t label # if 分支，从最后一行开始，条件一旦满足或者 T，t 命令，将导致分支到带有标号的命令处，
    或者到脚本的末尾；
20  T label # 错误分支，从最后一行开始，一旦发生错误或者 T，t 命令，将导致分支到带有标号的命令处，
    或者到脚本的末尾；
```

< 238 >

```
21  w file # 写并追加模板块到 file 末尾;
22  W file # 写并追加模板块的第一行到 file 末尾;
23  # 表示后面的命令对所有没有被选定的行发生作用;
24  = # 打印当前行号码;
25  # # 把注释扩展到下一个换行符以前;
```

sed 替换标记有以下几种。

```
1  g # 表示行内全面替换;
2  p # 表示打印行;
3  w # 表示把行写入一个文件;
4  x # 表示互换模板块中的文本和缓冲区中的文本;
5  y # 表示把一个字符翻译为另外的字符（但是不用于正则表达式）;
6  \1 # 子串匹配标记;
7  & # 已匹配字符串标记;
```

11.5.3　sed 实例

sed 命令中的正则表达式有两种，包括基础正则表达式和扩展正则表达式。扩展正则表达式使用 sed -E 或 sed -r，为了兼容，建议使用 sed -E。扩展正则表达式支持更多的元字符，不需要频繁添加转义。

1．替换

s 命令用于替换文本中的字符串，一般的语法如下：

```
1  s/查找字符串/替换字符串/g
```

g 标记表示替换每行全部匹配的字符串。

【例 11.25】sed 实例。

```
1  # 每行只替换第一个匹配的字符串
2  sed 's/text/TEXT/' file
3
4  # g 标记表示替换全部匹配的字符串
5  sed 's/text/TEXT/g' file
```

模式空间（即当前行临时缓冲区）内容默认自动输出到屏幕，但是原文件内容仍然保持不变。
-n 选项用于取消自动输出模式空间内容，/p 命令用于输出变化行。
-n 选项和/p 命令一起使用表示只输出那些发生了替换的行。

【例 11.26】只输出发生了替换的行。

```
1  # 只输出发生了替换的行
2  # -n: 取消自动输出模式空间内容。/p 命令: 输出变化行
3  sed -n 's/text/TEXT/p' file
```

编辑后的文档可以重定向到新文档，也可以重定向回原文档。

【例 11.27】重定向。

```
1  # 将编辑后的文档保存到 file2 中
2  sed 's/text/TEXT/g' file > file2
3
4  # -i: --in-place, 原文编辑，即直接编辑文档
5  sed -i 's/text/TEXT/g' file
6  # 等价于
7  sed 's/text/TEXT/g' file > file
```

< 239 >

还可以给原文档添加备份进行存档。

```
1   # 直接编辑文档，将原文档备份存档
2   sed -i.bak 's/text/TEXT/g' file
```

执行后，file 被替换，修改前原始文本被备份为 file.bak。

2．全面替换标记

使用/g 标记会替换每行中的所有匹配。

【例 11.28】全面替换标记。

```
1   # 全面替换
2   echo 'texttexttext' | sed 's/text/TEXT/g'
```

```
1   TEXTTEXTTEXT
```

当需要从第 N 处匹配开始替换时，可以使用/Ng。

```
1   # /2g 表示从第 2 处匹配开始替换
2   echo 'texttexttext' | sed 's/text/TEXT/2g'
```

```
1   textTEXTTEXT
```

```
1   # /3g 表示从第 3 处匹配开始替换
2   echo 'texttexttext' | sed 's/text/TEXT/3g'
```

```
1   texttextTEXT
```

3．分界符

前文的命令中的字符/在 sed 中作为分界符使用，也可以使用其他符号作为分界符。

【例 11.29】分界符。

```
1   # ::: 作为分界符
2   sed 's:text:TEXT:g' file
3
4   # ||| 作为分界符
5   sed 's|text|TEXT|g' file
```

分界符出现在样式内部时，需要进行转义。

【例 11.30】转义。

将文本内容/bin 改为/usr/local/bin，文本内容中包含代表分界符的符号/。

```
1   # 内部转义
2   sed 's/\/bin/\/usr\/local\/bin/g' file
3
4   # 更换分界符为#，不需要转义
5   sed 's#/bin#/usr/local/bin#g' file
```

用包含分界符的字符串进行替换需要使用转义，命令显得复杂、混乱；更换分界符，则不需要转义，命令变得更清晰。

4．匹配范围

在预定的范围内进行匹配，即在满足条件的范围内进行查找替换。

可以在 s 命令前设定匹配范围。

【例 11.31】设定匹配范围。

```
1   # 3,6s/: 限定在第 3～6 行内进行查找
```

< 240 >

```
 2   sed '3,6s/text/TEXT/g' file
 3
 4   # 3,$s/: 从第 3 行至文件结尾查找
 5   sed '3,$s/text/TEXT/g' file
 6
 7   # 1,3s/: 从文件开始至第 3 行内查找
 8   sed '1,3s/text/TEXT/g' file
 9
10   # 1,+3s/: 从前一位置至后 3 行内查找，即在 1~4 行内查找
11   sed '1,+3s/text/TEXT/g' file
12
13   # /CHECK/s/: 限定在能匹配 CHECK 的行内进行查找
14   # /预匹配/: 预匹配可以是任何合法的正则表达式
15   sed '/CHECK/s/text/TEXT/g' file
16
17   # /^CHECK/s/: 限定在能匹配以 CHECK 开头的行内进行查找
18   sed '/^CHECK/s/text/TEXT/g' file
19
20   # 3,/^CHECK/s/: 限定从第 3 行开始至能匹配以 CHECK 开头的行内进行查找
21   sed '3,/^CHECK/s/text/TEXT/g' file
22
23   # /CHECK/,/test/s/: 限定在能匹配 CHECK 和能匹配 test 之间的行内进行查找
24   sed '/CHECK/,/test/s/text/TEXT/g' file
```

sed 命令也可通过预查询匹配范围，实现 grep 的查询功能。

```
 1   # 利用预匹配实现 grep 的查询功能
 2   sed -n '/CHECK/p' file
```

5．整行删除

d 命令可实现匹配整行删除。

【例 11.32】整行删除。

```
 1   # 删除空白行
 2   sed '/^\s*$/d' file
 3
 4   # 删除文件的第 2 行
 5   sed '2d' file
 6
 7   # 删除文件的第 2 行到末尾的所有行
 8   sed '2,$d' file
 9
10   # 删除文件最后一行
11   sed '$d' file
12
13   # 删除文件中所有开头是 test 的行
14   sed '/^test/d' file
15
16   # 删除匹配行及后续 N 行，+2 表示相对当前行后移 2 行
17   sed '/^test/,+2d' file
```

6．追加（行下）

a 命令可以在匹配行的下一行追加内容。

【例 11.33】追加。

```
 1   # 在第 2 行之后插入 this is a test line
```

< 241 >

```
2  sed '2a\this is a test line' file
3
4  # 将 this is a test line 追加到以 test 开头的行后
5  sed '/^test/a\this is a test line' file
```

注意是 a\不是 a/，\表示续行。

为了让阅读更直观，可以续行书写命令。

```
1  # a\: 续行追加内容
2  sed '/^test/a\
3  this is a test line' file
```

7. 插入（行上）

i 命令可以实现在匹配行的上一行插入内容。

【例 11.34】插入。

```
1  # 在第 5 行之前插入 this is a test line
2  sed '5i\this is a test line' file
3
4  # 将 this is a test line 插入以 test 开头的行前
5  sed '/^test/i\this is a test line' file
```

注意是 i\不是 i/，\表示续行。

8. 下一行查找

n 命令实现在匹配的行的下一行查找。

【例 11.35】下一行查找。

如果 test 被匹配，则移动到匹配行的下一行，替换这一行的 aa 为 bb，并输出该行。

```
1  # n:匹配后移到下一行
2  # ;: 分隔内部多命令
3  sed '/test/{n;s/aa/bb/;}' file
```

注 意

> n 命令是在下一行查找，不是从下一行开始查找。

9. 变形

y 命令可以实现变形，即将字符集合中出现的字符替换。

【例 11.36】把 1 ～ 10 行内的所有[abcde]转变为大写。

```
1  # 将字符[abcde]转换为大写
2  echo 'edcba' | sed '1,10y/abcde/ABCDE/'
```

```
1  EDCBA
```

注 意

> 变形不是替换 abcde 字符串，而是字符集合[abcde]中的任何一个字符都被替换，按顺序位置规则替换。

10. 整行替换

c 命令将匹配的整行替换为新内容。

< 242 >

【例 11.37】将以 CHECK 开头的行替换为------。

```
1  # 整行替换
2  sed '/^CHECK/c\------' file
```

11．退出

q 命令实现输出前 N 行，然后退出 sed。

【例 11.38】输出完前 5 行后，退出 sed，相当于 head -5。

```
1  # 输出前5行
2  sed '5q' file
```

12．已匹配字符串标记

&标记之前所匹配到的单词，等价于\0。

【例 11.39】给每个单词外加[]。

```
1  # 给每个单词外加[]
2  echo 'this is a test line' | sed -E 's/\w+/[&]/g'
3
4  # &等价于\0
5  echo 'this is a test line' | sed -E 's/\w+/[\0]/g'
```

```
1  [this] [is] [a] [test] [line]
```

正则表达式\w+表示匹配每一个单词，&标记该单词，然后使用[&]替换它。

【例 11.40】将所有以 192.168.1.1 开头的行都替换成自身加 localhost。

```
1  # 将localhost解析到本地IP地址
2  sed -n 's/^192.168.1.1/& localhost/p' file
```

```
1  192.168.1.1 localhost
```

13．回溯引用

通过捕获组捕获数据，然后使用回溯引用匹配查找内容。

【例 11.41】将 digit 数字替换成数字。

```
1  # 回溯引用
2  echo 'this is digit 7 in a number' | sed -E 's/digit ([0-9])/\1/'
```

```
1  this is 7 in a number
```

命令中的 digit 7 被替换成了 7。

14．支持变量

sed 表达式内部支持变量，如果表达式内部包含变量字符串，就需要使用双引号定界。

【例 11.42】支持变量。

```
1  # 定义变量
2  test=hello
3
4  # sed命令嵌入变量
5  echo 'hello WORLD' | sed "s/${test}/HELLO/"
```

```
1  HELLO WORLD
```

15．多点编辑

-e 选项允许在同一条 sed 命令中执行多条内部命令。

< 243 >

【例 11.43】多点编辑。

```
1  # 多点编辑
2  sed -e '1,5d' -e 's/test/check/' file
```

上面 sed 表达式的第一条命令删除 1 至 5 行内容，第二条命令用 check 替换 test。命令的执行顺序对结果有影响。如果两条命令都是替换命令，那么第一条替换命令将影响第二条替换命令的结果。

为了增强阅读性，多行书写时可以使用续行符。

```
1  # \:续行符，多行书写增强阅读性
2  sed -e '1,5d' \
3     -e 's/test/check/' \
4     file
```

16. 写入文件

w 命令可以将匹配的结果写入文件。

【例 11.44】将 file 文件中所有包含 test 的行写入 file2 中。

```
1  # 将 file 文件中所有包含 test 的行写入 file2 中
2  sed -n '/test/w file2' file
3
4  # 等价于
5  grep 'test' file > file2
```

17. 从文件读入

r 命令可以实现读取文件内容，并将读入的内容插入匹配行的下一行。

【例 11.45】从 file2 读入，插入匹配 test 的行的下一行。

```
1  # 从 file2 读入，插入匹配 test 的行的下一行
2  sed '/^test/r file2' file
```

如果匹配多行，则文件的内容将插入所有匹配行的下面。

18. 保持和获取

在用 sed 命令处理文件的时候，每一行都被保存在一个叫模式空间的临时缓冲区中。

sed 命令还支持"保持缓存区"，可以暂时存储一定的内容，h 命令将查找到的内容复制到保持缓存区，G 命令获取保持缓存区中的内容，并写入模式空间。

【例 11.46】将 test 行内容复制到文档的结尾。

```
1  # h: 保持，复制存储。G: 获取。$: 文档结尾
2  sed -e '/test/h' \
3     -e '$G' file
```

19. 保持和互换

h 命令将查找到的内容复制到保持缓存区，x 命令互换保持缓存区内容和当前行的模式空间内容。

【例 11.47】将包含 test 与 CHECK 的行互换。

```
1  # 将包含 test 与 CHECK 的行互换
2  sed -e '/CHECK/h' \
3     -e '/test/x' \
4     file
```

实际操作过程中，如果 h 命令不是第一条被执行的命令，保持缓存区内容为空，第一条 x 命令可能会换来一个空行。

< 244 >

11.5.4 Perl 一行式命令

Perl 是 Practical Extraction and Report Language 的缩写，可翻译为实用报表提取语言。Perl 重要的特性是 Perl 内部实现了目前最为完善的正则表达式的功能，并且集成了巨大的第三方代码库 CPAN。Perl 在语法上借取了 C、sed、awk、Shell 等语言以及很多其他程序语言的特性。

Perl 语言也可以使用一行命令来代替 grep、sed、awk，内部命令语法兼容。

perl 命令的选项如下。

```
1   -e: 表示后面接 perl 的一行式表达式；
2   -p: 表示输出操作，即每一个读入的行在经过表达式操作后都默认输出；
3   -n: 表示处理文件，默认不输出处理后的行；
```

perl -pe 用于启用 Perl 一行式命令。

【例 11.48】一行式命令。

```
1   # -pe 一行式命令
2   perl -pe 's/text/TEXT/g' file
3
4   # 等价于
5   sed 's/text/TEXT/g' file
```

11.6 cut 抽取

cut 抽取

cut 命令用于从每个输入文件中输出指定部分到标准输出。

1. 语法

```
1   cut [选项]... [文件]...
```

2. 选项

```
1   -b: --bytes=列表              只选中指定的字节。
2   -c: --characters=列表         只选中指定的字符。
3   -d: --delimiter=分界符        使用指定分界符替制表符进行区域分界。
4   -f: --fields=列表             只选中指定的域；输出所有不包含分界符的行，除非 -s 选项被
                                  指定。
5   -n                            略。
6   --complement                  提取指定字段之外的列。
7   -s/--only-delimited           不输出没有包含分界符的行。
8   --output-delimiter=字符串     使用指定的字符串作为输出分界符，默认采用输入的分界符。
9   -z: --zero-terminated         以 NUL 字符而非换行符作为行尾分隔符。
10  --help                        显示此帮助信息并退出。
11  --version                     显示版本信息并退出。
```

【例 11.49】若有一个学生报表信息文件 stu.txt，包含 No、Name、Mark、Percent 等 4 个字段。stu.txt 中的内容如下。

```
1   No   Name    Mark    Percent
2   01   tom     69      91
3   02   jack    71      87
4   03   alex    68      98
```

使用 -d 选项指定字段分隔符，必须指定，默认不为空白。

< 245 >

使用-f选项提取指定字段，如-f 1,3-5，即选择 1、3、4、5 字段。

```
1  # 使用空格作为分隔符，选取第 1 字段
2  cut -d' ' -f1 stu.txt
```

```
1  No
2  01
3  02
4  03
```

分隔符可以指定多个，如;,，表示使用,和;作为分隔符。

```
1  # 使用,、;作为分隔符
2  cut -d ',;' -f1 stu.txt
```

注意有些版本只支持单个分隔符。

--complement 选项用于提取指定字段之外的列。

```
1  # --complement: 提取指定字段之外的列
2  cut -d' ' -f1 --complement stu.txt
```

```
1  Name Mark Percent
2  tom 69 91
3  jack 71 87
4  alex 68 98
```

选项-c 用于输出指定范围内的字符。

```
1  # 输出第 1 到第 5 个字符
2  cut -c1-5 stu.txt
```

```
1  No Na
2  01 to
3  02 ja
4  03 al
```

```
1  # 输出前 5 个字符
2  cut -c-5 stu.txt
3
4  # 输出从第 5 个字符到结尾的所有字符
5  cut -c5- stu.txt
```

【例 11.50】查询 IP 地址。

```
1  # 查询 IP 地址。-d'/'用/作为分隔符
2  $ ip a | grep 'inet' | grep -v 'inet6' | cut -d'/' -f1
```

```
1      inet 127.0.0.1
2      inet 192.168.10.129
```

最后的结果已经很接近目标结果，但是格式不规范，用空格去分隔得不到想要的结果，建议使用制表符或换行符去分隔。使用制表符或换行符作为分隔符只有 awk 命令支持。

11.7 awk 编程

awk 的名称源于它的创始人阿尔弗雷德·阿霍（Alfred Aho）、彼得·温伯格（Peter Weinberger）和布莱恩·克尼根（Brian Kernighan）姓氏的首个字母。

awk 用于在 Linux/UNIX 下对文本和数据进行处理。awk 与 sed 很像，但是功能更强大，sed 只能

< 246 >

简单替换文本，awk 还可以分割、编程替换。简单来说 awk 就是把文件逐行地读入，以空白为默认分隔符将每行切片，切开的部分再进行各种分析处理。

awk 支持用户自定义函数和动态正则表达式等高级功能，awk 还提供了极其强大的功能：样式装入、流控制、数学运算符、进程控制语句等，甚至有内置的变量和函数。它几乎具备了一个完整的语言所应具有的所有特性。

换句话说，awk 可以作为一门编程语言进行文本替换工作。

awk 脚本的语法几乎跟 C 语言的语法一致，有 C 语言基础的读者非常容易掌握 awk 这一工具。

1. 语法

```
1  awk [options] 'script' var=value file
2  awk [options] -f scriptfile var=value file
```

2. 选项

-F fs：指定输入分隔符，fs 可以是字符串或正则表达式，如-F:，以:为分隔符，默认以空白为分隔符。

-v var=value：赋值一个用户定义变量，将外部变量传递给 awk。

-f scripfile：从脚本文件中读取 awk 命令。

-m[fr] val：为 val 值设置内在限制，-mf 选项限制分配给 val 的最大块数目；-mr 选项限制记录的最大数目。这两个功能是 Bell 实验室版 awk 的扩展功能，在标准 awk 中不适用。

11.7.1　awk 脚本基本结构

一个 awk 脚本通常由 BEGIN 语句块、能够使用模式匹配的通用语句块、END 语句块 3 部分组成，这 3 个部分都是可选的。

```
1  awk 'BEGIN{ awk-commands } /pattern/{ awk-commands } END{ awk-commands }' file
```

awk 脚本由模式和操作组成。

模式可以是以下选项的任意一个：BEGIN 语句块、pattern 模式语句块、END 语句块。

操作即 awk-commands 命令语句，语法非常接近 C 语言的。awk 脚本通常是被单引号或双引号引起来的，建议使用单引号，因为 awk-commands 的语法非常接近 C 语言的，C 语句可以直接嵌入脚本中，不需要修改代码。

为了增强代码的可阅读性，awk 支持 C 语言式续行，不需要额外的续行符。

```
1  awk '
2    BEGIN{
3      print "start"
4    }
5    /pattern/{
6      awk-commands
7    }
8    END{
9      print "end"
10   }' file
```

BEGIN 语句块在 awk 开始从输入流中读取行之前被执行，并且它在整个过程中只执行一次，这是一个可选的语句块，变量初始化、输出表格的表头等预处理语句通常可以写在 BEGIN 语句块中。BEGIN 是 awk 的关键字，必须大写。

END 语句块在 awk 从输入流中读取完所有的行之后才被执行，输出所有行的分析结果等信息汇总语句都在 END 语句块中完成，它也是一个可选语句块。

< 247 >

pattern 模式语句块中的通用命令是重要的部分，它也是可选的。如果没有提供 pattern 模式语句块，则默认执行{ print }，即输出每一个读取到的行，awk 读取的每一行都会执行该语句块。pattern 模式语句块可以是以下几种。

➤ /正则表达式/：使用通配符的扩展集。

➤ 关系表达式：使用运算符进行操作，可以是字符串或数字的比较测试。

➤ 模式匹配表达式：用运算符~（匹配）和!~（不匹配）操作。

11.7.2　awk 的工作流程

awk 工作流程如图 11.1 所示。

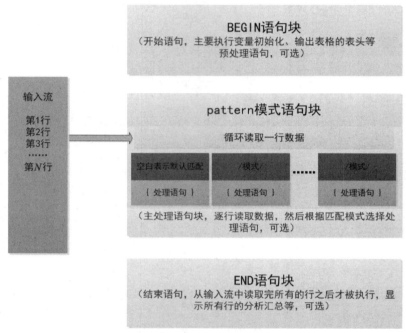

图 11.1　awk 工作流程

➤ 第一步：执行 BEGIN{ awk-commands }语句块中的语句。

➤ 第二步：从文件或标准输入中读取一行，然后执行 pattern{ awk-commands }语句块，pattern 部分匹配该行内容成功后，才会执行 awk-commands 的内容。该部分是主体部分，它逐行扫描文件，从第一行到最后一行重复这个过程，直到文件被读取完毕。

➤ 第三步：当读至输入流末尾时，执行 END{ awk-commands }语句块。

【例 11.51】 awk 工作流程。

```
1  # 构造一个标准输出文件
2  echo -e 'A line 1\nB line 2'
```

```
1  A line 1
2  B line 2
```

在文件前后各添加一行文本。

```
1  # 在文件前后各添加一行文本
2  echo -e 'A line 1\nB line 2' \
3  | awk 'BEGIN{ print "Start" } { print } END{ print "End" }'
```

< 248 >

```
1  Start
2  A line 1
3  B line 2
4  End
```

print 是 awk 中的输出命令，语法格式几乎与 C 语言的一样。awk 过程中参数的格式同 Shell 参数的，不需要用小括号定界。但是 awk 中的函数还是需要用小括号定界，这跟 C 语言一致。

```
1  # 语句结束用分号;
2  # 不带参数输出当前行
3  print;
4
5  # 单参数
6  print var1;
7
8  # 多参数用逗号,分隔
9  print var1,var2,var3;
```

当使用不带参数的 print 时，输出当前行；当 print 的参数以逗号进行分隔时，输出时则以空格作为定界符。

每条语句后面可以用分号;结束。

【例 11.52】带参数的输出。

```
1  # print 参数以逗号分隔，输出时会以空格分隔
2  echo | awk '{ var1="v1"; var2="v2"; var3="v3"; print var1,var2,var3; }'
```

```
1  v1 v2 v3
```

在 awk 的 print 语句块中，双引号被当作拼接符使用，表示将多个字符串拼接成一个字符串，不需要+符号。

【例 11.53】拼接输出。

```
1  # 将多个字符串拼接成一个字符串
2  echo | awk '{ var1="v1"; var2="v2"; var3="v3"; print var1"="var2"="var3; }'
```

```
1  v1=v2=v3
```

11.7.3　awk 内置变量（预定义变量）

awk 有许多内置变量用来设置环境信息，这些变量不需要定义，可直接使用，值可以被改变。

```
1   $n: 当前记录的第 n 个字段，比如 n 为 1 表示第一个字段，n 为 2 表示第二个字段。
2   $0: 这个变量包含执行过程中当前行的文本内容。
3   [N] ARGC: 命令行参数的数目。
4   [G] ARGIND: 命令行中当前文件的位置（从 0 开始算）。
5   [N] ARGV: 包含命令行参数的数组。
6   [G] CONVFMT: 数字转换格式（默认值为%.6g）。
7   [P] ENVIRON: 环境变量关联数组。
8   [N] ERRNO: 最后一个系统错误的描述。
9   [G] FIELDWIDTHS: 字段宽度列表（用空格分隔）。
10  [A] FILENAME: 当前输入文件的名。
11  [P] FNR: 同 NR，但相对于当前文件。
12  [A] FS: 字段分隔符（默认是任何空格）。
13  [G] IGNORECASE: 如果为真，则进行忽略大小写的匹配。
14  [A] NF: 表示字段数，在执行过程中对应当前的字段数。
```

< 249 >

```
15    [A] NR：表示记录数，在执行过程中对应当前的行号。
16    [A] OFMT：数字的输出格式（默认值是%.6g）。
17    [A] OFS：输出字段分隔符（默认值是一个空格）。
18    [A] ORS：输出记录分隔符（默认值是一个换行符）。
19    [A] RS：记录分隔符（默认值是一个换行符）。
20    [N] RSTART：由match()函数所匹配的字符串的第一个位置。
21    [N] RLENGTH：由match()函数所匹配的字符串的长度。
22    [N] SUBSEP：数组索引分隔符（默认值是 34 ）。
```

注意

[A][N][P][G]表示支持变量的工具，[A]=awk、[N]=nawk、[P]=POSIX awk、[G]=gawk。

【例 11.54】awk 内置变量。

```
1    # 构造一个标准输出文件
2    echo -e "line1 f2 f3\nline2 f4 f5\nline3 f6 f7"
```

```
1    line1 f2 f3
2    line2 f4 f5
3    line3 f6 f7
```

在 awk 脚本中使用内部变量。

```
1    # awk 内部变量
2    echo -e "line1 f2 f3\nline2 f4 f5\nline3 f6 f7" \
3    | awk '{print "Line:"NR"/"NF, "$0="$0, "$1="$1, "$2="$2, "$3="$3}'
```

```
1    Line:1/3 $0=line1 f2 f3 $1=line1 $2=f2 $3=f3
2    Line:2/3 $0=line2 f4 f5 $1=line2 $2=f4 $3=f5
3    Line:3/3 $0=line3 f6 f7 $1=line3 $2=f6 $3=f7
```

使用 print $NF 可以输出一行中的最后一个字段，使用 print $(NF-1)可以输出倒数第二个字段，以此类推。

```
1    # 用 print $NF 输出最后一个字段
2    echo -e "line1 f2 f3\nline2 f4 f5\nline3 f6 f7" \
3    | awk '{print $NF}'
```

```
1    f3
2    f5
3    f7
```

```
1    # 用 print $(NF-1) 输出倒数第二个字段
2    echo -e "line1 f2 f3\nline2 f4 f5\nline3 f6 f7" \
3    | awk '{print $(NF-1)}'
```

```
1    f2
2    f4
3    f6
```

11.7.4 自定义变量

awk 支持内部自定义变量，这个变量不是 Shell 变量。自定义变量赋值即定义，不需要指定类型，自定义变量引用不需要加前缀$。

```
1    a=1;
2    b=2;
3    sum=a+b;
```

< 250 >

【例 11.55】将每一行中第一个字段值累加。

```
1   # 构造一个序列
2   seq 5
```

```
1   1
2   2
3   3
4   4
5   5
```

对这个序列求和。

```
1   # 自定义变量赋值即定义，不需要指定类型
2   # 自定义变量引用不需要加前缀$
3   seq 5 | awk '
4     BEGIN{
5       sum=0;
6       print "总和: ";
7     }
8     {
9       print $1"+";
10      sum+=$1;
11    }
12    END{
13      print "等于";
14      print sum;
15    }'
16
17  # awk 内部脚本不需要用\续行
```

```
1   总和:
2   1+
3   2+
4   3+
5   4+
6   5+
7   等于
8   15
```

11.7.5 将外部变量值传递给 awk

借助-v 选项，可以将外部变量值（并非来自标准输入）传递给 awk，awk 变量引用就不需要$符号。

【例 11.56】将 Shell 变量值传递给 awk。

```
1   # Shell 变量值
2   var1=10000
3
4   # 将Shell 变量值传递给 awk
5   echo | awk -v v1=$var1 '{ print v1 }'
```

另一种传递外部变量值的方法如下。

```
1   # Shell 变量值
2   var1="aaa"
3   var2="bbb"
4
5   # 将Shell 变量值传递给 awk 的另一种方法
6   echo | awk '{ print v1,v2 }' v1=$var1 v2=$var2
```

< 251 >

以上方法中，变量之间用空格分隔并作为 awk 的命令行参数跟随在 BEGIN、{}和 END 语句块之后。

11.7.6 awk 运算与判断

作为一种程序设计语言，awk 还支持多种运算符，这些运算符与 C 语言的基本相同，如+、-、*、/、%等。同时，awk 也支持 C 语言中的++、--、+=、-=等。

【例 11.57】awk 算术运算。

```
1   # awk 算术运算
2   awk 'BEGIN{
3     a=1;
4     print a++,++a,a+=5;
5   }'
6
7   # 仅 BEGIN 语句块的 awk 不需要输入文件参数
```

```
1   1 3 8
```

注 意

用算术运算符进行操作，操作数自动转为数值，所有非数值变量都变为 0，不过不建议运用这个技巧。

作为条件转移指令的一部分，关系判断是每种程序设计语言都应具备的功能，awk 也不例外，awk 中允许进行多种逻辑判断，支持&&、||、!。

【例 11.58】逻辑判断。

```
1   # 逻辑判断
2   awk 'BEGIN{
3     a=1;b=2;
4     print (a>5 && b<=2),(a>5 || b<=2);
5   }'
```

```
1   0 1
```

作为对测试的一种扩充，awk 也支持逻辑运算符。

【例 11.59】逻辑运算符。

```
1   # 支持 if 逻辑判断
2   awk 'BEGIN{
3     a=11;
4     if(a>=9)
5     {
6       print "ok";
7     }
8   }'
```

```
1   ok
```

注意，关系比较可以进行字符串比较，也可以进行数值比较。如果有一个操作数是字符串就会转换为字符串比较，两个都为数字才转为数值比较。字符串比较是按照 ASCII 顺序比较。

作为样式匹配，awk 还提供了模式匹配运算符~（匹配）和!~（不匹配）。

【例 11.60】模式匹配。

```
1   # ~: 模式匹配表达式
2   awk 'BEGIN{
```

< 252 >

```
3    a="100testa";
4    if(a ~ /^100/)
5    {
6      print "ok";
7    }
8  }'
```

```
1  ok
```

awk 支持三目运算符?:。

【例 11.61】三目运算符。

```
1  # 三目运算符?:
2  awk 'BEGIN{
3    a="b";
4    print a=="b"?"ok":"err";
5  }'
```

```
1  ok
```

awk 支持 in 运算符，不过 in 用于查询数组中是否存在某键，而不是用于查询是否存在某值。

【例 11.62】in 运算符。

```
1  # in: 查询是否存在某键
2  awk 'BEGIN{
3    a="b";
4    arr[0]="b";
5    arr[1]="c";
6    print (a in arr);
7  }'
```

```
1  0
```

虽然数组 arr 中有 b 值，但是不符合 in 的查询条件。

```
1  # in: 查询是否存在某键
2  awk 'BEGIN{
3    a="b";
4    arr[0]="b";
5    arr["b"]="c";
6    print (a in arr);
7  }'
```

```
1  1
```

数组 arr 中有键名是 b，符合 in 的查询条件。

11.7.7　设置字段分隔符

默认的字段分隔符是空白。空白包括空格、制表符等不可见字符，整个空白视为一个分隔符。

【例 11.63】查询 IP 地址。

```
1  # awk 默认使用空白作为分隔符
2  $ ip a | grep 'inet' | grep -v 'inet6' | cut -d'/' -f1 | awk '{print $2}'
```

awk 默认使用空白将输出结果分为两段，选择第 2 段，输出结果如下：

```
1  127.0.0.1
2  192.168.10.129
```

还可以使用-F '定界符'明确指定一个定界符。

< 253 >

【例 11.64】查询全体用户使用的 Shell。

```
1   # 指定:为分隔符
2   $ awk -F: '{ print $NF }' /etc/passwd
```

11.7.8 流程控制语句

awk 中流程控制语句的语法结构与 C 语言的类似。有了这些语句，很多 Shell 程序都可以交给 awk，而且性能更高。

1. 条件判断语句

if 用于流程选择。

```
1   if(表达式)
2      语句1
3   else
4      语句2
```

语法中语句 1 可以是多条语句，为了方便判断和阅读，最好将多条语句用{}括起来。awk 分支结构允许嵌套，其语法为：

```
1   if(表达式)
2      {语句1}
3   else if(表达式)
4      {语句2}
5   else
6      {语句3}
```

【例 11.65】将分值转换为等级评定。

```
1   # if 语句实例
2   awk 'BEGIN{
3     test=100;
4     if(test>=90){
5       print "优秀";
6     }
7     else if(test>=60){
8       print "及格";
9     }
10    else{
11      print "不及格";
12    }
13  }'
```

```
1   优秀
```

2. 循环语句

awk 支持 C 语言的 while、for、do while 等循环语句。

while 语句语法：

```
1   while(表达式)
2      {语句}
```

【例 11.66】使用 while 语句计算 1+2+…+100 的值。

```
1   # while 语句实例
```

< 254 >

```
 2   awk 'BEGIN{
 3     test=100;
 4     total=0;
 5     i=1;
 6     while(i<=test){
 7       total+=i;
 8       i++;
 9     }
10     print total;
11   }'
```

```
 1   5050
```

awk 支持 for in 语句，应尽量使用 for in 语句。

for in 语句语法：

```
 1   for(变量 in 数组)
 2     {语句}
```

 注 意

for in 遍历的是键，而不是值。

【例 11.67】遍历输出 Shell 环境变量。

```
 1   # for in 语句实例
 2   awk 'BEGIN{
 3     for(k in ENVIRON){
 4       print k"="ENVIRON[k];
 5     }
 6   }'
```

其中，ENVIRON 是 awk 常量，用于读取 Shell 环境变量，是字典型数组。

输出结果：

```
 1   LANG=zh_CN.UTF-8
 2   USER=jsj
 3   MOTD_SHOWN=pam
 4   TERM=xterm
 5   SHELL=/bin/bash
 6   ...
 7   HOME=/home/jsj
 8   PWD=/home/jsj
```

awk 也支持传统 C 语言的三段式 for 语句。

for 语句语法：

```
 1   for(变量;条件;表达式)
 2     {语句}
```

【例 11.68】使用 for 语句计算 1+2+…+100 的值。

```
 1   # for 语句实例
 2   awk 'BEGIN{
 3     total=0;
 4     for(i=0;i<=100;i++){
 5       total+=i;
 6     }
 7     print total;
 8   }'
```

< 255 >

```
1  5050
```

awk 也支持传统 C 语言的 do while 语句。

do while 语句语法：

```
1  do
2  {语句} while(条件)
```

【例 11.69】使用 do while 语句计算 1+2+…+100 的值。

```
1  # do while 语句实例
2  awk 'BEGIN{
3    total=0;
4    i=0;
5    do {
6      total+=i;
7      i++;
8    } while(i<=100)
9    print total;
10 }'
```

```
1  5050
```

3．其他语句

在 awk 的 while、do while、for 等语句中允许使用 break、continue 语句来控制流程走向，也允许使用 exit 语句退出。

- ➢ break：退出循环。
- ➢ continue：退出当次循环，重新判断条件以便进入下一次循环。
- ➢ next：读入下一个输入行，并返回到脚本的顶部。这可以避免对当前输入行执行其他的操作。
- ➢ exit：如果 END 存在，使主输入循环退出并将控制转移到 END；如果没有定义 END 规则，或在 END 中应用 exit 语句，则终止脚本的执行。

11.7.9　数组的应用

数组是 awk 的灵魂，文本处理中不能少的就是数组处理。

在 awk 中数组叫作关联数组（associative arrays），数组索引（索引）可以是数字或字符串，也就是说 awk 数组可以作为字典使用。

1．数组的定义

awk 中的数组不必提前声明，也不必声明大小。数组元素用 0 或空字符串来初始化，具体根据上下文而定。

【例 11.70】定义数组。

数字作为数组索引。

```
1  # 数字索引
2  Array[1]="one";
3  Array[2]="two";
```

字符串作为数组索引。

```
1  # 字典
2  Array["first"]="cc";
3  Array["last"]="aa";
```

读取数组的值，如：

< 256 >

```
1    # 读取数组的值
2    print array[1]
3    # 输出: one
4
5    # 读取字典的值
6    print array["first"]
7    # 输出: cc
```

2．数组相关函数

awk 中函数需要用小括号定界。

length()返回字符串以及数组长度。split()分割字符串为数组，也会返回分割得到的数组的长度。

【例 11.71】计算数组长度。

```
1    # awk 中函数的调用
2    awk 'BEGIN{
3      info="this is a test";
4      lens=split(info,array," ");
5      print length(array),lens;
6    }'
```

```
1    4 4
```

遍历数组，可以用 for in 语句。

【例 11.72】遍历数组。

```
1    # 用 for in 遍历数组
2    echo | awk 'BEGIN{
3      Array[1]="one";
4      Array[2]="two";
5      Array["first"]="cc";
6      Array["last"]="aa";
7    }
8    {
9      for(item in Array) {
10       print Array[item];
11     };
12   }'
```

输出结果：

```
1    cc
2    aa
3    one
4    two
```

输出结果的顺序是字典哈希存储顺序，不是赋值顺序。

删除键值使用 delete 语句。

```
1    delete Array[1];
```

3．多维数组的使用

awk 中多维数组有两种表达方式。

```
1    # C 语言多维数组
2    array[m][n]
3
4    # 用一维数组模拟多维数组
5    array[m,n]
```

awk 两种表达方式都支持，但是不兼容，具体使用时不能混用。

< 257 >

【例 11.73】输出九九乘法表。

```
1   # 二维数组
2   awk 'BEGIN{
3     for(i=1;i<=9;i++){
4   for(j=1;j<=9;j++){
5         tarr[i][j]=i*j;
6         print i,"*",j,"=",tarr[i][j];
7       }
8     }
9   }'
```

输出结果：

```
1    1 * 1 = 1
2    1 * 2 = 2
3    1 * 3 = 3
4    1 * 4 = 4
5    1 * 5 = 5
6    1 * 6 = 6
7    ...
8    9 * 6 = 54
9    9 * 7 = 63
10   9 * 8 = 72
11   9 * 9 = 81
```

11.7.10　内置函数

作为对运算功能的一种扩展，awk 还提供了一系列内置函数。

awk 内置函数主要分为 4 种类型：算术函数、字符串函数、一般函数、时间函数。

1．算术函数

支持的算术函数如表 11.12 所示。

表 11.12　算术函数

格式	描述
atan2(y,x)	返回 y/x 的反正切
cos(x)	返回 x 的余弦；x 是弧度
sin(x)	返回 x 的正弦；x 是弧度
exp(x)	返回 e 的 x 次幂函数
log(x)	返回 x 的自然对数
sqrt(x)	返回 x 平方根
int(x)	返回 x 的截断至整数的值
rand()	返回任意数字 n，其中 $0 \leqslant n < 1$
srand([expr])	将 rand()函数的种子值设置为 expr 参数的值，如果省略 expr 参数则使用某天的时间。返回先前的种子值

【例 11.74】awk 算术函数实例。

```
1   # awk 算术函数实例
2   awk 'BEGIN{
3     OFMT="%.3f";
4     fs=sin(1);
5     fe=exp(10);
6     fl=log(10);
7     fi=int(3.1415);
8     print fs,fe,fl,fi;
```

< 258 >

```
9  }'
```

OFMT="%.3f"设置输出数据保留 3 位小数。

输出结果：

```
1  0.841 22026.466 2.303 3
```

【例 11.75】获取随机数。

```
1  # 获取随机数
2  awk 'BEGIN{
3    srand();
4    fr=int(100*rand());
5    print fr;
6  }'
```

输出结果：

```
1  63
```

输出结果是 100 以内的随机整数，每次执行结果都不同。

2．字符串函数

支持的字符串函数如表 11.13 所示。

表 11.13　字符串函数

格式	描述
gsub(Ere,Repl, [In])	除了正则表达式所有具体值被替代这一点，它和 sub() 函数完全一样地执行
sub(Ere,Repl, [In])	用 Repl 参数指定的字符串替换 In 参数指定的字符串中的由 Ere 参数指定的扩展正则表达式的第一个具体值。sub() 函数返回替换的数量。出现在 Repl 参数指定的字符串中的&（和）由 In 参数指定的与 Ere 参数指定的扩展正则表达式匹配的字符串替换。如果未指定 In 参数，默认值是整个记录（$0 记录变量）
index(String1,String2)	在由 String1 参数指定的字符串（其中有出现 String2 指定的参数）中，返回位置，从 1 开始编号。如果 String2 参数不在 String1 参数中出现，则返回 0（零）
length[(String)]	返回 String 参数指定的字符串的长度（字符形式）。如果未给出 String 参数，则返回整个记录的长度（$0 记录变量）
blength[(String)]	返回 String 参数指定的字符串的长度（以字节为单位）。如果未给出 String 参数，则返回整个记录的长度（$0 记录变量）
substr(String,M,[N])	返回具有 N 参数指定的字符数量子串。子串从 String 参数指定的字符串中取得，其字符从 M 参数指定的位置开始。M 参数指定将 String 参数中的第一个字符作为编号 1。如果未指定 N 参数，则子串的长度将是 M 参数指定的位置到 String 参数的末尾的长度
match(String,Ere)	在 String 参数指定的字符串（Ere 参数指定的扩展正则表达式出现在其中）中返回位置（字符形式），从 1 开始编号，或如果 Ere 参数不出现，则返回 0（零）。RLENGTH 特殊变量设置为匹配的字符串的长度，如果未找到任何匹配，则设置为 -1（负一）
split(String,A,[Ere])	将 String 参数指定的参数分割为数组元素 A[1], A[2],···, A[n]，并返回 n 变量的值。此分隔可以通过 Ere 参数指定的扩展正则表达式进行，或用当前字段分隔符（FS 特殊变量）来进行（如果没有给出 Ere 参数）。除非上下文指明特定的元素还应具有一个数字值，否则 A 数组中的元素用字符串值来创建
tolower(String)	返回 String 参数指定的字符串，字符串中每个大写字母将更改为小写。大写和小写的映射由当前语言环境的 LC_CTYPE 范畴定义
toupper(String)	返回 String 参数指定的字符串，字符串中每个小写字母将更改为大写。大写和小写的映射由当前语言环境的 LC_CTYPE 范畴定义
sprintf(Format,Expr,Expr,...)	根据 Format 参数指定的 printf 子例程格式字符串来格式化 Expr 参数指定的表达式并返回最后生成的字符串

< 259 >

注：Ere 都可以是正则表达式。

【例 11.76】将数替换为!。

```
1  # gsub()函数的替换操作
2  awk 'BEGIN{
3    info="this is a test2023test!";
4    gsub(/[0-9]+/,"!",info);
5    print info};
6  '
```

```
1  this is a test!test!
```

【例 11.77】使用 index()函数查找固定字符串。

```
1  # 用 index()函数查找固定字符串
2  awk 'BEGIN{
3    info="this is a test2023test!";
4    print index(info,"test")?"ok":"no found";
5  }'
```

```
1  ok
```

若 index()函数未查找到固定字符串，返回 0。

【例 11.78】使用 match()函数进行正则表达式匹配查找。

```
1  # 用 match()函数进行正则表达式匹配查找
2  awk 'BEGIN{
3    info="this is a test2023test!";
4    print match(info,/[0-9]+/)?"ok":"no found";
5  }'
```

```
1  ok
```

match()函数按照正则表达式模式查找，如果未找到，返回 0。

【例 11.79】使用 substr()函数截取字符串。

```
1  # 用 substr()函数截取字符串
2  awk 'BEGIN{
3    info="this is a test2023test!";
4    print substr(info,4,10);
5  }'
```

从第 4 个字符开始，截取 10 个长度的字符串。

输出结果：

```
1  s is a tes
```

【例 11.80】使用 split()函数进行字符串分割。

```
1  # 用 split()函数进行字符串分割
2  awk 'BEGIN{
3    info="this is a test";
4    split(info,tA," ");
5    print length(tA);
6    for(k in tA){
7      print k,tA[k];
8    }
9  }'
```

```
1  1 this
2  2 is
3  3 a
4  4 test
```

< 260 >

3．格式化字符串输出

printf()函数用于格式化字符串输出，同 C 语言的 printf()函数。

其中字符串格式化包括两部分内容：一部分是正常字符，这些字符将按原样输出；另一部分是格式化字符，以%开始，后跟一个或几个规定字符，用来确定输出内容格式。格式化字符如表 11.14 所示。

表 11.14　格式化字符

格式	描述	格式	描述
%d	十进制有符号整数	%u	十进制无符号整数
%f	浮点数	%s	字符串
%c	单个字符	%p	指针的值
%e	指数形式的浮点数	%X	无符号以十六进制表示的整数
%o	无符号以八进制表示的整数	%g	自动选择合适的表示法

【例 11.81】用 printf()函数格式化输出。

```
1   # 用printf()函数格式化输出
2   awk 'BEGIN{
3     n1=124.113;
4     n2=-1.224;
5     n3=1.2345;
6     printf("%.2f,%.2u,%.2g,%X,%o\n",n1,n2,n3,n1,n1);
7   }'
```

```
1   124.11,18446744073709551615,1.2,7C,174
```

4．一般函数

支持的一般函数如表 11.15 所示。

表 11.15　一般函数

格式	描述
close(Expression)	用同一个带字符值的 Expression 参数来关闭由 print 或 printf 语句打开的或调用 getline()函数打开的文件或管道。如果文件或管道成功关闭，则返回 0；其他情况下返回非零值。如果打算写一个文件，并稍后在同一个程序中读取文件，则 close 语句是必需的
system(command)	执行 command 参数指定的命令，并返回退出状态。等同于 system 子例程
Expression | getline [Variable]	从来自 Expression 参数指定的命令的输出中通过管道传输的流中读取一个输入记录，并将该记录的值指定给 Variable 参数指定的变量。如果当前管道未打开，将 Expression 参数的值作为其命令名称的流，创建流。创建的流等同于调用 popen 子例程，此时 Command 参数取 Expression 参数的值，且 Mode 参数设置为一个是 r 的值。只要流保留打开且 Expression 参数求得同一个字符串，则对 getline()函数的每次后续调用读取另一个记录。如果未指定 Variable 参数，则$0 记录变量和 NF 特殊变量设置为从流读取的记录
getline [Variable] < Expression	从 Expression 参数指定的文件中读取输入的下一个记录，并将 Variable 参数指定的变量设置为该记录的值。只要流保留打开且 Expression 参数对同一个字符串求值，则对 getline()函数的每次后续调用读取另一个记录。如果未指定 Variable 参数，则$0 记录变量和 NF 特殊变量设置为从流读取的记录
getline [Variable]	将 Variable 参数指定的变量设置为从当前输入文件读取的下一个输入记录。如果未指定 Variable 参数，则$0 记录变量设置为该记录的值，还将设置 NF、NR 和 FNR 等特殊变量

getline()函数用于接收外部文件并获取一行。

【例 11.82】打开文件。

打开外部文件并循环遍历每行。

```
1   # 打开外部文件并循环遍历每行
```

< 261 >

```
2   awk 'BEGIN{
3     while("cat /etc/passwd" | getline){
4       print $0;
5     };
6     close("/etc/passwd");
7   }'
```

另一种方式是逐行读取外部文件。

```
1   # 逐行读取外部文件
2   awk 'BEGIN{
3     while(getline < "/etc/passwd"){
4       print $0;
5     };
6     close("/etc/passwd");
7   }'
```

【例 11.83】交互。

交互获取用户输入。

```
1   # 交互获取用户输入
2   awk 'BEGIN{
3     print "Enter your name:";
4     getline name;
5     print "Hello,"name;
6   }'
```

getline 中不指定文件，就会默认从标准输入（即键盘）接收一行数据。

执行过程会提示交互：

```
1   Enter your name:
2   gchxcn   # <-- 此处为用户输入
3   Hello,gchxcn
```

system()函数用于调用外部应用程序。

【例 11.84】system()函数用于调用外部应用程序。

```
1   # system()函数用于调用外部应用程序
2   awk 'BEGIN{
3     b=system("ls -lh");
4     print b;
5   }'
```

5．时间函数

支持的时间函数如表 11.16 所示。

表 11.16　时间函数

格式	描述
mktime(YYYY MM dd HH MM ss[DST])	生成时间格式
strftime([format[,timestamp]])	格式化时间输出，将时间戳转换为时间字符串具体格式，详见表 11.17
systime()	得到时间戳，返回从 1970 年 1 月 1 日开始到当前时间（不计闰年）的整秒数

mktime()函数用于创建指定时间。

【例 11.85】创建指定时间。

```
1   # mktime()函数用于创建指定时间
2   awk 'BEGIN{
```

< 262 >

```
3      tstamp=mktime("2023 06 01 12 12 12");
4      print strftime("%c",tstamp);
5    }'
```

输出结果：

```
1    2023 年 06 月 01 日 星期四 12 时 12 分 12 秒
```

strftime()函数按照格式输出时间，格式说明符如表 11.17 所示。

表 11.17　strftime()函数日期和时间格式说明符

格式	描述
%a	星期几的缩写（如 Sun）
%A	星期几的完整写法（如 Sunday）
%b	月名的缩写（如 Oct）
%B	月名的完整写法（如 October）
%c	本地日期和时间
%d	十进制日期
%D	日期，如 08/20/99
%e	日期，如果只有一位会补上一个空格
%H	用十进制表示 24 小时格式的小时
%I	用十进制表示 12 小时格式的小时
%j	从 1 月 1 日起一年中的第几天
%m	十进制表示的月份
%M	十进制表示的分钟
%p	12 小时表示法（AM/PM）
%S	十进制表示的秒
%U	十进制表示的一年中的第几个星期（星期天作为一个星期的开始）
%w	十进制表示的星期几（星期天是 0）
%W	十进制表示的一年中的第几个星期（星期一作为一个星期的开始）
%x	重新设置本地日期（如 08/20/99）
%X	重新设置本地时间（如 12:00:00）
%y	两位数字表示的年（如 99）
%Y	当前月份
%%	百分号（%）

11.8　小结

过滤器的主要作用是将各种命令正确脚本化，主要功能是通过对文本内容进行选择和编辑，将其组合成需要的文本。

本章主要介绍了几种常用的过滤器，常见的过滤器是 cat、grep、cut、sed、awk 等，它们是 Linux Shell 脚本的重要组成部分，需要多练习才能熟练掌握。过滤器是整个 Linux Shell 编程的重点和难点。

< 263 >

11.9 习题

一、填空题

1. 正则表达式是一种文本模式，由_____和_____组成。
2. UNIX 的 grep 家族包括 grep、_____和 fgrep，另外还集成了 Perl 语言的正则表达式_____。
3. 流编辑器_____同 Vim 相比是非交互式的，处理时把当前处理的行存储在临时缓冲区中，称为_____。
4. perl 命令开启_____选项启用 Perl 一行式命令。
5. awk 脚本是由_____和_____组成。

二、判断题

1. 过滤器只能处理文本数据，不能处理图像或音频数据。 （   ）
2. 简单过滤器可以对文本进行基本的搜索和替换操作。 （   ）
3. 正则表达式是一种用于模式匹配和文本搜索的语法。 （   ）
4. cut 命令不能用于从文本中抽取指定字段。 （   ）
5. awk 是一种编程语言，可以用于文本处理和数据分析。 （   ）
6. 使用 grep 命令时，-i 选项用于忽略大小写进行搜索。 （   ）
7. sed 命令中的 s 命令用于替换文本中的模式。 （   ）

三、选择题

1. cut 命令主要用于什么操作？（   ）
A. 文本替换　　　　　　　B. 文本搜索　　　　　　　C. 字段抽取　　　　　　　D. 文本排序
2. 在 awk 中，如何表示当前行的第一个字段？（   ）
A. $0　　　　　　　　　　B. $1　　　　　　　　　　C. $#　　　　　　　　　　D. $@
3. 下列哪个命令可以处理流数据并进行文本替换？（   ）
A. grep　　　　　　　　　B. sed　　　　　　　　　　C. awk　　　　　　　　　　D. cut
4. grep 命令中，哪个选项可以显示匹配行的行号？（   ）
A. -c　　　　　　　　　　B. -n　　　　　　　　　　C. -l　　　　　　　　　　D. -v
5. awk 命令中，如何打印当前行的内容？（   ）
A. awk '{print}'　　　　　B. awk '{print $1}'　　　　C. awk '{print #0}'　　　　D. awk '{print $@}'

< 264 >

第 12 章

Docker 容器技术*

Docker 容器技术是一种基于 Linux 内核的轻量级的虚拟化解决方案,是云计算系统部署的基础。Docker 也可以作为 Linux 操作系统原生部署的替代,容器技术可以显著提高应用程序的部署和运维效率。本章首先介绍容器技术的相关概念,然后详细介绍如何在 openEuler 上安装并使用 Docker 容器。

12.1 引入

引入

1. 基于云环境的微服务架构

某大型电商公司采用了基于 Docker 容器技术和云计算的微服务架构来构建其在线购物平台。每个功能模块(如用户管理、商品展示、订单处理等)都被设计为独立的微服务,并封装在 Docker 容器中。

开发团队使用多服务交互,实现快速迭代和测试。一旦代码通过了质量检查,就将相应的 Docker 镜像推送到云端的私有仓库,并由云计算集群负责部署和管理。

借助云计算的强大扩展能力,流量高峰或促销活动期间,云计算系统可以自动根据负载情况增加或减少服务实例的数量,以保证系统的稳定性和响应速度。同时,由于 Docker 容器具有轻量级特性,这种动态伸缩操作可以在短时间内完成,大大提升了资源利用率和用户体验。

2. 跨云迁移与混合云策略

一家初创企业最初选择了一家公有云服务提供商为其提供主要 IT 基础设施。然而,随着业务的增长,该企业发现有必要采用多个云提供商的服务,以便利用各自的优点,并降低供应商锁定的风险。

为了实现这一目标,该企业决定采用 Docker 容器化技术来打包所有的应用程序和服务。这样做的好处是,无论是在当前的云平台上,还是迁移到其他云平台,都能确保应用的行为一致性。

首先,该企业在现有的云环境上对所有服务进行容器化,并将 Docker 镜像存储在云端的容器仓库中。然后,逐步将部分服务迁移到新的云平台,通过配置网络路由和服务发现机制,使得不同云环境中的服务能够无缝协同工作。

在此过程中,Docker 容器技术不仅简化了迁移过程,还使得运维团队能够集中精力关注应用的运行状态和性能优化,而无须过多关心底层基础设施的变化。

12.2 Docker 容器技术简介

Docker 容器技术简介

虚拟机技术已经成为一种被大家广泛认可的服务器资源共享技术。传统的基于 CPU 的虚拟化技术的虚拟机实例需要运行客户机操作系统的完整副本以及包含的大量应用程序。

而容器虚拟化技术是一种基于 Linux 内核的轻量级的虚拟化解决方案，容器共享主机内核。

图 12.1　容器虚拟机和虚拟机对比

从一般用户视角观看，虚拟机与容器虚拟机没有任何区别，如图 12.1 所示。但是普通的计算机，只能运行一两个传统的虚拟机，却能够运行成百上千的容器虚拟机。因为容器不需要启动整个操作系统，而是在沙盒中启动一个独立的进程，一个沙盒只占用一个进程级的资源。

容器有两个特性，一个是系统（底层是 Linux 操作系统），一个是程序。系统是程序运行的基础，所以容器更多地体现程序的独立特性，忽略系统的特性。保持容器独立运行就是沙盒机制。

沙盒是一种安全机制，用于将应用程序和系统隔离，确保应用程序只能在受限的环境中运行。在沙盒中，应用程序无法访问系统资源和敏感数据，从而避免了应用程序之间的相互干扰和数据泄露。沙盒机制还能够有效地将单个操作系统的资源划分到孤立的组中，以便更好地在孤立的组之间平衡有冲突的资源使用需求。

容器仍然是 Linux 原生程序，并不是完全独立的运行时；容器技术是 Linux 原生程序的一种打包和部署方式。容器技术将应用程序及其所有依赖项（包括库、运行时环境和配置）打包成一个单一的可执行容器，然后发布到任何流行的 Linux 或 Windows（底层还是 Linux）操作系统的机器上，实现了应用程序与基础设施的分离，便于实现软件的快速交付。这意味着用户可以轻松地将应用程序从一个环境移植到另一个环境，而不会受到底层系统变化的影响。

容器技术的底层原理及运行时都是兼容的，具体容器运行时（container runtime）由不同的组织实现。常见的容器运行时有以下几种。

➤ Docker Engine：由 Docker Inc 社区版实现。Docker 最初是 dotCloud 公司的一个内部项目，后来开源，是最早开源的容器技术，由于普及最广，几乎成为容器技术的代名词。

➤ containerd：由谷歌公司实现，是更轻量级的容器技术，主要用于谷歌的云原生系统 Kubernetes，旨在取代 Docker 技术。

➤ CRI-O：开放容器标准实现。CRI-O 诞生于 Red Hat、IBM、Intel、SUSE、Hyper 等公司。

➤ Mirantis Container Runtime：Docker 商用版实现。

➤ rkt：由 Rocket 公司实现。

各个组织的不同实现具有竞争关系，经过多方博弈，容器运行时的接口（container runtime interface，CRI）标准诞生，CRI 标准遵守开放容器倡议（open container initiative，OCI）组织的倡议。

OCI 最初是一个开放标准组织，由 Linux 基金会于 2015 年创建，其目标是推动容器技术的开放与标准化，以促进容器生态系统的发展和互操作性。其标准的制定过程是公开、透明的，确保了标准的中立性和开放性。

OCI 的主要目标是制定开放的容器运行时和容器镜像标准（image specification）。

➤ 容器运行时标准定义了容器的生命周期管理，包括创建、启动、停止和销毁容器的操作，以及容器与宿主机的交互。

➤ 容器镜像标准定义了容器镜像的结构和内容，以及容器镜像与容器运行时之间的关联。

通过制定统一的容器标准，OCI 可以确保不同容器运行时和容器镜像实现之间的互操作性，使用户可以在不同的容器运行时上运行相同的容器镜像，无须担心不同容器实现之间的差异。从而降低容器技术的锁定效应，促进容器生态系统的发展。

OCI 的标准化工作受到了业界的广泛支持，已有许多容器运行时和容器镜像工具遵循 OCI 的规范，

< 266 >

包括 Docker、containerd、CRI-O、rkt 等。这使得容器技术成为跨平台的解决方案，用户可以在不同的容器实现中轻松迁移和部署容器应用程序，促进了容器生态系统的开放和互通。

OCI 的广泛采用促进了容器技术的普及和发展，使容器成为现代云原生应用程序开发和部署的关键技术之一。

下面以 Docker 为例介绍容器技术。

Docker 借鉴集装箱装运货物的思想，让开发人员将应用程序及其依赖打包到一个轻量级、可移植的容器中，然后将其发布到任何运行 Docker 容器引擎的环境中，以容器的方式来运行该应用程序。

Docker 为应用程序的开发、发布和运行提供一个基于容器的标准化平台。容器运行的是应用程序，Docker 平台用来管理容器的整个生命周期。

12.3　在openEuler中安装Docker及镜像加速器

安装 Docker 及
镜像加速器

Docker 技术使用 Go 语言开发实现，该技术基于 Linux 内核，是使用十分广泛的容器技术。这里主要介绍在 openEuler 系统中如何安装 Docker 引擎。

12.3.1　安装 Docker 引擎

Linux 操作系统的官方软件源一般都没有收录 Docker 引擎，需要指定包含 Docker 软件包的私有软件源地址。

openEuler 系统支持 Docker 社区版——docker-ce。华为云没有直接提供 openEuler 帮助，用户可以借鉴 CentOS，但需要做出一些修改。

以下是在 openEuler 系统中安装使用 docker-ce 的帮助文档。

```
1   # 1.若您安装过 Docker, 需要先删掉, 再安装依赖
2   sudo yum remove docker docker-common docker-selinux docker-engine
3   sudo yum install -y yum-utils device-mapper-persistent-data lvm2
4
5   # 2.根据版本, 下载 repo 文件
6   sudo wget -O /etc/yum.repos.d/docker-ce.repo
    https://mirrors.huaweicloud.com/ docker-ce/ linux/centos/docker-ce.repo
7   # 将软件仓库地址替换为华为仓库
8   sudo sed -i 's+download.docker.com+mirrors.huaweicloud.com/docker-ce+'
    /etc/yum.repos.d/docker-ce.repo
9   # 修正没有变量 releasever 的错误
10  sudo sed -i 's/\$releasever/9/g' /etc/yum.repos.d/docker-ce.repo
11
12  # 3.更新索引文件并安装
13  sudo yum makecache
14  sudo yum install -y docker-ce
15
16  # 4.启动 docker 服务, 并设置为开机自启动
17  sudo systemctl start docker
18  sudo systemctl enable docker
```

安装完成后，测试 Docker 引擎是否正确运行。

```
1   # 查看 docker 服务状态
2   $ sudo systemctl status docker
```

```
1   ● docker.service - Docker Application Container Engine
```

< 267 >

```
2       Loaded: loaded (/usr/lib/systemd/system/docker.service; enabled; vendor
   preset: disabled)
3       Active: active (running) since Tue 2023-10-10 21:02:58 CST; 45s ago
4    TriggeredBy: ● docker.socket
5       Docs: https://docs.docker.com
6    Main PID: 8731 (dockerd)
7       Tasks: 7
8       Memory: 25.4M
9       CGroup: /system.slice/docker.service
10              └ 8731 /usr/bin/dockerd -H fd:// --
   containerd=/run/containerd/ containerd.sock
11   …
```

输出结果中看到 active (running)，说明服务已经正常运行。按 q 键退出。

测试网络是否配置成功。

```
1    # 测试运行
2    $ sudo docker run hello-world
```

```
1    Unable to find image 'hello-world:latest' locally
2    latest: Pulling from library/hello-world
3    719385e32844: Pull complete
4    Digest: sha256:4f53e2564790c8e7856ec08e384732aa38dc43c52f02952483e3f003afbf23db
5    Status: Downloaded newer image for hello-world:latest
6
7    Hello from Docker!
8    This message shows that your installation appears to be working correctly.
9
10   To generate this message, Docker took the following steps:
11    1. The Docker client contacted the Docker daemon.
12    2. The Docker daemon pulled the "hello-world" image from the Docker Hub.
13       (amd64)
14    3. The Docker daemon created a new container from that image which runs the
15       executable that produces the output you are currently reading.
16    4. The Docker daemon streamed that output to the Docker client, which sent it
17       to your terminal.
18
19   To try something more ambitious, you can run an Ubuntu container with:
20    $ docker run -it ubuntu bash
21
22   Share images, automate workflows, and more with a free Docker ID:
23    https://hub.docker.com/
24
25   For more examples and ideas, visit:
26    https://docs.docker.com/get-started/
```

通过 docker run 运行镜像（image），开始查找（find）本地镜像库，如果没有，则开始从网络镜像库拉取（pull）。然后执行，有执行结果，说明包括网络配置在内的设置都正确，可以正常工作（working correctly）。

查看 Docker 版本信息。

```
1    # 查看 Docker 版本信息
2    $ sudo docker version
```

```
1    Client: Docker Engine - Community
2     Version:        24.0.6
3     API version:    1.43
4     Go version:     go1.20.7
5     Git commit:     ed223bc
6     Built:          Mon Sep 4 12:33:18 2023
7     OS/Arch:        linux/amd64
8     Context:        default
9
```

< 268 >

```
10    Server: Docker Engine - Community
11     Engine:
12      Version:          24.0.6
13      API version:      1.43 (minimum version 1.12)
14      Go version:       go1.20.7
15      Git commit:       1a79695
16      Built:            Mon Sep  4 12:31:49 2023
17      OS/Arch:          linux/amd64
18      Experimental:     false
19     containerd:
20      Version:          1.6.24
21      GitCommit:        61f9fd88f79f081d64d6fa3bb1a0dc71ec870523
22     runc:
23      Version:          1.1.9
24      GitCommit:        v1.1.9-0-gccaecfc
25     docker-init:
26      Version:          0.19.0
27      GitCommit:        de40ad0
```

还可以通过 docker info 查看 Docker 版本详细信息。

```
1    # 查看 Docker 版本详细信息
2    $ sudo docker info
```

12.3.2　配置镜像加速器

用户下载 Docker 镜像，通常需要从 Docker 官方网站 Docker Hub 上下载，因为网络原因，国内用户无法下载。国内 IT 企业为了方便用户使用容器，都推出了 Docker 镜像加速器服务。

这里使用华为云 Docker 镜像加速器。

启用加速器帮助文档必须注册并登录华为云账号后才能查看。

根据华为云提供的帮助，可以通过修改 daemon 配置文件/etc/docker/daemon.json 来使用加速器。

```
1    # 创建 daemon.json 文件；多行命令一起执行
2    cat <<EOF | sudo tee /etc/docker/daemon.json
3    {
4      "registry-mirrors": [
"https://d604ee1049154bff9e4fc28ce533bee7.mirror.swr.myhuaweicloud.com" ]
5    }
6    EOF
```

```
1    # 重启 docker 服务
2    sudo systemctl restart docker
```

通过 docker info 确认配置。

```
1    # 确认配置
2    $ sudo docker info
```

```
1    ...
2    Registry Mirrors:
3      https://d604ee1049154bff9e4fc28ce533bee7.mirror.swr.myhuaweicloud.com/
```

当 Registry Mirrors 字段的地址为加速器的地址时，说明加速器已经配置成功。

12.3.3　配置用户

前文 docker 命令都需要使用 sudo 提权执行，如果不希望使用 sudo，可以将用户加入 docker 组。

```
1    # 加入 docker 组
2    $ sudo gpasswd -a jsj docker
```

< 269 >

用户成功加入 docker 组之后，注销用户，重新登录，再使用 docker 命令就不需要 sudo 提权了。

12.4 Docker 容器的使用

Docker 容器的使用

Docker 引擎是一个基于 Linux 操作系统内核的、轻量级的容器虚拟化技术的实现。

镜像（image）是一个只读的文件系统，容器运行的静态模板，类似于原生系统的可执行程序软件包或文件。

容器（container）是镜像运行（run）的产物，运行一次就生成一个容器。

12.4.1 查看本地已安装镜像

```
1  # 查看本地已安装镜像
2  $ docker images
```

```
1  REPOSITORY    TAG       IMAGE ID       CREATED        SIZE
2  hello-world   latest    feb5d9fea6a5   11 months ago  13.3kB
```

含义如下。

➢ REPOSITORY：镜像库，专门用来存放某一镜像的仓库，库中提供该镜像的不同版本。

➢ TAG：镜像标签，该库中的特定版本。完整的镜像名是"镜像库:标签"，例如：hello-world:latest。

➢ IMAGE ID：镜像 ID，具有唯一性。镜像名和镜像 ID 都可以指代某一具体版本的镜像。

➢ CREATED：镜像创建日期。

➢ SIZE：镜像大小。

12.4.2 查找 Docker 镜像

可以使用命令在线查找镜像库。

【例 12.1】在线查找 CentOS 镜像库。

```
1  # 查找 CentOS 镜像库
2  $ docker search centos
```

查找结果如图 12.2 所示。

```
[jsj@localhost ~]$ docker search centos
NAME                                 DESCRIPTION                              STARS   OFFICIAL   AUTOMATED
centos                               DEPRECATED; The official build of CentOS. 7681   [OK]
kasmweb/centos-7-desktop             CentOS 7 desktop for Kasm Workspaces     41
bitnami/centos-base-buildpack        Centos base compilation image            0                  [OK]
datadog/centos-i386                                                           0
dokken/centos-7                      CentOS 7 image for kitchen-dokken        5
dokken/centos-8                      CentOS 8 image for kitchen-dokken        5
spack/centos7                        CentOS 7 with Spack preinstalled         1
dokken/centos-6                      EOL: CentOS 6 image for kitchen-dokken   0
atlas/centos7-atlasos                ATLAS CentOS 7 Software Development OS    0
spack/centos6                        CentOS 6 with Spack preinstalled         1
ustclug/centos                       Official CentOS Image with USTC Mirror   0
dokken/centos-stream-8                                                        4
eclipse/centos_jdk8                  CentOS, JDK8, Maven 3, git, curl, nmap, mc, …  5            [OK]
adoptopenjdk/centos7_build_image                                             1
dokken/centos-stream-9                                                       8
corpusops/centos-bare                https://github.com/corpusops/docker-images/   0
corpusops/centos                     centos corpusops baseimage               0
adoptopenjdk/centos6_build_image                                            0
eclipse/centos_go                    Centos + Go                              0                  [OK]
fnndsc/centos-python3                Source for a slim Centos-based Python3 image… 0             [OK]
eclipse/centos_spring_boot           Spring boot ready image based on CentOS  0                 [OK]
spack/centos-stream                                                          2
openmicroscopy/centos-systemd-ip     centos/systemd with iproute, for testing mul… 0            [OK]
eclipse/centos                       CentOS based minimal stack with only git and… 1            [OK]
eclipse/centos_nodejs                CentOS based nodejs4 stack               0                  [OK]
[jsj@localhost ~]$
```

图 12.2　查找结果

< 270 >

含义如下。

➢ **NAME**：镜像库的名称。

➢ **DESCRIPTION**：镜像的描述。

➢ **STARS**：表示星级数量，是重要的参考指标。

➢ **OFFICIAL**：是否是 Docker 官方发布的库，优先选择官方认证的库。

➢ **AUTOMATED**：是否自动构建。

还可以进行更详细的查询。

```
1  # 查询是否是官方认证的镜像库
2  $ docker search -f is-official=true centos
```

```
1  NAME       DESCRIPTION                          STARS   OFFICIAL   AUTOMATED
2  centos     The official build of CentOS.        7316    [OK]
```

```
1  # 查询 stars>=10 的镜像库，注意，使用=表示>=
2  $ docker search -f stars=10 centos
```

```
1  NAME                         DESCRIPTION                         STARS
   OFFICIAL     AUTOMATED
2  centos                       The official build of CentOS.       7316     [OK]
3  kasmweb/centos-7-desktop     CentOS 7 desktop for Kasm Workspaces 24
```

查询特定镜像库的特定标签（tag）版本，目前暂时无简单的命令可以用于查询，但是可以通过浏览器在线查询。

例如：通过浏览器在线查找 CentOS 镜像库。

https://hub.docker.com/search?q=centos

查找结果如图 12.3 所示。

然后还可以进行二次查询，查询特定标签版本。查找结果如图 12.4 所示。

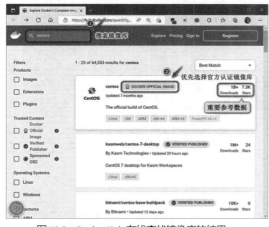

图 12.3　Docker Hub 在线查找镜像库的结果

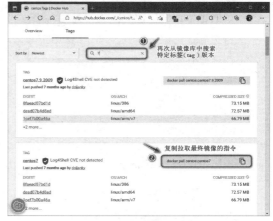

图 12.4　Docker Hub 在线查找特定标签镜像的结果

12.4.3　拉取镜像

通常基础镜像（base image）是一个 Linux 发行版，例如 Debian、CentOS、Ubuntu 等，基础镜像库在生产环境中也需要选择特定的标签版本，而不是选择默认的最新版（latest）。

【例 12.2】拉取一个 CentOS 镜像库，默认会下载最新版。

```
1  # 拉取 CentOS 基础镜像库，默认选择最新版
2  $ docker pull centos
```

< 271 >

```
3    # 等价于
4    $ docker pull centos:latest
```

更多的情况下，应该拉取特定版本。

```
1    # 拉取特定版本，推荐
2    $ docker pull centos:centos8
```

拉取之后，就可以查看本地已安装镜像，看是否已经完成下载。

```
1    # 查看本地已安装镜像
2    $ docker images
```

```
1    REPOSITORY      TAG        IMAGE ID        CREATED         SIZE
2    hello-world     latest     feb5d9fea6a5    11 months ago   13.3kB
3    centos          centos8    5d0da3dc9764    11 months ago   231MB
```

12.4.4　容器的运行与进入

1．docker run

docker run 用于运行容器并执行容器内的指定程序，程序运行结束后终止容器。

```
1    # 运行容器
2    $ docker run hello-world
```

运行之后有输出，同时也会终止容器的运行，返回 Linux Shell。
查看运行容器状态。

```
1    # 查看运行容器状态
2    $ docker ps
```

```
1    CONTAINER ID    IMAGE    COMMAND    CREATED    STATUS    PORTS    NAMES
```

输出结果无记录，说明没有正在运行的容器。
运行之后还可以查看已经停止运行的容器。

```
1    # 查看运行容器状态，包括已停止容器
2    $ docker ps -a
```

```
1    CONTAINER ID    IMAGE         COMMAND    CREATED          STATUS
         PORTS         NAMES
2    e1c5805b2130    hello-world   "/hello"   7 seconds ago    Exited (0) 6 seconds ago
                      fervent_chandrasekhar
```

上次运行的容器 hello-world 的状态是停止状态（Exited）。

2．docker run -it

docker run -it 用于运行一个容器，并进入容器，然后打开一个可交互的终端。一般用于基础镜像容器的运行，或持续运行的服务容器。

```
1    # 运行容器并进入，然后打开一个可交互的终端
2    $ docker run -it centos:centos8 /bin/bash
3    [root@908978ad2d32 /]#
```

出现#符号提示符，说明已经进入容器内部系统，当前身份是 root。容器的身份权限一般不会设计得过于复杂，直接使用 root 身份。

```
1    # 快捷键退出容器
2    $ [ctrl + d]
```

< 272 >

```
3
4   # 查看运行容器状态
5   $ docker ps
6   CONTAINER ID   IMAGE   COMMAND   CREATED   STATUS   PORTS   NAMES
7   # 说明：无记录说明无正在运行的容器。
```

按[Ctrl＋d]快捷键，退出容器，并停止容器。

如果希望退出容器时，容器转入后台继续运行，可以使用快捷键[ctrl＋p＋q]，即按住[ctrl]键不动，然后依次按 p、q 键。

```
1    # 运行容器并进入
2    $ docker run -it centos:centos8 /bin/bash
3    [root@908978ad2d32 /]#
4    # 按快捷键退出容器，容器继续运行，不停止
5    $ [ctrl + p + q]
6
7    # 查看运行容器状态
8    $ docker ps
9    CONTAINER ID   IMAGE   COMMAND   CREATED   STATUS   PORTS
     NAMES
10   908978ad2d32   centos   "/bin/bash"   5 minutes ago   Up 5 minutes
     vigorous_wilson
11   # 说明：容器正在后台运行。
```

可以看出，可以将容器视为一个独立系统，且需要运行一个程序独占该系统。容器既有系统的特性，又有程序的特性，从普通用户视角看，更多的是程序特性。

3．docker attach

docker attach 用于进入一个已经运行的容器的内部系统，一般需要接管一个打开的可交互的终端。

```
1    # 查看运行容器状态，借助 docker ps 命令获取容器 ID
2    $ docker ps
3    CONTAINER ID   IMAGE   COMMAND   CREATED   STATUS   PORTS
     NAMES
4    908978ad2d32   centos   "/bin/bash"   5 minutes ago   Up 5 minutes
     vigorous_wilson
5    # 说明：容器 ID 为 908978ad2d32，可以至少截取前 3 位不重复的字符简单表示容器 ID，比如这里的 908。
     容器 ID 可以代替容器名称。
6
7    # 进入容器
8    $ docker attach 908
9    [root@908978ad2d32 /]#
10   # 说明：再次进入容器 ID 为 908 的容器，切换到前台继续运行。
11
12   # 按快捷键退出容器，容器继续运行，不停止
13   $ [ctrl + p + q]
```

➢ 按[Ctrl＋d]快捷键，退出容器，并停止容器。

➢ 按[ctrl＋p＋q]快捷键，退出容器，容器转入后台继续运行。

4．docker exec

docker exec 的功能同 docker attach，进入容器内部系统，将后台容器切换到前台，同时需要再打开一个终端。一般情况下 docker exec 更符合工作场景。

docker exec 必须指定正在运行的容器，必须开启-it 选项，指定 Bash。

< 273 >

```
1   # 进入容器
2   $ docker exec -it 908 /bin/bash
```

注意事项如下。

➤ docker run 用于运行一个镜像并生成一个容器实例，参数是镜像名或镜像 ID。

➤ docker exec 与 docker attach 一样，都用于进入容器，参数都是容器名或容器 ID。

➤ docker exec 选项基本与 docker run 的相同。

➤ docker exec 更符合工作场景，不会出现误操作。

5．容器直接进入后台运行

选项-d 用于直接进入后台（detach）运行容器，不进入容器内部，这是常用的服务运行方式，因为服务一般不需要同用户交互。

 注意

前台运行、后台运行都是正在运行状态，并无区别，所谓的前台运行是指已经进入容器内部，可以通过终端命令直接控制容器。

```
1   # -d: 直接在后台运行容器
2   $ docker run -it -d centos:centos8 /bin/bash
```

6．容器自定义名称

前文的实例容器都使用容器 ID 进行区别，为了方便，也可以为容器设置自定义名称。

```
1   # 容器自定义名称，--name=用于指定容器名称
2   $ docker run -it -d --name=c1 centos:centos8 /bin/bash
```

指定容器名为 c1，以后就可以使用 c1 来控制容器，不需要容器 ID 了。

```
1   # 进入容器 c1
2   $ docker exec -it c1 /bin/bash
```

7．创建容器

docker create 的用法基本同 docker run 的，但是只创建容器，并不运行，后续需要用 docker start 启动容器。

```
1   # 创建容器，不运行
2   $ docker create -it --name=c2 centos:centos8 /bin/bash
3
4   # 查看容器状态
5   $ docker ps
6   $ docker ps -a
7   CONTAINER ID   IMAGE        COMMAND        CREATED          STATUS
             PORTS        NAMES
8   221fa177afd5   centos       "/bin/bash"    8 seconds ago    Created
                    c2
9   # 说明: 容器 c2 已经被创建（Created），但是未运行。
10
11  # 启动容器
12  $ docker start c2
```

所以，docker run 等价于先执行 docker create，然后执行 docker start。

< 274 >

12.4.5　停止容器

正常情况下可以选择进入容器，然后按[Ctrl + d]快捷键停止容器。如果不方便进入容器，可以使用命令停止。优先使用 stop，其次才考虑使用 kill 命令。

```
1  # 安全地关闭容器
2  $ docker stop c1
3
4  # 终止容器
5  $ docker kill c2
```

12.4.6　启动容器

容器停止后，还可以再次启动，再次启动时，保留原文件系统。

```
1  # 再次启动已经关闭的容器
2  $ docker start c2
3
4  # 重启容器
5  $ docker restart c2
```

12.4.7　自启动容器

Linux 服务由 SystemD 进行守护，保护服务进程不会中断。Docker 引擎也提供了守护进程的功能，不需要启动庞大的 SystemD。

如果希望容器变成服务，需要进行守护，可以添加选项--restart=always，这一功能对于正式启用的容器程序几乎是不可或缺的。

```
1  # 设定容器 c3 为自动重启
2  $ docker run -it -d --name=c3 --restart=always centos:centos8 /bin/bash
3
4  # 关闭容器 c3
5  $ docker stop c3
6
7  # 重启 docker 服务
8  $ sudo systemctl restart docker
9
10 # 查看运行容器状态
11 $ docker ps
12 CONTAINER ID   IMAGE    COMMAND       CREATED        STATUS         PORTS      NAMES
13 47ed55c0332d   centos   "/bin/bash"   3 minutes ago  Up 3 seconds              c3
```

可以看出，在重启 docker 服务的时候，容器 c3 被自动重启。

还可以关闭自动重启。

```
1  # 关闭容器 c3 的自动重启
2  $ sudo docker update --restart=no c3
```

12.4.8　删除容器

容器生成后，可以再次启动，说明容器会占用系统资源，长期积累会导致不必要的资源浪费，所以要及时清理无用的容器。

< 275 >

可选择以手动方式按照容器 ID 或容器名逐个删除。

```
1   # 获取容器 ID
2   $ docker ps -a
3
4   # 以手动方式按照容器 ID 或容器名逐个删除
5   $ docker rm <容器 ID 或容器名>
```

正在运行中的容器无法被删除。

也可以批量删除所有处于停止状态的容器。

```
1   # 批量删除所有处于停止状态的容器
2   $ docker container prune
```

```
1   WARNING! This will remove all stopped containers.
2   Are you sure you want to continue? [y/N] y
3   Deleted Containers:
4   47ed55c0332d26da2ad9
5   ...
6   Total reclaimed space: 371B
```

批量删除所有处于停止状态的容器会给出警告（WARNING），需要用户慎重思考后再执行，确认后，输入 y，开始删除，最后显示清理后回收的空间（Total reclaimed space）。

再次查看容器状态，已经没有任何处于停止状态的容器了。

```
1   # 查看运行容器状态
2   $ docker ps -a
```

如果希望停止容器之后自动清除该容器，可以添加--rm 选项。

```
1   # 运行自删除容器
2   $ docker run -it -d --name=c4 --rm centos:centos8 /bin/bash
3
4   # 停止容器
5   $ docker stop c4
6
7   # 查看运行容器状态
8   $ docker ps -a
```

已经找不到 c4 容器，因为停止后，它被自动删除了。

12.4.9 容器的状态

容器一般有 3 种状态。

➤ 运行状态：Up。

➤ 停止状态：Exited。

➤ 暂停状态：Up (Paused)。

暂停状态属于运行状态，但是不能提供工作。暂停时，保存内存状态，关闭或重启 Docker 服务器，容器就会一直保持这个状态，方便保存状态重启系统，可以实现无间断服务。

作为服务容器，一般不会停止运行，紧急情况下，可以考虑先暂停容器，恢复后，取消暂停。取消暂停后恢复运行比停止容器后恢复运行速度要快。

```
1   # 暂停容器
2   $ docker pause c3
3
```

< 276 >

```
4   # 取消暂停，恢复运行容器
5   $ docker unpause c3
```

12.4.10　开启容器的端口

容器开放端口需要做宿主机的端口映射。

选项-p 用于开启主机端口到容器内部端口的映射。

【例 12.3】运行 Tomcat 容器并开放端口。

```
1   # 运行 Tomcat，并映射端口，将主机端口 8888 映射到容器内部端口 8080
2   $ docker run --name=tomcat1 -d -p 8888:8080 tomcat
```

映射完端口之后，使用宿主机的端口 8888 对外提供服务。

打开浏览器，访问：

```
1   http://192.168.10.100:8888/
```

初次访问结果是一个 404 的错误页面，但是已经说明 Tomcat 容器在正确运行了。出现 404 是因为 webapps 文件夹下内容为空，内容都在 webapps.dist 目录中。将 webapps.dist 目录下的内容全部复制到 webapps 文件夹中。

```
1   # 进入容器
2   $ sudo docker exec -it tomcat1 /bin/bash
3   [root@241e3cfd36cc: /] #
```

进入容器后，复制 Web 站点内容。

```
1   # 复制 Web 站点内容
2   [root@241e3cfd36cc: /] # cp -rf /usr/local/tomcat/webapps.dist/*
    /usr/local/tomcat/webapps
```

再次刷新浏览器访问，即可访问到有内容的站点，显示结果如图 12.5 所示。

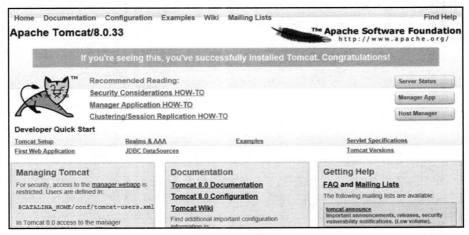

图 12.5　显示结果

12.4.11　与宿主系统共享目录

容器系统的内部文件系统是独立的。

如果想让容器内部文件同宿主系统文件共享，可以使用-v 选项挂载数据卷功能。

< 277 >

【例 12.4】与宿主系统共享目录。

```
1   # 为宿主系统创建共享目录 share
2   $ mkdir share
3
4   # 创建文件 1.txt、2.txt
5   $ touch share/1.txt share/2.txt
6   $ tree share
7   share
8   ├── 1.txt
9   └── 2.txt
10
11  0 directories, 2 files
12
13  # 创建容器 c3
14  # -v: volume，将宿主机/home/jsj/share 映射到容器/mnt/share，映射必须使用绝对路径
15  # --privileged: 授予容器对共享目录的读写权限
16  $ docker run -it -d \
17    --name=c3 \
18    -v /home/jsj/share:/mnt/share \
19    --privileged \
20    centos:centos8 \
21    /bin/bash
22
23  # 进入容器 c3
24  $ sudo docker attach c3
```

进入 c3 容器后：

```
1   [root@b0b454cdc5a9 /]# ls /mnt/share/
2   1.txt  2.txt
3   说明：共享目录中已经存在宿主系统创建的两个文件。
4
5   # 在容器中创建 3.txt
6   [root@b0b454cdc5a9 /]# echo '3333' > /mnt/hgfs/3.txt
7   [root@b0b454cdc5a9 /]# ls /mnt/share/
8   1.txt  2.txt  3.txt
9
10  # 按[ctrl + p + q]快捷键，退出容器
11  [root@b0b454cdc5a9 /]# read escape sequence
```

退出 c3 容器，返回宿主系统。

```
1   $ tree share
2   share
3   ├── 1.txt
4   ├── 2.txt
5   └── 3.txt
6
7   0 directories, 3 files
8
9   $ cat share/3.txt
10  3333
```

说明容器里面的共享目录已经同步到宿主系统。

12.4.12 在宿主系统与容器之间复制文件

在宿主系统与容器之间可以使用 docker cp 复制文件，容器文件系统可以使用 "容器 ID 或容器名:/

< 278 >

路径"表示。

```
1   # 将宿主机中的文件复制到容器中
2   $ docker cp  <宿主机文件路径>  <容器 ID>:<文件路径>
```

也可以将容器中的文件复制到宿主机中。

```
1   # 将容器中的文件复制到宿主机中
2   $ docker cp  <容器 ID>:<文件路径>  <宿主机文件路径>
```

12.4.13　容器的监控

docker ps 用于查看正在运行的容器列表和状态。

```
1   # 查看正在运行的容器列表
2   $ docker ps
3
4   # 查看容器列表，包括已停止运行的容器
5   $ docker ps -a
```

docker stats 用于查看所有的正在运行的容器对系统各种资源的占用情况，该命令动态捕捉所有正在运行的容器的信息，如 CPU 使用率、内存、网络、磁盘读写等信息，动态实时更新。

```
1   # 查看所有的正在运行的容器对系统各种资源的占用情况
2   $ docker stats
```

```
1   CONTAINER ID    NAME      CPU %    MEM USAGE / LIMIT    MEM %    NET I/O
    BLOCK I/O       PIDS
2   9342d59a03d3    c3        0.00%    1.738MiB / 3.807GiB  0.04%    4.99kB / 0B
    115kB / 4.1k    1
```

按[ctrl + c]快捷键退出监控。

docker top 用于查看指定容器内部正在运行的进程信息。

```
1   # 查看指定容器内正在运行的进程信息，需要指定容器名或容器 ID
2   $ docker top c3
```

```
1   UID          PID         PPID         C
    TIME         TTY         TIME         CMD
2   root         95498       95474        0
    17:53        pts/0       00:00:00     /bin/bash
```

docker port 用于查看指定容器的端口及端口映射信息。

```
1   # 查看指定容器的端口及端口映射信息
2   $ docker port tomcat1
```

```
1   8080/tcp -> 0.0.0.0:8888
2   8080/tcp -> :::8888
```

结果显示，Docker 的 8888 端口被映射到容器的 8080 端口。

docker logs 用于查看指定容器的执行命令及输出历史。

```
1   # 查看指定容器的执行命令及输出历史，需要指定容器名或容器 ID
2   $ docker logs c3
```

docker inspect 用于查看指定容器的详细配置信息。

```
1   # 查看指定容器的详细配置信息
2   $ docker inspect c3
```

< 279 >

12.4.14　查看帮助

除了查看 Docker 自身的帮助外，还可以查看子命令的帮助。

```
1   # 查看整个 Docker 的帮助，会显示包含的全部子命令信息
2   $ docker --help
3
4   # Docker 中关于运行的子命令 run 的帮助
5   $ docker run --help
6
7   # Docker 中关于镜像的子命令 image 的帮助
8   $ docker image --help
9
10  # Docker 中关于容器的子命令 container 的帮助
11  $ docker container --help
12
13  # Docker 中关于网络的子命令 network 的帮助
14  $ docker network --help
15
16  # Docker 中关于卷的子命令 volume 的帮助
17  $ docker volume --help
```

12.5　小结

本章深入讲解了 Docker 容器技术，从基本概念到实际应用。本章介绍了 Docker 的背景和优势，然后详细讨论了在 openEuler 系统上安装 Docker 引擎的步骤，以及如何配置镜像加速器以提高镜像下载速度。接着，本章探索了 Docker 容器的创建、启动和管理，学习了使用容器运行应用程序。最后，本章讲解了容器的帮助，让读者可以通过官方联机帮助学习容器技术。

12.6　习题

一、填空题

1. 容器虚拟机技术是一种基于_____的轻量级的虚拟化解决方案，容器共享主机内核。

2. docker_____命令用于查看本地已安装镜像。

3. docker_____命令用于在线查找镜像库。

4. docker_____命令用于拉取一个镜像。

5. docker_____命令用于运行容器，选项_____直接进入后台运行。

6. docker_____命令用于查看正在运行容器列表和状态，选项_____包括已停止运行的容器。

7. docker_____命令用于查看所有的正在运行容器对系统各种资源的占用情况。

8. docker_____命令用于查看指定容器内部正在运行的进程信息。

9. docker_____命令用于查看指定容器的端口及端口映射信息。

10. docker_____命令用于查看指定容器的执行命令及输出历史。

11. docker_____命令用于完整检查指定容器的配置信息。

< 280 >

二、判断题

1. 容器是一种轻量级、可移植、自包含的软件打包技术，使应用程序可以在几乎任何地方都能以相同的方式运行。　　　　　　　　　　　　　　　　　　　　　　　　（　　）
2. docker 命令除了看自身的帮助外，还可以查看子命令的帮助。　　　　　　　（　　）
3. 容器有两个特性，一个是系统，一个是程序。　　　　　　　　　　　　　　（　　）
4. 各种容器技术的底层原理是相同的，但是运行时不兼容。　　　　　　　　　（　　）

三、多选题

1. Docker 的优势有哪些？（　　　）
A. 更快的交付和部署
B. 高效的资源利用和隔离
C. 高可移植性与扩展性
D. 更简单的维护和更新管理
2. Docker 的功能有哪些？（　　　）
A. 快速部署
B. 隔离应用
C. 提高开发效率
D. 代码管道化管理
3. Docker 的应用有哪些？（　　　）
A. 云迁移
B. 大数据应用
C. 边缘计算
D. 微服务

< 281 >